计算机科学与技术丛书

嵌入式软件设计

基于华为海思Hi3861芯片
和OpenHarmony操作系统

赵小刚　孙世磊　刘浩文　陈曦◎编著

清华大学出版社

北京

内 容 简 介

本书是一部系统论述嵌入式软件设计方法的立体化教程(含纸质图书、电子书、教学课件、源代码与视频教程)。

全书共 10 章。第 1 章为嵌入式系统概论；第 2 章为嵌入式处理器与外围硬件；第 3 章为嵌入式软件体系结构；第 4 章为嵌入式实时操作系统；第 5 章为板级支持包和操作系统引导；第 6 章为嵌入式软件开发环境；第 7 章为嵌入式操作系统移植及驱动开发；第 8 章为典型物联网技术、协议及应用；第 9 章为嵌入式系统安全；第 10 章为嵌入式系统综合实验。

为便于读者高效学习,快速掌握嵌入式软件编程与实践,本书精心制作了电子书(250 页案例资料),配以完整的教学课件(10 章 PPT)、完整的源代码与丰富的配套视频教程以及在线答疑服务等内容。

本书可作为广大高校计算机、软件工程、电子信息、自动化等专业本科生及研究生学习嵌入式软件编程技术课程的教材,也可作为相关培训机构的教材,还可作为嵌入式技术开发者的自学参考用书。

图书在版编目(CIP)数据

嵌入式软件设计：基于华为海思 Hi3861 芯片和 OpenHarmony 操作系统 / 赵小刚等编著.
北京：清华大学出版社, 2025.2. -- (计算机科学与技术丛书). -- ISBN 978-7-302-68370-4
Ⅰ. TP332；TN929.53
中国国家版本馆 CIP 数据核字第 2025N8Q057 号

策划编辑：盛东亮
责任编辑：吴彤云
封面设计：李召霞
责任校对：时翠兰
责任印制：杨　艳

出版发行：清华大学出版社
　　　网　　　址：https://www.tup.com.cn, https://www.wqxuetang.com
　　　地　　　址：北京清华大学学研大厦 A 座　　　邮　　编：100084
　　　社　总　机：010-83470000　　　邮　　购：010-62786544
　　　投稿与读者服务：010-62776969, c-service@tup.tsinghua.edu.cn
　　　质量反馈：010-62772015, zhiliang@tup.tsinghua.edu.cn
　　　课件下载：https://www.tup.com.cn,010-83470236
印　装　者：三河市龙大印装有限公司
经　　销：全国新华书店
开　　本：186mm×240mm　　　印　　张：21.5　　　　　字　　数：483 千字
版　　次：2025 年 4 月第 1 版　　　　　　　　　　　印　　次：2025 年 4 月第 1 次印刷
印　　数：1～1000
定　　价：89.00 元

产品编号：101590-01

前言
PREFACE

日出东方,其道大光;鲲鹏展翅,旭日昇腾!

随着嵌入式智能硬件在信息社会的快速发展,从 CPU 到 GPU,再到各类专属领域的定制芯片,我们迎来了计算机体系结构的黄金时代!华为海思设计了支撑华为整个生态的多种类型芯片,包括麒麟、鲲鹏、昇腾等手机、服务器和 AI 处理器。在应用广泛的物联网市场,海思也推出了基于 RISC-V 开源架构的 Hi3861 芯片。该芯片还能适配华为推出的 OpenHarmony(开源鸿蒙)操作系统。

所以,当华为海思邀请我基于 Hi3861 芯片开发一本嵌入式系统教材时,我毫不犹豫地答应了。也许是出于对硬科技公司的高度认同,也许是出于对同道中人的由衷尊敬,更可能是出于一种骨子里的使命感,我深深地觉得我们太需要能够在国产嵌入式系统上开发嵌入式软件的人才了。对于国产处理器和鸿蒙操作系统,生态圈的培养和用户编程习惯的养成可谓重中之重,也是决定该款产品生死存亡的关键。编写本书的目的是向读者介绍基于海思 Hi3861 芯片和 OpenHarmony 操作系统内在的设计理念,从软硬件两方面阐述嵌入式软件开发的逻辑,教会读者上手使用 DevEco Studio 嵌入式软件开发平台。"不积跬步,无以至千里",如果把打造海思物联网生态圈当作千里之行,那么本书便是尝试迈出的第一步。

本书定位为嵌入式软件开发领域选修教材,面向工程科技类大学生和社会开发者。读者除需要具备基本的硬件知识和编程能力外,无须预修任何课程。本书特别理想的受众是物联网、计算机科学、软件工程、网络安全、电子工程、自动化、通信工程等专业领域需要用到嵌入式系统的学生和开发者。

本书共 10 章,内容涵盖嵌入式系统概论、嵌入式处理器与外围硬件、嵌入式软件体系结构、嵌入式实时操作系统、板级支持包和操作系统引导、嵌入式软件开发环境、嵌入式操作系统移植及驱动开发、典型物联网技术、协议及应用、嵌入式系统安全以及嵌入式系统综合实验,希望能够从理论到实践,帮助读者了解 Hi3861 芯片,并掌握其具体的编程和使用方法,助力读者基于国产嵌入式处理器和国产嵌入式操作系统打造属于自己的嵌入式软件。

空谈误国,实干兴邦。愿与诸位读者共勉。

本书编者均有着 8 年多的本科生嵌入式软件设计课程教学经验,完成了多轮次、多类型的教育教学改革与研究工作。感谢孙世磊、刘浩文和陈曦对本书撰写工作作出的极大贡献,他们在内容大纲规划上注入了极大精力,并且参与了部分章节的写作。如果没有他们的全心投入,本书将很难顺利完成。感谢华为海思刘耀林和谢晶在本书写作过程中提供的资源和支持。感谢清华大学出版社盛东亮老师的大力支持,他认真细致的工作保证了本书的质量。

　　由于编者水平有限,书中难免有疏漏和不足之处,恳请读者批评指正!

编　者

2024 年 12 月 1 日

学习建议

LEARNING SUGGESTIONS

教 学 内 容		学习要点及教学要求	课时安排
嵌入式系统基础知识	第 1 章 嵌入式系统概论	• 了解嵌入式系统的应用领域 • 掌握嵌入式系统的定义 • 掌握嵌入式系统的设计需求 • 了解嵌入式系统的发展历程 • 掌握嵌入式系统的软硬件组成 • 掌握嵌入式系统的分类	2
	第 2 章 嵌入式处理器与外围硬件	• 了解嵌入式处理器的特点 • 理解冯·诺依曼架构和哈佛架构的区别 • 理解 MCU、MPU、FPGA 和 DSP 架构的区别 • 理解处理器体系架构的组成 • 掌握 RISC-V 处理器的指令集组成、功能和使用 • 了解 Hi3861 芯片特性,理解 Hi3861 芯片片内和片外接口的工作原理和使用方法	4
嵌入式软件基础	第 3 章 嵌入式软件体系结构	• 掌握软件体系结构的定义和作用 • 掌握轮转结构的工作原理 • 掌握前后台结构的工作原理 • 掌握实时操作系统的工作原理,以及和轮转结构、前后台结构的差异	2
	第 4 章 嵌入式实时操作系统	• 理解嵌入式操作系统的定义 • 掌握嵌入式操作系统的特点 • 理解宏内核和微内核架构的差异 • 掌握 OpenHarmony 内核启动流程,特别是与通用操作系统启动流程的差异 • 理解定时器的作用,掌握硬件定时器和软件定时器的差异,掌握定时器的使用方法 • 掌握中断的概念、作用和使用方法 • 掌握任务管理的概念、作用和使用方法,特别是任务控制块的组成 • 掌握 OpenHarmony 内存管理的实现方法,包括静态内存和动态内存两种工作模式 • 掌握事件和消息队列两种内核通信方式的特性和用法	6

续表

教　学　内　容		学习要点及教学要求	课时安排
嵌入式软件开发进阶	第5章 板级支持包和操作系统引导	• 掌握嵌入式系统的启动过程,包括上电复位、系统引导、系统初始化和应用初始化 • 掌握板级支持包的作用,组成以及和BIOS的区别 • 理解无引导程序和有引导程序的区别 • 掌握Hi3861芯片中的引导程序工作原理、过程,能够对引导程序源码进行分析并进行定制化开发	4
	第6章 嵌入式软件开发环境	• 了解嵌入式软件开发的特点及难点 • 掌握交叉编译的作用、特点、难点和工作过程 • 掌握交叉调试的几种主要方式 • 了解仿真开发的意义,掌握仿真开发工具QEMU的使用 • 掌握LiteOS嵌入式软件开发所需要的工具链获取、安装 • 掌握DevEco Studio开发工具的基本组成和功能,包括嵌入式软件开发环境搭建、项目管理、代码管理和仿真运行 • 掌握LiteOS裁剪和系统服务裁剪功能的实现	4
	第7章 嵌入式操作系统移植及驱动开发	• 掌握嵌入式系统移植的基本流程 • 掌握OpenHarmony系统移植的基本流程 • 掌握OpenHarmony内核移植的基本流程,包括内核基础适配和调试 • 掌握OpenHarmony板级支持包移植的基本流程,包括板级驱动的适配和调试 • 了解嵌入式系统传统驱动开发方式,如LiteOS-M驱动开发,掌握LiteOS-A系统下基于HDF框架的驱动开发及驱动的移植方法	6
嵌入式系统高级应用	第8章 典型物联网技术、协议及应用	• 理解物联网系统层次架构、技术特性、典型应用和发展 • 理解WLAN和Wi-Fi技术的特点、工作方式 • 理解典型Wi-Fi应用层协议的基本特性 • 了解CoAP报文格式,掌握使用CoAP协议进行数据通信应用开发 • 了解MQTT协议报文格式,掌握使用MQTT协议进行数据通信应用开发 • 掌握使用AT命令进行网络连接	6
	第9章 嵌入式系统安全	• 了解嵌入式系统安全趋势 • 理解嵌入式系统安全方案,包括安全问题、安全策略和安全设计 • 掌握Hi3861芯片安全子系统中的硬件加密算子的用法,包括TRNG和HASH算子的使用 • 了解OpenHarmony安全子系统的特性	4
	第10章 嵌入式系统综合实验	• 了解华为HiSpark T1智能小车开发板基本功能 • 掌握小车避障、循迹和平衡车功能开发	4

目 录
CONTENTS

第1章　嵌入式系统概论……………………………………………………… 1

▶️微课视频 17 分钟

1.1　无所不在的嵌入式系统 ………………………………………………… 1

　　1.1.1　工业控制 ……………………………………………………………… 1

　　1.1.2　智能家电 ……………………………………………………………… 2

　　1.1.3　智能机器人 …………………………………………………………… 3

1.2　嵌入式系统定义 …………………………………………………………… 3

1.3　嵌入式系统的设计需求 …………………………………………………… 3

1.4　嵌入式系统的发展历程 …………………………………………………… 4

1.5　嵌入式系统的组成 ………………………………………………………… 5

　　1.5.1　嵌入式系统的硬件组成 ……………………………………………… 5

　　1.5.2　嵌入式系统的软件组成 ……………………………………………… 8

1.6　嵌入式系统的分类 ………………………………………………………… 10

第2章　嵌入式处理器与外围硬件 ……………………………………… 12

▶️微课视频 53 分钟

2.1　嵌入式处理器概述………………………………………………………… 12

　　2.1.1　嵌入式处理器特点 …………………………………………………… 12

　　2.1.2　嵌入式处理器体系架构 ……………………………………………… 13

2.2　嵌入式处理器的分类……………………………………………………… 14

　　2.2.1　嵌入式微处理器 ……………………………………………………… 14

　　2.2.2　嵌入式微控制器 ……………………………………………………… 14

　　2.2.3　嵌入式 DSP …………………………………………………………… 15

　　2.2.4　嵌入式片上系统 ……………………………………………………… 15

2.3　RISC-V 嵌入式微处理器体系结构 ……………………………………… 16

　　2.3.1　RISC-V 处理器 ……………………………………………………… 16

　　2.3.2　总线 …………………………………………………………………… 16

2.3.3 流水线结构 ··· 18

2.3.4 工作模式 ·· 20

2.4 RISC-V 指令集架构简介 ··· 20

2.4.1 RISC-V 指令集分类 ··· 21

2.4.2 RISC-V 指令格式 ·· 22

2.4.3 RISC-V 指令特点 ·· 24

2.5 基于 RISC-V 架构的 Hi3861 芯片 ··································· 25

2.5.1 处理器 ·· 26

2.5.2 SPI ·· 26

2.5.3 RTC 模块 ·· 30

2.5.4 GPIO 接口 ··· 32

2.5.5 PWM 模块 ··· 37

2.5.6 UART 接口 ·· 39

2.5.7 WatchDog 模块 ·· 42

2.5.8 I2C 总线 ··· 45

2.5.9 ADC 模块 ·· 49

第 3 章 嵌入式软件体系结构 ·· 53

▶ 微课视频 20 分钟

3.1 软件体系结构的概念 ··· 53

3.2 软件体系结构的作用 ··· 53

3.3 轮转结构 ··· 54

3.3.1 运行方式 ·· 55

3.3.2 典型系统 ·· 55

3.4 前后台结构 ·· 56

3.4.1 运行方式 ·· 56

3.4.2 系统性能 ·· 58

3.4.3 典型系统 ·· 59

3.5 实时操作系统结构 ·· 60

3.5.1 运行方式 ·· 61

3.5.2 系统性能 ·· 62

3.5.3 典型系统 ·· 63

第 4 章 嵌入式实时操作系统 ·· 65

▶ 微课视频 86 分钟

4.1 嵌入式操作系统演化 ··· 65

4.2　RTOS 的设计需求 ……………………………………………………… 65

　　4.2.1　及时性 …………………………………………………………… 66

　　4.2.2　强相关性 ………………………………………………………… 66

　　4.2.3　高性能和鲁棒性 ………………………………………………… 66

　　4.2.4　可剪裁性 ………………………………………………………… 66

4.3　RTOS 的体系结构 ……………………………………………………… 67

　　4.3.1　宏内核结构 ……………………………………………………… 67

　　4.3.2　微内核结构 ……………………………………………………… 67

4.4　OpenHarmony 内核启动过程 ………………………………………… 69

　　4.4.1　内核简介 ………………………………………………………… 69

　　4.4.2　嵌入式系统启动过程 …………………………………………… 69

　　4.4.3　内核初始化过程 ………………………………………………… 71

　　4.4.4　应用程序初始化过程 …………………………………………… 75

　　4.4.5　操作系统启动过程 ……………………………………………… 79

4.5　时间管理 ………………………………………………………………… 81

　　4.5.1　系统 Tick ………………………………………………………… 81

　　4.5.2　软件定时器 ……………………………………………………… 84

4.6　中断管理 ………………………………………………………………… 87

　　4.6.1　基础概念 ………………………………………………………… 88

　　4.6.2　重要接口 ………………………………………………………… 88

　　4.6.3　使用示例 ………………………………………………………… 89

4.7　任务管理 ………………………………………………………………… 90

　　4.7.1　基础概念 ………………………………………………………… 91

　　4.7.2　TCB 结构及使用方法 …………………………………………… 92

　　4.7.3　使用示例 ………………………………………………………… 95

4.8　内存管理 ………………………………………………………………… 97

　　4.8.1　静态内存 ………………………………………………………… 97

　　4.8.2　动态内存 ………………………………………………………… 100

4.9　内核通信 ………………………………………………………………… 105

　　4.9.1　事件 ……………………………………………………………… 106

　　4.9.2　消息队列 ………………………………………………………… 110

第 5 章　板级支持包和操作系统引导 ………………………………………… 115

　▶ 微课视频 43 分钟

5.1　嵌入式系统的启动过程 ………………………………………………… 115

　　5.1.1　上电复位、板级初始化阶段 …………………………………… 115

5.1.2　操作系统引导/操作系统升级阶段 ················· 117

5.1.3　操作系统初始化阶段················· 117

5.1.4　应用初始化阶段················· 118

5.1.5　操作系统运行阶段················· 118

5.1.6　LiteOS-M 操作系统的启动 ················· 118

5.1.7　整体启动流程················· 118

5.2　板级支持包 ················· 119

5.2.1　BSP 的概念 ················· 119

5.2.2　BSP 中的驱动程序 ················· 120

5.2.3　BSP 和 BIOS 的区别 ················· 121

5.2.4　RTOS 中的 BSP ················· 121

5.3　RTOS 的引导模式 ················· 122

5.3.1　需要 Boot Loader 的引导模式 ················· 122

5.3.2　不需要 Boot Loader 的引导模式 ················· 123

5.3.3　操作系统引导实例 ················· 123

5.4　Boot Loader 代码分析及开发 ················· 125

5.4.1　loaderboot 功能及代码分析 ················· 126

5.4.2　flashboot 功能及代码开发 ················· 133

第 6 章　嵌入式软件开发环境················· 140

▶ 微课视频 63 分钟

6.1　嵌入式软件的编译 ················· 140

6.1.1　交叉编译概念················· 140

6.1.2　交叉编译的难点 ················· 141

6.1.3　交叉汇编器和工具链 ················· 142

6.1.4　嵌入式系统的链接器/定位器 ················· 142

6.1.5　合理安排程序在目标主机上的分布 ················· 144

6.2　嵌入式软件的调试 ················· 146

6.2.1　调试的准则 ················· 146

6.2.2　基本技术 ················· 147

6.2.3　输入电路仿真器 ················· 147

6.2.4　OCD 方式 ················· 148

6.2.5　嵌入式软件调试环境搭建 ················· 148

6.3　仿真开发技术 ················· 149

6.3.1　仿真开发的分类 ················· 150

6.3.2　仿真开发环境的特点 ················· 151

6.3.3　仿真开发工具 QEMU ……………………………………… 152

6.4　OpenHarmony 编译系统构建 …………………………………… 154

6.4.1　GCC 编译器 ……………………………………………… 155

6.4.2　项目构建工具 …………………………………………… 157

6.4.3　项目构建流程 …………………………………………… 157

6.4.4　GDB 调试器 ……………………………………………… 159

6.5　开发环境 DevEco Device Tool …………………………………… 159

6.5.1　环境搭建 …………………………………………………… 159

6.5.2　工程管理 …………………………………………………… 164

6.5.3　HDF 驱动管理 …………………………………………… 167

6.5.4　代码编辑 …………………………………………………… 168

6.5.5　目标代码编译运行 ……………………………………… 169

6.5.6　使用仿真器运行 ………………………………………… 173

6.5.7　代码烧录 …………………………………………………… 179

6.5.8　代码调试 …………………………………………………… 180

6.6　OpenHarmony 操作系统实验 …………………………………… 184

6.6.1　操作系统配置编译裁剪实验 …………………………… 184

6.6.2　系统基础服务裁剪实验 ………………………………… 185

第 7 章　嵌入式操作系统移植及驱动开发 ……………………………… 188

▶ 微课视频 52 分钟

7.1　嵌入式操作系统移植概述 ……………………………………… 188

7.1.1　嵌入式操作系统移植通用流程 ………………………… 189

7.1.2　系统移植所必需的环境 ………………………………… 189

7.1.3　内核移植 …………………………………………………… 189

7.1.4　系统移植 …………………………………………………… 191

7.2　OpenHarmony 移植准备 ………………………………………… 192

7.2.1　移植目录 …………………………………………………… 192

7.2.2　移植流程 …………………………………………………… 193

7.2.3　编译构建适配流程 ……………………………………… 194

7.3　OpenHarmony 内核移植 ………………………………………… 196

7.3.1　芯片架构适配 …………………………………………… 197

7.3.2　内核基础适配 …………………………………………… 203

7.3.3　内核移植调试 …………………………………………… 205

7.4　OpenHarmony 板级支持包移植 ………………………………… 206

7.4.1　板级支持包适配流程 …………………………………… 207

7.4.2　CMSIS 和 POSIX ·· 209

7.4.3　板级驱动适配·· 211

7.4.4　HAL 实现 ··· 213

7.4.5　板级适配 XTS 测试 ··· 216

7.5　OpenHarmony 系统驱动程序开发 ······································· 216

7.5.1　LiteOS-M 中的传统驱动开发 ································ 216

7.5.2　HDF 的特点 ··· 217

7.5.3　HDF 驱动开发 ·· 218

7.5.4　HDF 驱动服务管理 ·· 222

7.5.5　HDF 配置管理 ·· 225

7.5.6　HDF 开发实例 ·· 227

7.5.7　HDF 驱动移植 ·· 236

7.6　OpenHarmony 系统驱动程序调用 ······································· 240

7.6.1　核心代码开发··· 240

7.6.2　项目内配置文件 BUILD. gn 编写 ···························· 242

7.6.3　项目外配置文件 BUILD. gn 编写 ···························· 242

7.6.4　项目编译运行··· 243

第8章　典型物联网技术、协议及应用 ··· 244

▶ 微课视频 49 分钟

8.1　物联网技术概述 ··· 244

8.1.1　物联网体系架构及特性 ··· 244

8.1.2　物联网关键技术 ·· 245

8.1.3　物联网典型应用 ·· 247

8.1.4　物联网技术的发展 ·· 248

8.2　物联网通信技术 Wi-Fi 概述 ··· 249

8.2.1　WLAN 和 Wi-Fi ·· 249

8.2.2　WLAN 发展历史与趋势 ·· 249

8.2.3　Wi-Fi 射频及信道 ·· 251

8.2.4　Wi-Fi 组网与配网 ·· 251

8.2.5　Wi-Fi 通信实验 ·· 253

8.3　物联网通信协议概述 ··· 255

8.4　CoAP 及其应用 ·· 256

8.4.1　CoAP 的设计需求 ·· 256

8.4.2　CoAP 结构及示例 ·· 257

8.4.3　CoAP 应用示例 ·· 258

8.5　MQTT 协议及其应用 ··· 265

8.5.1 MQTT 协议的设计需求 ……………………………………… 265

8.5.2 MQTT 控制报文结构及示例 ………………………………… 266

8.5.3 MQTT 协议应用示例 ………………………………………… 268

8.6 LwIP 及其应用 …………………………………………………………… 278

8.6.1 LwIP 的设计需求 …………………………………………… 278

8.6.2 LwIP 的工作机制 …………………………………………… 279

8.6.3 LwIP 应用示例 ……………………………………………… 280

8.7 模组通信协议 AT 实验 ………………………………………………… 285

8.7.1 AT 命令定义及分类 ………………………………………… 286

8.7.2 AT 命令应用示例 …………………………………………… 286

第 9 章 嵌入式系统安全 ………………………………………………………… 289

▶ 微课视频 17 分钟

9.1 嵌入式系统安全趋势 …………………………………………………… 289

9.2 嵌入式系统安全方案 …………………………………………………… 290

9.2.1 嵌入式领域安全问题 ………………………………………… 290

9.2.2 嵌入式领域安全策略 ………………………………………… 291

9.2.3 嵌入式领域安全设计 ………………………………………… 291

9.2.4 嵌入式硬件安全实现范例 …………………………………… 296

9.3 Hi3861 安全子系统 ……………………………………………………… 296

9.3.1 安全子系统概述 ……………………………………………… 297

9.3.2 TRNG 算子 …………………………………………………… 297

9.3.3 HASH 算子 …………………………………………………… 299

9.4 OpenHarmony 安全子系统 ……………………………………………… 301

9.4.1 应用完整性验证 ……………………………………………… 302

9.4.2 应用权限管理 ………………………………………………… 302

9.4.3 设备安全等级管理 …………………………………………… 302

第 10 章 嵌入式系统综合实验 ………………………………………………… 304

▶ 微课视频 7 分钟

10.1 智能小车开发板硬件介绍 ……………………………………………… 304

10.2 智能小车的设计需求 …………………………………………………… 305

10.3 智能小车实验 …………………………………………………………… 305

10.3.1 避障实验 …………………………………………………… 306

10.3.2 循迹实验 …………………………………………………… 315

10.3.3 平衡车实验 ………………………………………………… 318

参考文献 ……………………………………………………………………………… 326

视频目录
VIDEO CONTENTS

视频名称	时长/min	位　　置
第 1 集 嵌入式软件设计概述	17	1.1 节
第 2 集 嵌入式处理器概述	12	2.2.1 节
第 3 集 几种典型的嵌入式微处理器架构	4	2.2.1 节
第 4 集 RISC-V 嵌入式微处理器体系结构	15	2.3 节
第 5 集 RISC-V 指令系统	18	2.4 节
第 6 集 RISC-V3861 芯片介绍	4	2.5 节
第 7 集 三种典型的嵌入式软件结构	20	3.3 节
第 8 集 嵌入式实时操作系统架构	10	4.3 节
第 9 集 LiteOS 内核启动流程	8	4.4 节
第 10 集 时钟管理	14	4.5 节
第 11 集 任务管理	18	4.7 节
第 12 集 进程通信之事件	9	4.9.1 节
第 13 集 进程通信之消息队列	9	4.9.2 节
第 14 集 中断管理	5	4.6 节
第 15 集 内存管理	13	4.8 节
第 16 集 嵌入式系统的启动	5	5.1 节
第 17 集 板级支持包	5	5.2 节
第 18 集 RTOS 的引导模式	7	5.3 节
第 19 集 LiteOS 的引导程序分析及开发	26	5.4 节
第 20 集 嵌入式软件的编译和调试	18	6.1 节
第 21 集 嵌入式系统的仿真开发	9	6.3 节
第 22 集 LiteOS-M 编译系统构建	20	6.4 节
第 23 集 开发工具 DevEco Device Tools	16	6.5 节
第 24 集 LiteOS-M 内核移植	8	7.3 节
第 25 集 板级支持包移植	8	7.4 节
第 26 集 LiteOS-M 驱动程序开发	32	7.5 节
第 27 集 驱动程序调用实验	4	7.6 节
第 28 集 物联网通信技术概述	15	8.1 节
第 29 集 CoAP 及其应用	13	8.4 节
第 30 集 MQTT 协议及其应用	12	8.5 节

续表

视频名称	时长/min	位　置
第 31 集 LwIP 及其应用	9	8.6 节
第 32 集 嵌入式安全趋势和策略	13	9.2 节
第 33 集 Hi3861 安全芯片应用	4	9.3 节
第 34 集 智能小车实验	7	10.1 节

第 1 章

嵌入式系统概论

嵌入式系统(Embedded System)就是嵌入目标体系中的专用计算机系统,它以应用为中心,以计算机技术为基础,并且软硬件可裁剪,适用于对功能、可靠性、成本、体积、功耗有严格要求的专用计算机系统。嵌入式系统把计算机直接嵌入应用系统中,它融合了计算机软硬件技术、通信技术和微电子技术,是集成电路发展过程中的一个标志性成果。此外,物联网与嵌入式关系密切,物联网的各种智能终端大部分表现为嵌入式系统,可以说没有嵌入式技术,就没有物联网应用的美好未来。

本章主要研究嵌入式系统的定义、特性及组成等。

1.1 无所不在的嵌入式系统

第 1 集
微课视频

21 世纪的今天,嵌入式系统的迅猛发展验证了比尔·盖茨的预言。20 世纪 90 年代后期,人类在经历了桌面系统的空前繁荣之后,由于信息家电、移动通信、手持信息设备以及汽车电子等的发展需要,嵌入式系统得到了迅猛发展,在工业、军事、通信、运输、金融、医疗、气象、农业等众多领域发挥了举足轻重的作用。如今,嵌入式系统带来的工业年产值已远超 1万亿美元。这些应用中,除使用各种类型的嵌入式处理器外,还大量使用了各种各样的个人计算机(Personal Computer,PC),从而以嵌入式应用的覆盖面印证了 PC 无处不在。

如果说在 PC 时代,计算机还只是办公室和白领阶层的必备工具,那么嵌入式系统则已经应用到人们生活的方方面面。从洗衣机、电视机等家用电器,到电子手表、手机、音乐播放器,以及电梯、汽车、飞机、卫星、数字仪器等,都属于嵌入式系统的应用领域。嵌入式系统的应用领域如图 1-1 所示。

1.1.1 工业控制

相较于其他领域,机电产品可以说是嵌入式系统应用最典型、最广泛的领域之一。从最初的单片机到现在的片上系统(System on Chip,SoC)等在各种机电产品中均有着巨大的市场。

工业设备是机电产品中最大的一类,在目前的工业控制器和设备控制器方面,绝大多数

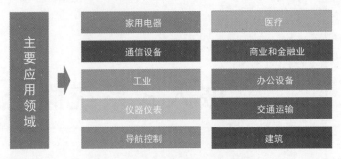

图 1-1　嵌入式系统的应用领域

都使用嵌入式处理器。这些控制器往往采用 16 位以上的处理器,各种微控制单元(Microcontroller Unit,MCU),如 ARM、MIPS、MC6800 系列的处理器在控制器中占据核心地位。这些处理器提供了丰富的接口总线资源,可以通过它们实现数据采集、处理、通信以及显示。

图 1-2 所示为一个典型的嵌入式工业控制系统,该系统可应用于便携设备、无线控制设备、数据采集设备、工业控制与工业自动化设备以及其他需要控制处理的设备。

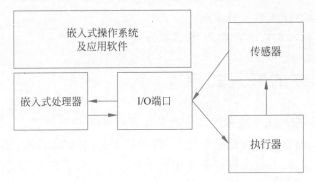

图 1-2　嵌入式工业控制系统

1.1.2　智能家电

家电行业是嵌入式应用的另一大领域,传统的电视、电冰箱中也嵌有处理器,但是这些处理器只是在控制方面应用。而现在只有按钮、开关的电器显然已经不能满足人们的日常需求,越来越多的具有用户界面、能远程控制和智能管理的电器不断涌现并获得用户喜爱。

传统家电向信息家电过渡时,首先面临的挑战是核心操作系统软件的开发工作。硬件方面,进行智能信息控制并不是很高的要求,目前绝大多数嵌入式处理器都可以满足硬件要求,真正的难点是如何使软件操作系统容量小、稳定性高且易于开发。

以目前国内市面上主流的智能电视为例,采用的嵌入式处理器基本为 ARM 内核,如华为海思和联发科等公司的产品。由于嵌入式硬件功能越来越强,目前智能电视上采用的操作系统功能也日益丰富,不少产品直接采用定制化后的 Android 操作系统,而华为公司的智能电视上则采用自研的 HarmonyOS。国内众多的家电厂商则使用华为公司开源的轻量级

OpenHarmony 操作系统为小家电提供智能化控制和管理功能。

1.1.3　智能机器人

机器人技术的发展从来就是与嵌入式系统的发展紧密联系在一起的。最早的机器人技术是 20 世纪 50 年代麻省理工学院提出的数控技术,当时还远未达到芯片水平,只是简单地使用与非门逻辑电路。之后由于处理器和智能控制理论的发展缓慢,20 世纪 50 年代到 70 年代初期,机器人技术一直未能获得充分的发展。20 世纪 70 年代中期之后,由于智能理论的发展和 MCU 的出现,机器人逐渐成为研究热点,并且获得了长足的发展。

近年来,由于嵌入式处理器的高度发展,机器人从硬件到软件也呈现了新的发展趋势。例如,美国波士顿动力公司的人形机器人已经可以在嵌入式处理器的控制下做出非常精细的动作。而专门的适用于机器人控制的机器人操作系统(Robot Operating System,ROS)也得到迅速发展,并能够准确控制群体机器人的定位导航等功能。随着嵌入式控制器越来越微型化、功能化,微型机器人、特种机器人等也将获得更大的发展机遇。

1.2　嵌入式系统定义

随着计算机技术和产品向其他行业的广泛渗透,以应用为中心的分类方法变得更为切合实际,也就是按计算机的嵌入式应用和非嵌入式应用将其分为嵌入式计算机和通用计算机。

通用计算机具有计算机的标准形态,通过装配不同的应用软件,应用在社会的各个方面,其典型产品为 PC;而嵌入式计算机则是以嵌入式系统的形式隐藏在各种装置、产品和系统中。

嵌入式系统是一种"完全嵌入受控器件内部,为特定应用而设计的专用计算机系统"。其核心是由一个或几个预先编程好用来执行少数几项任务的微处理器或单片机组成。与通用计算机能够运行用户选择的软件不同,嵌入式系统上的软件通常是暂时不变的,所以经常称为"固件"。

1.3　嵌入式系统的设计需求

嵌入式系统是面向用户、面向产品、面向应用的,具有如下特点。

(1) 系统内核小。嵌入式系统一般用于小型电子设备,资源相对有限,内核小于传统操作系统。

(2) 专用性强。嵌入式系统个性化强,软件系统与硬件紧密结合。即使是同一品牌、同一系列产品,也需要根据系统硬件的变化和增减进行修改。同时,不同的任务需要对系统进行不同修改,程序的编译和下载必须与系统相结合。这种修改和一般软件的升级是两个概念。

（3）系统简化。嵌入式系统与系统软件和应用软件的开发过程没有太大区别，主要特点是不需要复杂的功能设计和实现。这样的好处是易于控制系统成本，实现系统安全。

（4）及时性和可靠性高。嵌入式软件的基本要求是对外部响应的高及时性，为了达到这一条件，嵌入式软件需要固态存储，以提高速度；软件代码需要高质量和高可靠性。

（5）多任务操作系统。嵌入式软件如果想要标准化，必须使用多任务操作系统。嵌入式系统的应用程序可以直接运行，而无需操作系统；然而，为了调度多任务，使用系统资源、系统函数，用户必须自行选择合适的嵌入式操作系统。

（6）需要开发工具和环境。嵌入式系统由于资源限制，没有自我开发能力。嵌入式系统在设计完成后就直接在开发板上运行，用户也无法直接修改程序功能。所以，嵌入式软件开发必须有一套专用开发工具和环境。嵌入式软件开发工具和环境是由通用计算机上的软硬件设备和各种硬件调试分析设备组成的。

（7）与具体应用有机结合，同时升级。一旦嵌入式系统产品进入市场，生命周期通常很长。

1.4　嵌入式系统的发展历程

嵌入式系统的发展包括硬件和软件的发展，可以分为4个阶段。

第一阶段大致在20世纪70年代之前，可看作嵌入式系统的萌芽阶段。这个阶段的嵌入式系统是以单芯片为核心的可编程控制器形式的系统，具有与监测、伺服、感知设备相配合的功能。这类系统大部分应用于一些专业性强的工业控制系统中，一般没有操作系统的支持，通过汇编语言编程对系统进行直接控制。这个阶段系统的主要特点是系统结构和功能相对单一，处理效率较低，存储容量较小，只有很少的用户接口。由于这种嵌入式系统使用简单，价格低，当时在国内外工业领域应用非常普遍；即使到现在，在简单、低成本的嵌入式应用领域依然大量使用，但已经远不能适应高效的、需要大容量存储的现代汽车控制和新兴信息家电等领域的需求。

20世纪70年代之后的10多年属于第二阶段。这个阶段的嵌入式系统是以嵌入式微处理器为基础，以简单操作系统为核心的嵌入式系统。在此阶段，大多数嵌入式系统使用8位微处理器，不需要嵌入式操作系统的支持。主要特点是微处理器种类繁多，通用性比较弱；系统开销小，效率高；高端应用所需操作系统已达到一定的及时性、兼容性和扩展性；应用软件较专业化，用户界面不够友好。

第三阶段大致为20世纪80年代末到90年代后期，以嵌入式操作系统为标志，也是嵌入式应用开始普及的阶段。主要特点是嵌入式操作系统内核小、效率高，具有高度的模块化和扩展性；能运行于各种不同类型的微处理器上，兼容性好；具备文件和目录管理、多任务、网络支持、图形用户界面等功能；提供大量的应用程序接口（Application Program Interface，API）和集成开发环境，简化了应用程序开发；嵌入式应用软件丰富。在此阶段，嵌入式系统的软硬件技术加速发展，应用领域不断扩大。例如，日常生活中使用的手机、数码相机,网络设备中的路由器、交换机等,都是嵌入式系统;一辆汽车中有数十个嵌入式微处理器,分别控制发动机、传动装置、安全装置等;一个飞行器上可以有数百个乃至上千个微处理器;一个家庭中也有几十个嵌入式系统,如冰箱和空调等。

从 20 世纪 90 年代末开始到现在可以称为第四阶段,是以网络化和万物互联为标志的嵌入式物联网阶段,是一个正在蓬勃发展的阶段。嵌入式智能设备和网络的结合将代表嵌入式系统的未来。我国的嵌入式硬件和软件也正是在这个阶段迅速发展,以华为海思为代表的一系列硬件厂商基于开源 RISC-V 架构设计了国产自主嵌入式微处理器,如 Hi3861 等,还推出了具备物联网特性的 OpenHarmony 操作系统。

1.5 嵌入式系统的组成

与普通的计算机系统一样,嵌入式系统也是由硬件和软件两大部分组成。前者是整个系统的物理基础,提供软件运行平台和通信(包括人机交互)接口;后者实际控制系统的运行。

本节简要介绍嵌入式系统的软硬件基本组成。

1.5.1 嵌入式系统的硬件组成

嵌入式系统的硬件包含嵌入式处理器、存储器(如 RAM、ROM、Flash 等)、总线,以及外设接口(如 ADC、DAC、UART 等)。在一片嵌入式处理器的基础上添加电源电路、时钟电路和存储器电路,就构成了一个嵌入式核心控制模块,如图 1-3 所示。其中,操作系统和应用程序都可以固化在只读存储器(Read-Only Memory,ROM)中。

图 1-3 嵌入式系统的硬件组成

1. 嵌入式处理器

嵌入式系统硬件层的核心是嵌入式处理器。嵌入式处理器与通用中央处理器(Central Processing Unit,CPU)的不同在于嵌入式处理器大多工作在为特定用户群所专门设计的系统中,它将通用计算机内许多由板卡完成的任务集成在芯片内部,从而有利于嵌入式系统在设计时趋于小型化,同时还具有很高的效率和可靠性。

嵌入式处理器有各种不同的体系,即使在同一体系中也可能具有不同的时钟频率和数据总线宽度,或集成了不同的外设和接口。据不完全统计,目前全世界嵌入式处理器已经超过 1000 多种,体系结构有 30 多个系列,其中主流的体系有 ARM、无互锁流水级的微处理器(Microprocessor without Interlocked Piped Stages,MIPS)、Power PC 和 RISC-V 等。特别是近年来硬件开源战略得到国家支持,基于 RISC-V 架构的处理器在我国蓬勃发展,本书介绍嵌入式处理器部分都是基于华为自研的 RISC-V 架构的 Hi3861 芯片。

实际应用中,嵌入式系统的硬件配置非常灵活,不但外设可以根据需要进行裁剪,而且嵌入式处理器内部的模块也能选择。当然,后者实际上也就是选择不同型号的处理器。

2. 存储器

嵌入式系统需要用存储器存储可执行代码和数据。嵌入式系统的存储器包含高速缓存(Cache)、片内主存和片外主存以及外存,如图 1-4 所示。

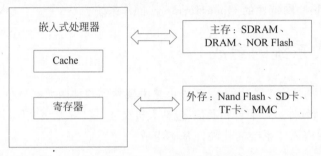

图 1-4　嵌入式系统的存储器

寄存器是 CPU 内部重要的存储资源,容量最小。由于寄存器的存取速度比内存快,所以要尽可能充分利用寄存器的存储功能。寄存器一般用来保存程序的中间结果,从而避免把中间结果存入内存,再读取内存的操作。

Cache 是一种容量小、速度快的存储器阵列,它位于内存和嵌入式处理器内核之间,存放的是近一段时间处理器使用较多的程序代码和数据。在嵌入式系统中,Cache 全部集成在嵌入式处理器内,可分为数据 Cache、指令 Cache 和混合 Cache。Cache 的大小根据不同处理器的需求而定。

主存是处理器能够直接访问的存储器,用来存放系统和用户的程序和数据,系统上电后,主存中的代码直接运行。主存的主要特点是速度快,一般采用 NOR Flash、同步动态随机存储器(Synchronous Dynamic Random Access Memory,SDRAM)和动态随机存储器(Dynamic Random Access Memory,DRAM)等存储器件。

外部存储器(外存)是不与运算器直接联系的后备存储器,用来存放不常用的或暂不使用的信息,外存一般以非易失性存储器构成,数据能够持久保存,即使掉电,也不消失。**Flash** 是在可擦可编程只读存储器(Erasable Programmable Read Only Memory,EPROM)和电擦除可编程只读存储器(Electrically Erasable Programmable Read Only Memory,EEPROM)的基础上发展起来的非易失性存储器,具有结构简单、可靠性高、体积小、质量轻、功耗低、成本低等优点,是最常用的一种外存类型。嵌入式系统中常用的外存有 NAND Flash、SD 卡、TF 卡、MMC 等。

3. 总线

总线是连接计算机系统内部各个部件的共享高速通路,自 20 世纪 70 年代以来,工业界相继出现了多种总线标准,很多总线技术在嵌入式系统领域得到了广泛的应用。

嵌入式系统的总线一般分为片内总线和片外总线。片内总线是指嵌入式微处理器内的CPU 与片内其他部件连接的总线;片外总线是指总线控制器集成在微处理器内部或外部芯片上的用于连接外部设备的总线。目前业界主流的总线分为 3 种类型。

1) AMBA 总线

先进微控制器总线架构(Advanced Microcontroller Bus Architecture,AMBA)是 ARM公司研发的一种总线规范,该总线规范独立于处理器和制造工艺技术,增强了各种应用中外设和系统单元的可重用性,它提供了精简指令集计算机(Reduced Instruction Set Computer,RISC)处理器与各种 IP 核集成的机制。该规范定义了 3 种总线。

(1) 先进性能总线(Advanced High-Performance Bus,AHB)。AHB 由主模块、从模块和基础结构 3 部分组成,整个 AHB 上的传输都由主模块发起,从模块响应,基础结构包括仲裁器、主从模块多路选择器、译码器等。AHB 系统具有时钟边沿触发和分帧传输等特性。AHB 也支持复杂的事务处理,如突发传输、流水线操作以及分批事务处理等。

(2) 先进系统总线(Advanced System Bus,ASB)。ASB 用于高性能模块的互连,支持突发数据传输模式。它是一种陈旧的总线格式,逐步被 AHB 取代。

(3) 先进外设总线(Advanced Peripheral Bus,APB)。APB 主要用于连接低带宽外围设备,其总线结构只有唯一的主模块,即 APB 桥,它不需要仲裁器以及响应/确认信号,以最低功耗为原则进行设计,具有多周期传输、无等待周期和响应速度快的特点。

2) PCI 总线

外围构件互连(Peripheral Component Interconnect,PCI)总线规范目前发展到 2.1 版本。PCI 总线是地址、数据复用的高性能 32 位与 64 位总线,是处理器与外围设备互连的结构,它规定了互连协议、电气、机械以及配置空间的标准。PCI 总线支持主控技术,允许智能设备在需要时获得总线控制权,以加速数据传输。

为了将 PCI 总线规范应用到工业控制计算机中,PCI 工业计算机制造商组织(PCI Industrial Computer Manufactures Group,PICMG)1995 年推出了 Compact PCI (CPCI)规范,并相继推出了 PCI-PCI Bridge 规范、Computer Telephony TDM 规范和用户定义 I/O引脚分配规范等。目前,PCI 总线已经在嵌入式系统、工业控制计算机等高端系统中得到了广泛的应用,并逐步替代了 VME 和 MultiBUS 总线。

3) Avalon 总线

Avalon 总线是由 Altera 公司设计的用于在可编程片上系统(System on Programmable Chip,SOPC)上连接片上处理器和其他 IP 模块的一种简单总线协议,规定了主部件和从部件之间进行连接的端口和通信时序。

4. 外设接口

嵌入式系统和外界交互需要一定形式的外部设备(外设)接口,如 ADC、DAC、SPI 等,设备接口通过和片外其他设备或传感器的连接实现处理器的输入/输出功能。每个设备接口通常都只有单一的功能,它可以在芯片外,也可以内置在芯片中。外设的种类很多,可从一个简单的串行通信设备到非常复杂的 IEEE 802.11 无线设备。

目前,嵌入式系统中常用的外设接口有 **ADC**(模数转换)接口、**DAC**(数模转换)接口、**RS-232**(串行通信)接口、**USB**(通用串行总线)接口、**I2S**(内置音频)接口、**SDIO**(安全数字输入输出)接口、**I2C**(现场总线)、**SPI**(串行外围设备)接口、**DMA**(直接存储器访问)等,如图1-5所示。

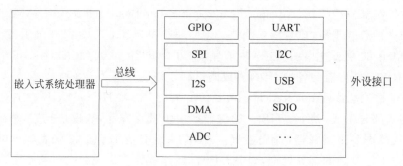

图 1-5　嵌入式系统外设接口

1.5.2　嵌入式系统的软件组成

嵌入式软件按照功能的不同,可以分为 3 个层次:中间层、系统软件层和功能层,如图 1-6 所示。

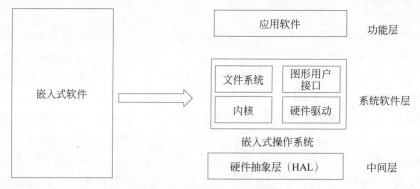

图 1-6　嵌入式软件的层级架构

1. 中间层

硬件层与软件层之间为中间层,也称为硬件抽象层(Hardware Abstract Layer,HAL),它将系统上层软件与底层硬件分离开来,使系统的底层驱动程序与硬件无关,上层软件开发人员无须关心底层硬件的具体情况,根据 HAL 提供的接口即可进行开发。HAL 一般包含相关底层硬件的初始化、数据的输入/输出操作和硬件设备的配置功能。HAL 中一个重要的组件是板级支持包(Board Support Package,BSP)。

实际上,BSP 是一个介于操作系统和底层硬件之间的软件层次,内含系统中大部分与硬件联系紧密的软件模块,包括系统引导程序和基础硬件驱动。设计一个完整的 BSP 需要完成两部分工作：嵌入式系统的硬件初始化以及系统引导功能，设计基础硬件的设备驱动。

2. 系统软件层

系统软件层由嵌入式操作系统(Embedded Operation System,EOS)内核、文件系统、图形用户接口(Graphic User Interface,GUI)、硬件驱动等模块组成。EOS是嵌入式应用软件的基础和开发平台。下面先介绍前3种。

1) 嵌入式操作系统内核

不同功能的嵌入式系统的复杂程度有很大不同。简单的嵌入式系统仅仅具有单一的功能，这部分功能直接放在ROM中，其系统处理核心也是简单的单片机，采用轮转方式处理外部请求。复杂的嵌入式系统不仅功能强大，往往还配有嵌入式操作系统，如功能强大的智能手机等，几乎具有与微型计算机一样的功能。

嵌入式操作系统(EOS)内核主要负责嵌入式系统的软硬件资源的分配、任务调度、控制与协调并发活动等。它必须体现其所在系统的特征，能够通过裁剪某些模块达到系统所要求的功能。目前已有一些商业化较成功的EOS产品，如$\mu C/OS$、VxWorks等。随着Internet技术的发展、信息家电的普及、EOS的微型化和专业化，EOS开始从单一的弱功能向高专业化的强功能方向发展，如Android和OpenHarmony等。嵌入式操作系统在系统实时高效性、硬件的相关依赖性、软件固化、应用的专用性等方面具有较为突出的特点。

2) 文件系统

嵌入式文件系统是在应用程序与外设存储器之间实现一种通用接口的软件功能模块。它负责给应用层软件提供文件创建、读写等文件存取管理功能，从而为嵌入式存储外设(如Flash和SD卡等)提供通用的文件系统支持。在文件系统的支持下，应用软件可以根据文件名等方式直接访问物理存储设备上的数据，不用考虑数据在存储器的具体地址，极大降低了应用程序开发的难度。目前在嵌入式操作系统中主流的文件系统包括FAT和JFFS2等。

3) 图形用户接口

图形用户接口(GUI)的广泛应用是嵌入式系统硬件和软件功能日益强大的结果，它极大地方便了非专业用户的使用，通过窗口、菜单、按键等方式方便地进行操作。而嵌入式GUI具有轻型、占用资源少、高性能、高可靠性、便于移植、可配置等特点。

3. 功能层

功能层也称为应用软件层，应用软件采用C语言或汇编程序开发，经过交叉编译后下载到嵌入式硬件平台的ROM或Flash中，运行在嵌入式操作系统之上，一般情况下与操作系统是分开的。应用软件用来实现对被控制对象的控制功能。功能层要面对被控对象和用户，为方便用户操作，往往需要提供一个友好的人机界面。

4. 实际案例

华为公司自研的嵌入式操作系统OpenHarmony是我国嵌入式操作系统的典型代表。它整体遵从分层设计，从下向上依次为内核层、系统服务层、框架层和应用层。系统功能按照"系统→子系统→组件"逐级展开，在多设备部署场景下，支持根据实际需求裁剪某些非必要的组件。OpenHarmony 技术架构如图 1-7 所示,图中没有包含中间层,仅显示了系统软件层(包括内核层、系统服务层和框架层)和应用层。

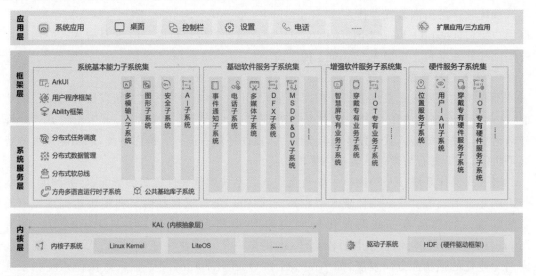

图 1-7　OpenHarmony 技术架构

内核层包含两部分:内核子系统和驱动子系统。

(1) 内核子系统:采用多内核(Linux 内核或 LiteOS)设计,支持针对不同资源受限设备选用适合的操作系统(Operating System,OS)内核。内核抽象层(Kernel Abstract Layer,KAL)通过屏蔽多内核差异,对上层提供基础的内核能力,包括进程/线程管理、内存管理、文件系统、网络管理和外设管理等。

(2) 驱动子系统:硬件驱动框架(Hardware Driver Foundation,HDF)是系统硬件生态开放的基础,提供统一外设访问能力和驱动开发、管理框架。

华为公司在标准内核的 OpenHarmony 系统上做了进一步定制,开发出了商业化操作系统 HarmonyOS(鸿蒙操作系统)。该系统在应用软件层上做了优化,推出了许多应用软件。**LiteOS** 内核又分为适配只有 1MB 左右存储空间的轻量级内核 **LiteOS-M**,其功能比较基础,也就是本书重点介绍并在实验中采用的;以及适配几十兆字节空间的标准小型内核 **LiteOS-A**,它较 LiteOS-M 功能更加完善,能支持复杂图形界面和文件系统,本书仅在 HDF 驱动开发和操作系统裁剪实验中涉及。

1.6　嵌入式系统的分类

按照嵌入式软件对响应时间的要求,可以把嵌入式系统分为实时系统和非实时系统。在嵌入式系统中,实时系统是指能够在特定时间范围内完成任务的系统。实时系统通常有一个严格的时间限制,必须在规定的时间内产生预期的响应或输出。因此,实时系统需要快速响应外部事件,并在短时间内进行处理和输出。

实时系统通常分为硬实时系统和软实时系统两种。硬实时系统要求任务必须在严格的时间限制内完成,否则会导致系统故障或重大错误。例如,空中交通管制系统就是一个硬实时系统,任何延迟都可能导致飞行事故。软实时系统也有时间限制,但是它们对延迟更具容忍度,如果某些任务超时,系统不会发生严重的故障,但可能会降低系统性能。

非实时系统则没有严格的时间限制,不需要在规定的时间内完成任务,任务超时也不会导致系统故障或重大错误。这种类型的系统可以在其他任务执行结束后再运行,所以可以用较慢的速度处理。例如,打印机驱动程序就是一个非实时系统,打印机可以等待一段时间才开始打印文件。

实时系统与非实时系统的区别在于:实时系统必须满足预定的时间限制,而非实时系统则没有这种要求。在许多情况下,特别是在工业、汽车和医疗领域等高可靠性应用中,需要使用实时系统确保正确性和安全性。

随着技术的发展,越来越多的嵌入式系统需要及时性。例如,智能家居、自动驾驶汽车和机器人等应用都需要快速响应外部事件。因此,在设计嵌入式系统时,开发人员必须考虑如何满足及时性要求,并选择合适的硬件和软件平台支持实时任务的执行。

总之,实时系统和非实时系统的区别在于时间限制的严格程度,实时系统需要在预定的时间范围内完成任务,而非实时系统则可以在较长的时间内完成任务,其适用范围也不同。对于需要高可靠性和安全性的应用,实时系统是非常重要的。

第2章　嵌入式处理器与外围硬件

针对不同嵌入式系统应用场景,需要设计不同的嵌入式硬件系统。嵌入式硬件系统主要由处于核心控制地位的嵌入式处理器以及与之互连的不同类型、不同功能的外设组成。本章以华为海思 Hi3861 芯片为例,介绍该芯片内 RISC-V 架构的 CPU 指令集和指令格式;分析该 CPU 的硬件构成;接着介绍芯片内的部分外设接口的作用和使用方法,如 SPI、GPIO 和 I2C 接口等。

2.1　嵌入式处理器概述

嵌入式硬件系统是以嵌入式处理器为核心,主要由嵌入式处理器、总线、存储器、I/O 接口和外围设备组成。嵌入式处理器拥有丰富的片内资源,同时提供了扩展接口,还可以根据应用的需要,进一步扩展外部接口,实现硬件的剪裁。

因为嵌入式系统有应用针对性的特点,不同的系统对处理器要求千差万别,因此嵌入式处理器种类繁多,据不完全统计,全世界嵌入式处理器的种类已经超过 1000 种,流行的体系结构有 30 多个。所有嵌入式处理器中,8051 体系的占有多半,生产 8051 单片机的半导体厂家有 20 多个,共 350 多种衍生产品。现在几乎每个半导体制造商都生产嵌入式处理器,越来越多的公司有自己的处理器设计部门。

2.1.1　嵌入式处理器特点

嵌入式处理器是各种面向用户、面向产品、面向应用的嵌入式系统的核心部件,是控制系统运行的硬件单元。嵌入式处理器种类非常繁多,从 4 位、8 位、16 位到 32 位、64 位都有;内存寻址空间也从几千字节(KB)发展到吉字节(GB)级;处理速度从几兆赫兹(MHz)到上吉赫兹(GHz);芯片引脚数目从几十到几百。嵌入式处理器一般具备以下特点。

(1) 体积小,集成度高,低功耗,价格较低。

(2) 对实时多任务有很强的支持能力。能完成多任务并且有较短的中断响应时间,从而使内部的代码和实时内核的执行时间减少到最低限度。

(3) 具有很强的功能保护功能。由于嵌入式系统的软件结构已模块化,为避免在软件模块之间出现错误后的交叉影响,需要设计强大的存储区保护功能,同时也有利于软件诊断。

(4)处理器结构可扩展,能迅速地开发出满足各种应用的高性能的嵌入式系统。

2.1.2 嵌入式处理器体系架构

目前,嵌入式处理器体系架构采用冯·诺依曼(von Neuman)架构或哈佛(Harvard)架构;指令系统采用精简指令集计算机(Reduced Instruction Set Computer,**RISC**)系统或复杂指令集计算机(Complex Instruction Set Computer,**CISC**)系统。此外,嵌入式处理器也采用了通用微处理器的先进技术提高 CPU 性能。

1. 处理器体系架构

典型的嵌入式处理器体系架构包括冯·诺依曼架构和哈佛架构。

1)冯·诺依曼架构

计算机系统一般由中央处理器(CPU)、存储器系统、输入和输出设备组成。存储器系统负责存储全部数据和指令,并可以根据所给的地址对其进行读写操作。如图 2-1 所示,数据和指令存储在同一存储器中的计算机称为冯·诺依曼架构计算机。CPU 从存储器中取出指令,然后对指令进行译码、执行。

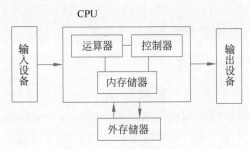

图 2-1 冯·诺依曼架构

2)哈佛架构

哈佛架构的特点是程序存储器和数据存储器分开。程序计数器(Program Counter,PC)指向程序存储器而不是数据存储器。这样,即使数据总线被占用,CPU 也可以继续从程序内存中取指令执行,直到遇到访问内存的指令才不得不停下来等待直接存储器访问(Direct Memory Access,DMA)结束。这样就在 CPU 的操作和外设 **DMA** 的操作之间引入了某种并行度,从而可以提高系统的效率。独立的程序存储器和数据存储器提高了数字处理的性能,让两个存储器有不同的端口,可提供较大的存储器宽度。这样,数据和程序不必再竞争同一个端口,加快了机器的运行时间。哈佛架构如图 2-2 所示。

2. 指令系统

传统的 CISC 结构有其固有的缺点,即随着计算机技术的发展而不断引入新的复杂的指令集,为支持这些新增的指令,计算机的体系架构会越来越复杂。然而,CISC 指令集的各种指令的使用频率却相差悬殊,大约有 20% 的指令会被反复使用,占整体程序代码的 80%。而余下的 80% 指令却不经常使用,在程序设计中只占 20%。显然,这是不太合理的。

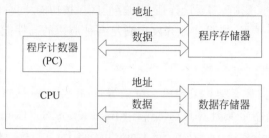

图 2-2 哈佛架构

基于以上不合理性,1979 年美国加州大学伯克利分校提出了 RISC 的概念。RISC 并非只是简单地减少指令,而是着眼于如何使计算机的结构更加简单合理,以提高运算速度。RISC 结构的特点也包括:优先选取使用频率最高的简单指令,避免复杂指令;将指令长度固定,减少指令格式和寻址方式种类;简易的译码指令格式;在单周期内完成指令等。

2.2 嵌入式处理器的分类

第 2 集
微课视频

通常,根据嵌入式处理器功能的不同,可将嵌入式处理器分为 4 种类型:嵌入式微处理器、嵌入式微控制器、嵌入式 DSP 和嵌入式片上系统。

2.2.1 嵌入式微处理器

第 3 集
微课视频

嵌入式微处理器字长一般为 16 位或 32 位,Intel、AMD、Motorola、ARM 等公司提供很多这样的处理器产品,一般内部集成内存管理单元(Memory Management Unit,MMU),支持核心态和用户态,支持给每个用户进程分配进程自己独立的地址空间。嵌入式微处理器通用性比较好,处理能力较强,可扩展性好,寻址范围大,支持各种灵活的设计,且不限于某个具体的应用领域。

在实践应用中,嵌入式微处理器需要在芯片外配置 RAM 和 ROM,根据应用要求往往要扩展一些外部接口设备,如网络接口、GPS、ADC 接口等。嵌入式微处理器及其存储器、总线、外设等安装在一块电路板上,称为单板计算机。

嵌入式微处理器在通用性上有些类似通用处理器,但前者在功能、价格、功耗、芯片封装、温度适应性、电磁兼容方面更适合嵌入式系统应用要求。嵌入式处理器有很多种类型,如 PowerPC、MIPS、ARM 和 RISC-V 等处理器系列。

2.2.2 嵌入式微控制器

嵌入式微控制器又称为单片机,已经经历了近 30 年的发展历史,目前在嵌入式系统中仍然有着极其广泛的应用。这种处理器内部集成 **RAM**、各种非易失性存储器、总线控制器、定时/计数器、看门狗、**I/O**、串行口、脉宽调制输出、**ADC**、**DAC** 等各种必要功能和外设。

与嵌入式微处理器相比,嵌入式微控制器的最大特点是将计算机最小系统所需要的部件及一些应用需要的控制器/外部设备集成在一枚芯片上,实现单片化,芯片尺寸大大减小,从而使系统总功耗和成本下降,可靠性提高。嵌入式微控制器的片上外设资源一般比较丰富,适合控制,因此称为微控制器。嵌入式微控制器品种丰富、价格低廉,目前占嵌入式系统约 70% 以上的市场份额。

相比于嵌入式微处理器,嵌入式微控制器的最大特点是单片化,体积大大减小,从而使功耗和成本下降,可靠性提高。此外,嵌入式微控制器的片上外设资源一般比较丰富,特别适合简单控制系统使用。嵌入式微控制器从诞生以来,一直是嵌入式系统工业的主流,品种和数量繁多,最主流的是 8 位嵌入式微控制器。比较有代表性的通用系列有 MCS51、P51XA、MCS-251、C166/167、MC68HC05/11/12/16 等;半通用系列有支持 USB 接口的 8xC930/931、C540、C541,以及支持 I2C、CAN-Bus、LCD 的众多专用 MCU 和兼容系列。16 位与 32 位以上的嵌入式微控制器相对较少,如 EPSON 公司的 32 位 MCU SIC33 系列、Freescale 公司着眼于汽车电子平台的 16 位 MCU S12 与 S12x 系列等。

2.2.3　嵌入式 DSP

在数字化时代,数字信号处理是一门应用广泛的技术,如数字滤波、快速傅里叶变换(Fast Fourier Transform,FFT)、谱分析、语音编码、视频编码、数据编码、雷达目标提取等。传统微处理器在进行这类计算操作时的性能较低,专门的数字信号处理器(Digital Signal Processor,DSP)也就应运而生。DSP 的系统结构和指令系统针对数字信号处理进行了特殊设计,因而在执行相关操作时具有很高的效率。在应用中,DSP 总是完成某些特定的任务,硬件和软件需要为应用进行专门定制,因此 DSP 是一种嵌入式处理器。

比较有代表性的嵌入式 DSP 产品是 TI(Texas Instruments)公司的 TMS320 系列和 Motorola 公司的 DSP56000 系列。从发展过程看,DSP 主要有两个来源:一是将数字信号处理单片化,增加片上外设,最终成为嵌入式 DSP,如 TI 公司的 TMS320C2000/C5000;二是在通用单片机或 SoC 中增加 DSP 协处理器,如 Intel 公司的 MCS 296 和 Infineon 公司的 TriCore。

2.2.4　嵌入式片上系统

某一类特定的应用对嵌入式系统的性能、功能、接口有相似的要求,针对嵌入式系统的这个特点,利用大规模集成电路技术将某一类应用需要的大多数模块集成在一枚芯片上,从而实现一个嵌入式系统大部分核心功能,这种处理器就是嵌入式片上系统(SoC)。

SoC 把微处理器和特定应用中常用的模块集成在一枚芯片上,应用时往往只需要在 SoC 外部扩充内存、接口驱动、一些分立元件及供电电路就可以构成一套实用的系统,极大地降低了系统设计的难度,同时还有利于减小电路板面积、降低系统成本、提高系统可靠性。嵌入式片上系统是嵌入式处理器的一个重要发展趋势。

嵌入式微控制器和嵌入式片上系统都具有高度集成的特点,将计算机系统的全部或大部分集成在单个芯片中,有些文献将嵌入式微控制器归为嵌入式片上系统。后续为了更清晰地描述,将内部集成了 RAM 和 ROM,主要用于控制的单片机称为嵌入式微控制器;而所说的嵌入式片上系统则没有内置的存储器,以嵌入式微处理器为核心,集成各种应用需要的外部设备控制器,具有较强的计算性能。

简单地讲,嵌入式片上系统就是从整个系统的功能和性能出发,用软硬结合的设计和验证方法,利用 IP 复用及深亚微米技术,将微处理器核、IP 核和存储器等集成在单一芯片上。

嵌入式片上系统的设计基础是 IP 复用技术。IP 核是一种预先设计好、已经过验证、具有某种确定功能的集成电路、器件或部件,它有 3 种不同形式:软核、固核和硬核。在电子设计自动化(Electronic Design Automation,EDA)设计工具中,常把这些 IP 组织在 IP 元件库中供用户使用。用户可以通过把不同的 IP 模块整合在一枚硅片上完成完整的系统。

2.3 RISC-V 嵌入式微处理器体系结构

CPU(中央处理器)相当于电子产品的大脑。在通信领域,几乎重要的信息都要由这个"大脑"掌控,CPU 芯片和操作系统是网络通信领域最基础的核心技术。CPU 主要有两大指令集架构:CISC 架构 X86 和 RISC 架构 ARM、MIPS 和 RISC-V。RISC-V 正是一种基于精简指令集原则的开源指令集架构。

第 4 集
微课视频

2.3.1 RISC-V 处理器

图 2-3 所示为基于海思 RISC-V 微处理器核 Hi3861 的单 CPU SoC 系统架构。指令紧耦合存储器(Instruction Tightly Coupled Memory,ITCM)和数据紧耦合存储器(Data Tightly Coupled Memory,DTCM)为紧耦合存储器,可以存储指令和数据。CPU 也可以通过总线(AHB 存储总线)访问存储总线上的存储资源。通过外设总线(AHB 外设总线和 APB 外设总线)访问丰富的外设模块,对其进行控制和调度,以实现特定的业务功能。

2.3.2 总线

SoC 系统可以抽象为 CPU、存储器系统和外设系统 3 部分。存储器系统为 CPU 提供程序和数据,外设系统提供 CPU 与外部的交互功能。通过标准总线以特定的总线架构将 CPU、存储器系统、外设系统连接在一起,如图 2-4 所示。使用标准总线的好处是各个组件在开发时只需要遵循标准总线协议设计交互接口,而不需要与各个组件对齐交互接口。

只要是符合标准总线协议要求的组件,就能对接起来,进行数据交互,有助于工作解耦、模块继承、模块移植。总线的控制信号决定请求的开始、结束和信息交互的握手,把传输控制信号的总线称为控制总线。总线的地址信号用于选择需要访问的器件,通过地址划分给不同器件,分配不同的地址区间,把传输地址信号的总线称为地址总线。这里的器件包括存储器件,如 ROM、RAM 和 Flash,也包括外部设备。解码器就可以将不同地址的访问分配到相应的器件上,形成存储器地址和外设地址,实现按地址访问指定目标的要求。总线数据信号用于数据的交互,包括写数据和读数据,把传输数据信号的总线称为数据总线。

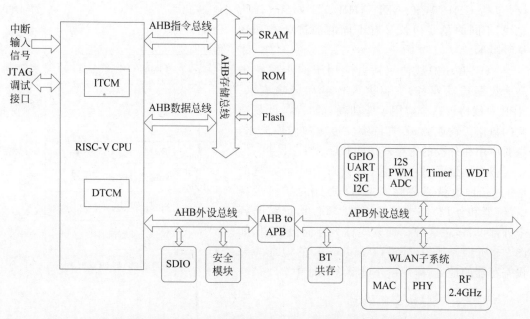

图 2-3　基于海思 RISC-V 微处理器核 Hi3861 的单 CPU SoC 系统架构

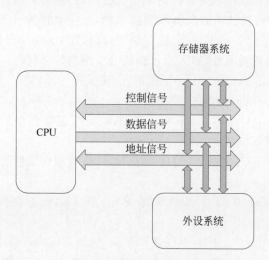

图 2-4　Hi3861 总线结构

　　总线又分为片内总线和片外总线。AMBA 是 ARM 公司推出的免费开放的总线架构标准,是业界常用的 SoC 总线互联架构,为片内总线,可以支持多处理器设计,能支撑大量的控制器及外设的集成。各公司基于 ABMA 标准开发 IP,就可以实现平台和处理器无关的接口,方便移植和集成。由于 ARM 在嵌入式和移动领域的统治地位,很多厂商的 IP 都基于 AMBA 进行开发,AMBA 架构已经建立起非常良好的生态。

　　根据不同的应用场景、传输速率要求和实现复杂度,AMBA 架构制定了不同的总线协议，包括 CHI、ACE、AXI、AHB/AHB-Lite、APB 总线，不同的总线协议又有不同的演进版本和轻量级版本。

AHB-Lite 总线协议适合应用于同步系统中高速数据传输业务，支持突发传输和传输流水。APB 总线协议适合应用于低功耗、低带宽、低复杂度的数据传输业务，不支持突发传输和传输流水，主要应用在外设的寄存器访问和配置中。

根据地址总线的位数，可以形成一个完整的地址空间，也就是将除了 CPU 之外的任何设备（存储器和外设）统一编址，然后通过地址访问各个外部设备，将这种编址方式称为存储器映射，如图 2-5 所示。其中，外设（Peripheral）的地址为外设寄存器的地址，体现在外设模块地址中。

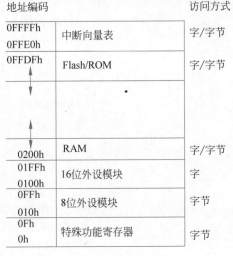

图 2-5　存储器映射

2.3.3　流水线结构

RISC-V CPU 内核构成一般可以分为取指、发送、执行、提交和访存五大基本功能模块，再按需补充 Cache、中断、调试功能模块，如图 2-6 所示，主要包含以下流水线单元。

（1）**IFU**（Instruction Fetch Unit）：取指单元，可包含 I$（Instruction）Cache，完成从存储器获取程序指令发送给流水线的功能，可扩展分支预测等功能。

（2）**ISU**（Instruction Send Unit）：发送单元，完成指令译码、发送、冲突检查、操作数获取、操作数旁路（Bypass/Forwarding）等功能。

（3）**EXU**（Execution Unit）：执行单元，根据需要可包含整型或浮点型数据的四则运算、比较运算、逻辑运算等模块。

（4）**ICU**（Instruction Commit Unit）：提交单元，负责指令的回写和退休控制，也包括与调试及中断模块的交互。

（5）**LSU**（Load Store Unit）：加载存储单元，负责完成访存操作，根据需要可包含 D$（Data）Cache。

（6）**BIU**（Bus Interface Unit）：总线接口单元，负责完成内部请求到总线协议的转换。

（7）**INT**（Interrupt）：中断管理单元，完成中断捕获、优先级仲裁和上报。

（8）**DBG**（Debug）：调试单元，与外部调试模块交互，实现 CPU 寄存器访问、PC 控制、系统资源访问、单步、断点等调试手段。

流水线是 CPU 设计中重要的性能提升手段，其实质是将 CPU 运行中的取指、发送、执行、提交等步骤并行化，从而提高 CPU 的执行效率以及运行频率。例如，可以将取指分成一级（FE），发送和执行分成一级（EX），回写和提交分成一级（WB），中间用缓冲寄存器隔开，就是一个 3 级流水线架构，如图 2-7 所示。当指令 0 处于 WB stage 时，指令 1 进入 EX stage 处理，同时取指模块获取指令 2。

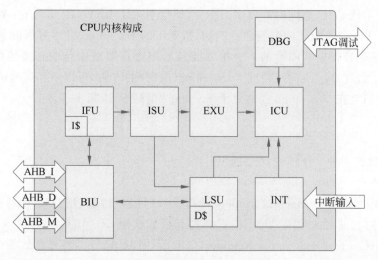

图 2-6　Hi3861 CPU 内核构成

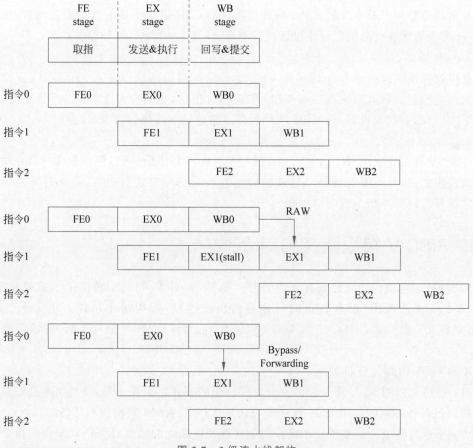

图 2-7　3 级流水线架构

流水线技术让 CPU 能同时处理多条指令,但也引入了 RAW(Read After Write)/WAW (Write After Write)等顺序冲突问题。例如,指令 1 的 EX stage 需要用到指令 0 的回写结果,则指令 1 必须等指令 0 回写的下一拍才能从通用寄存器组中获取必要的数值执行 EX stage 的处理。通过 Bypass(旁路)或 Forwarding(前向)的方法,可以不经过通用寄存器组直接把指令 0 的结果在 WB stage 送给处于 EX stage 的指令 1,减少等待。

2.3.4 工作模式

RISC-V 共有 4 种工作模式,分别如下。

1. 特权模式

RISC-V 标准定义了 Machine、Supervisor、User(机器、特权、用户)3 种特权模式,其中 Machine 模式拥有最高的权限,User 模式则拥有最低权限,不同的特权模式可访问的控制与状态寄存器(Control and Status Register,CSR)不同,可执行的特殊系统指令不同,物理内存保护(Physical Memory Protection,PMP)权限控制不同。

2. 异常和中断处理模式

在出现异常和中断事件时,CPU 跳转到特定的 CSR 指定的地址执行服务函数,然后执行 mret 指令返回被打断的程序中继续执行指令。

3. halt 模式

第5集
微课视频

在接收到调试模块的 halt 请求后,CPU 暂停后续指令的执行进入 halt 模式,等待调试模块的调度控制。调试模块可控制 CPU 单步执行指令,也可以让 CPU 执行特定的指令,访问 CPU 资源和系统资源,让 CPU 跳转到指定的地址继续执行指令。

4. 低功耗模式

RISC-V 标准定义了 WFI 指令,当 CPU 提交 WFI 指令后,可以停止后续的指令执行进入低功耗模式,执行关闭时钟等低功耗措施。进入低功耗模式的 CPU 会一直等待中断的到来才重新执行后续指令或响应中断。

2.4 RISC-V 指令集架构简介

RISC-V 架构最大的特性就在于"精简"。虽然与 ARM 同属于精简指令集架构,但因 RISC-V 近年来才推出,没有背负向后兼容的历史包袱,架构短小精悍。相比于 X86 和 ARM 动辄几百数千页,RISC-V 的规范文档仅有 145 页,且"特权架构文档"的篇幅也仅为 91 页。

RISC-V 架构的优势如下。

(1)模块化。RISC-V 将不同的部分以模块化的方式组织在一起,并试图通过一套统一的架构满足各种不同的应用场景,这种模块化是 X86 与 ARM 架构所不具备的。

(2)指令数目少。受益于短小精悍的架构以及模块化的特性,RISC-V 架构的指令非常简洁。基本的 RISC-V 指令仅有 40 多条,加上其他的模块化扩展指令总共也只有几十条。

(3) RISC-V 全面开源,且具有全套开源免费的编译器、开发工具和软件集成开发环境(Integrated Development Environment,IDE),其开源的特性允许任何用户自由修改、扩展,从而能满足量身定制的需求,大大降低指令集修改的门槛。

2.4.1 RISC-V 指令集分类

RISC-V 指令集使用模块化的方式进行组织,每个模块使用一个英文字母来表示。RISC-V 最基本也是唯一强制要求实现的指令集部分是由英文字母 I 表示的基本整数指令子集,使用该子集便能够实现完整的软件编译器。其他指令子集均为可选的模块,具有代表性的模块包括 M/A/F/D/C,如表 2-1 所示。

表 2-1　RISC-V 的模块化指令集

指　令　集		指　令　数	描　　　述
基本指令集	RV32I	47	32 位地址空间与整数指令,支持 32 个通用整数寄存器
	RV32E	47	RV32I 的子集,仅支持 16 个通用整数寄存器
	RV64I	59	64 位地址空间与整数指令,以及一部分 32 位整数指令
	RV128I	71	128 位地址空间与整数指令,以及一部分 64 位和 32 位指令
扩展指令集	M	8	整数乘法与除法指令
	A	11	存储器原子(Atomic)操作指令和 Load-Reserved Store-Conditional 指令
	F	26	单精度(32 位)浮点指令
	D	26	双精度(64 位)浮点指令,必须支持 F 扩展指令
	C	48	压缩指令,指令长度为 16 位

为了提高代码密度,RISC-V 架构也提供可选的"压缩"指令子集,用英文字母 C 表示。压缩指令的编码长度为 16 位,而普通的非压缩指令的长度为 32 位。以上这些模块的一个特定组合 IMAFD 也被称为"通用"组合,用英文字母 G 表示。因此,RV32G 表示 RV32IMAFD;同理,RV64G 表示 RV64IMAFD。

为了进一步减小体积,RISC-V 架构还提供一种"嵌入式"架构,由英文字母 E 表示。该架构主要用于追求极小体积与功耗的深嵌入式场景。该架构仅需要支持 16 个通用整数寄存器,而非嵌入式的普通架构则需要支持 32 个通用整数寄存器。

通过以上的模块化指令集,能够选择不同的组合来满足不同的应用。例如,追求小体积低功耗的嵌入式场景可以选择使用 RV32EC 架构;而大型的 64 位架构则可以选择 RV64G。

除了上述模块,还有若干扩展模块,包括 L、B、P、V 和 T 等。这些扩展目前大多数还在不断完善和定义中,尚未最终确定,因此在此不详细论述。

1. 运算指令

RISC-V 架构使用模块化的方式组织不同的指令子集,最基本的整数指令子集(字母 I 表示)支持的运算包括加法、减法、移位、按位逻辑操作和比较操作。这些基本的运算操作能够通过组合或函数库的方式完成更多的复杂操作(如乘除法和浮点操作),从而能够完成大多数的软件操作。

单精度浮点指令子集(字母 F 表示)与双精度浮点指令子集(字母 D 表示)支持的运算包括浮点加减法、乘除法、乘累加、开方和比较等操作,同时提供整数与浮点数、单精度与双精度浮点数之间的格式转换操作。

很多 RISC 架构的处理器在运算指令产生错误时,如上溢(Overflow)、下溢(Underflow)、非规格化浮点数(Subnormal)和除零(Divide by Zero),都会产生软件异常。RISC-V 架构的一个特殊之处是对任何的运算指令错误(包括整数与浮点指令)均不产生异常,而是产生某个特殊的默认值,同时设置某些状态寄存器的状态位。RISC-V 架构推荐软件通过其他方法找到这些错误。

2. 优雅的压缩指令子集

基本的 RISC-V 基本整数指令子集规定的指令长度均为 32 位,这种等长指令定义使得仅支持整数指令子集的基本 RISC-V CPU 非常容易设计。但是,等长的 32 位编码指令也会造成代码体积相对较大的问题。

为了满足某些对于代码体积要求较高的场景(如嵌入式领域),RISC-V 架构定义了一种可选的压缩(Compressed)指令子集,用字母 C 表示,也可以用 RVC 表示。RISC-V 架构具有后发优势,从一开始便规划了压缩指令,预留了足够的编码空间,16 位指令与普通的 32 位指令可以无缝自由地交织在一起,处理器也没有定义额外的状态。

RISC-V 压缩指令的另一个特别之处是 16 位指令的压缩策略是将一部分普通最常用的 32 位指令中的信息进行压缩重排得到(如假设一条指令使用了两个同样的操作数索引,则可以省去其中一个索引的编码空间),因此每条 16 位指令都能找到其对应的原始 32 位指令。这样,程序编译成为压缩指令仅在汇编阶段就可以完成,极大地简化了编译器工具链的负担。

研究表明,压缩后的 RV32C 指令集的代码体积相比 RV32 指令集减小了 40%,并且与 ARM、MIPS 和 X86 等架构相比都有不错的表现。

2.4.2　RISC-V 指令格式

RISC-V 指令格式非常整齐且单一,使用了大量通用寄存器简化指令格式和寻址方式。

1. 通用寄存器组

RISC-V 架构支持 32 位或 64 位的架构,32 位架构由 RV32 表示,每个通用寄存器的宽度为 32 位;64 位架构由 RV64 表示,每个通用寄存器的宽度为 64 位。

RISC-V 架构的整数通用寄存器组,包含 32 个(I 架构)或 16 个(E 架构)通用整数寄存器,其中整数寄存器 0 被预留为常数 0,其他 31 个(I 架构)或 15 个(E 架构)为普通的通用整数寄存器。

如果使用了浮点模块(F 或 D),则需要另一个独立的浮点寄存器组,包含 32 个通用浮点寄存器。如果仅使用 F 模块的浮点指令子集,则每个通用浮点寄存器的宽度为 32 位;如果使用 D 模块的浮点指令子集,则每个通用浮点寄存器的宽度为 64 位。

2. 指令格式

RISC-V 架构指令集编码非常规整,均为 32 位。指令所需的通用寄存器的索引(Index)都被放在固定的位置,如图 2-8 所示。因此,指令译码器(Instruction Decoder)可以非常便捷地译码出寄存器索引,然后读取通用寄存器组寄存器文件(Register File)。

图 2-8 中的指令格式均由操作码和操作数组成,共包含 4 种指令格式,分别为 R 型、I 型、S 型和 U 型。这 4 种指令格式的作用分别如下。

(1) R 型指令主要用于算术逻辑运算指令。对于算术逻辑运算指令,其 3 个操作数均为寄存器,rs1 和 rs2 为源操作数所在寄存器编号,rd 为结果所在寄存器编号。opcode 字段和 funct3 字段用作操作码。

(2) I 型指令主要用于立即数指令和内存读取指令。对于立即数指令,一个操作数直接为 imm[11:0],另一个操作数为 rs1,rd 为结果所在寄存器编号;而对于内存读取指令,一个操作数需要从内存获取,内存地址为以 rs1 为基址,偏移量为 imm[11:0] 的内存单元。

(3) S 型指令主要用于内存写入指令。结果存入内存,内存地址为以 rs1 为基址,偏移量为 imm[11:5]+imm[4:0] 的内存单元。将立即数拆分成两部分的目的是指令格式的归一化,有利于快速处理指令。

(4) U 型指令可用于无条件跳转指令。跳转地址为由 imm[31:12] 和 12 个 0 组成的地址。

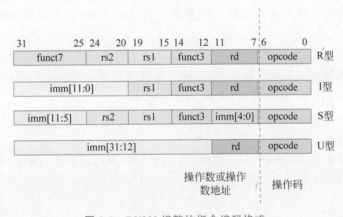

图 2-8 RV32I 规整的指令编码格式

寻址方式包括寄存器寻址(R 型)、立即数寻址(I 型)和基址寻址(I 型和 S 型)3 种方式。

3. 存储器访问指令

与所有 RISC 处理器架构一样,RISC-V 架构使用专用的存储器读(Load)指令和存储器写(Store)指令访问存储器(Memory),其他的普通指令无法访问存储器,这是 RISC 架构常用的一个基本策略,这种策略使得处理器核的硬件设计变得简单。

存储器访问的基本单位是字节(B)。RISC-V 架构的存储器读指令支持字节(8 位)、半字(16 位)、单字(32 位)为单位的存储器读写操作;如果是 64 位架构,还可以支持双字(64 位)为单位的存储器读写操作。

4. 分支跳转指令

RISC-V 架构有两条无条件跳转(Unconditional Jump)指令——jal 与 jalr 指令。跳转链接(Jump and Link)指令 jal 可用于进行子程序调用,同时将子程序返回地址保存在链接寄存器(Link Register,由某一个通用整数寄存器担任)中。跳转链接寄存器(Jump and Link Register)指令 jalr 指令能够用于子程序返回指令,通过将 jal 指令(跳转进入子程序)保存的链接寄存器用于 jalr 指令的基地址寄存器,则可以从子程序返回。

RISC-V 架构有 6 条条件跳转(Conditional Branch)指令,这种条件跳转指令与普通的运算指令一样直接使用两个整数操作数,然后对其进行比较,如果比较的条件满足,则进行跳转。因此,此类指令将比较与跳转两个操作放到了一条指令里完成。

为了使硬件设计尽量简单,RISC-V 架构特地规定了所有条件跳转指令跳转目标的偏移量(相对于当前指令的地址)都是有符号数,并且其符号位被编码在固定的位置。因此,这种静态预测机制在硬件上非常容易实现,硬件译码器可以轻松地找到这个固定的位置,并通过判断其是 0 还是 1 判断偏移量是正数还是负数。如果是负数,则表示跳转的目标地址为当前地址减去偏移量,也就是向后跳转,则预测为"跳转"。当然,对于配备有硬件分支预测器的高端 CPU,则可以采用高级的动态分支预测机制保证性能。

2.4.3 RISC-V 指令特点

RISC-V 指令的工作模式和地址管理都有其自身的特点,也十分容易继续扩展现有指令集的功能。

1. 工作模式

RISC-V 架构定义了 3 种工作模式,又称为特权模式(Privileged Mode)。

(1) Machine Mode:机器模式,简称 M Mode。

(2) Supervisor Mode:监督模式,简称 S Mode。

(3) User Mode:用户模式,简称 U Mode。

RISC-V 架构定义 M Mode 为必选模式,另外两种为可选模式。通过不同的模式组合可以实现不同的系统。

2. 地址管理

RISC-V 架构也支持几种不同的存储器地址管理机制,包括对于物理地址和虚拟地址的管理机制,使得 RISC-V 架构能够支持从简单的嵌入式系统(直接操作物理地址)到复杂的操作系统(直接操作虚拟地址)的各种系统。

3. 控制和状态寄存器

RISC-V 架构定义了一些控制和状态寄存器(CSR),用于配置或记录一些运行的状态。CSR 是处理器核内部的寄存器,使用其自己的地址编码空间,和存储器寻址的地址区间完全无关。

CSR 的访问采用专用的 CSR 指令,包括 CSRRW、CSRRS、CSRRC、CSRRWI、CSRRSI 以及 CSRRCI 指令。

4. 自定义指令扩展

除了前面阐述的模块化指令子集的可扩展和选择外,RISC-V 架构还有一个非常重要的特性,那就是支持第三方的扩展。用户可以扩展自己的指令子集,RISC-V 架构预留了大量的指令编码空间用于用户的自定义扩展;同时,还定义了 4 条 Custom 指令可供用户直接使用,每条 Custom 指令都有几个比特位的子编码空间预留,因此用户可以直接使用 4 条 Custom 指令扩展出几十条自定义的指令。

2.5　基于 RISC-V 架构的 Hi3861 芯片

华为海思 Hi3861 是一款高度集成的 2.4GHz Wi-Fi 芯片,如图 2-9 所示。它集成 IEEE 802.11b/g/n 基带和射频(Radio Frequency,RF)电路,包括功率放大器(Power Amplifier,PA)、低噪声放大器(Low Noise Amplifier,LNA)、射频巴伦(RF Balun)、天线开关以及电源管理模块等。Hi3861 Wi-Fi 基带实现正交频分复用(Orthogonal Frequency Division Multiplexing,OFDM)技术,并向下兼容直接序列扩频(Direct Sequence Spread Spectrum,DSSS)、补码键控(Complementary Code Keying,CCK)技术,支持 IEEE 802.11b/g/n 协议,支持 20MHz 标准带宽和 5MHz/10MHz 窄带宽,提供最大 72.2Mb/s 物理层速率。Hi3861 芯片集成高性能 32 位微处理器;提供同步串行接口(Synchronous Peripheral Interface,**SPI**)、通用异步收发器(Universal Asynchronous Receiver & Transmitter,**UART**)、内部集成电路(Inter Integrated Circuit,**I2C**)、集成电路内置音频(Inter-IC Sound,**I2S**)、脉冲宽度调制(Pulse-Width Modulation,**PWM**)、通用目的输入输出(General Purpose Input/Output,**GPIO**)接口以及多路模数转换器(Analog to Digital Converter,**ADC**)模拟输入等丰富的外设接口,同时支持安全数字输入输出(Secure Digital Input/Output,**SDIO**)2.0 接口,时钟最高支持 50MHz;支持 Huawei LiteOS-M 系统和第三

第 6 集
微课视频

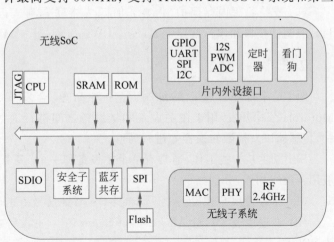

图 2-9　Hi3861 逻辑架构

0x40058000	SPI
0x40050100	保留
0x40050000	TIMER
0x40048000	I2S
0x40040000	PWM
0x40030000	PHY_CFG
0x40029000	保留
0x40028000	W_CTL
0x40020000	MAC_CFG
0x40018000	I2C

图 2-10　Hi3861 芯片部分外设控制
寄存器地址映射

方组件,并配套提供开放、易用的开发和调试环境。芯片内置静态随机访问存储器(Static Random Access Memory,SRAM)和 Flash,可独立运行,并支持在 Flash 上运行程序。

详细配置信息如下。

(1) CPU:高性能自研 32 位 CPU,最大工作频率为 160MHz;内置 352KB SRAM、288KB ROM;内嵌 2MB Flash(仅 Hi3861 支持);包含多个外设接口(通过复用实现)。

(2) Hi3861 片内外设接口:一个 SDIO Slave 接口、两个 SPI 接口、两个 I2C 接口、3 个 UART 接口、15 个 GPIO 接口、7 路 ADC 输入、6 路 PWM、一个 I2S 接口、外接 32kHz 时钟。部分外设控制寄存器地址映射如图 2-10 所示,其中包括 SPI、PWM 和 I2C 等接口的地址。

基于 Hi3861 芯片架构有两款 SoC 芯片,分别是 Hi3861LV100 和 Hi3861V100,其中 Hi3861LV100 为低功耗芯片。本书实验采用的均为 Hi3861V100 芯片。

2.5.1　处理器

系统提供一个自研处理器作为主控 CPU,完成各种系统任务和控制工作。处理器带有 32KB 指令 Cache 和 4KB 数据 Cache。该芯片 CPU 具有以下功能特点。

(1) 处理器的工作频率最高可达 160MHz。

(2) 支持直接模式和向量模式的中断方式,支持 35 个非标准外部中断。

(3) 支持边沿和电平两种中断触发方式。

(4) 支持 Flash Patch 功能,支持 254 个指令比较器和两个地址比较器。

(5) 支持物理内存保护(PMP)功能,支持联合测试行动组(Joint Test Action Group,JTAG)调试接口和串行线路调试(Serial Wire Debug,SWD)接口。

2.5.2　SPI

SPI 是串行外设接口的缩写,是一种高速、全双工、同步的通信总线,该接口是由 Motorola 公司开发,用于在主设备和从设备之间进行通信,常用于 CPU 与 Flash、实时时钟、传感器以及模数转换器等进行通信。

SPI 以主从方式工作,通常有一个主设备和一个/多个从设备。主设备和从设备之间一般用 4 根线相连,分别如下。

(1) 时钟模块 SCLK(串行同步时钟):时钟信号由主设备产生,信号为 SPI_CLK。

(2) 发送通道 MOSI(Master Out Salve In):主设备数据输出,从设备数据输入,信号为 SPI_DI。

(3) 接收通道 MISO(Master In Slave Out):主设备数据输入,从设备数据输出,信号为 SPI_DO。

（4）片选逻辑 CS(Chip Select)：片选，从设备使能信号，由主设备控制，信号为 SPI_CS_N。

一个主设备和两个从设备通过 SPI 进行通信的设备连接如图 2-11 所示，设备 A 和设备 B 共享主设备的 SCLK、MISO 和 MOSI 引脚，设备 A 的片选 CS0 连接主设备(控制器)的 CS0，设备 B 的片选 CS1 连接主设备的 CS1。SPI 控制器左侧为 APB 总线。

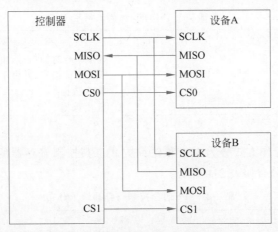

图 2-11　通过 SPI 通信的设备连接

1. SPI 的功能特点

SPI 具有以下主要功能特点。

（1）支持接口时钟频率可编程。作为主设备，最大支持接口时钟频率的 4 分频；作为从设备，最大支持接口时钟频率的 8 分频。

（2）SPI0 与 SPI1 的先进先出(First In First Out，FIFO)规格不同。SPI0 支持接收和发送分开的 FIFO 队列，队列字宽为 256×16 位(发送 FIFO 队列和接收 FIFO 队列各一个)；SPI1 支持的 FIFO 收/发队列小于 SPI0，队列字宽为 64×16 位。

（3）支持 3 种 SPI 帧格式：Motorola 帧格式、TI(Texas Instruments)帧格式、National Microwire 帧格式。

（4）串行数据帧长度可编程：4～16 位。

（5）支持对 4 种中断进行独立屏蔽，包括接收 FIFO 中断、发送 FIFO 中断、接收 FIFO 溢出中断和接收超时中断。

2. SPI 的配置

当 SPI 处于 Master 模式时，SPI 信号如表 2-2 所示。

表 2-2　SPI Master 模式信号

信　号　名	宽度/位	方　　向	功　能　描　述
SPI_CLK	1	O	SPI 串行时钟信号，由 Master 产生并控制
SPI_CS_N	1	O	SPI 片选信号，低电平有效

续表

信 号 名	宽度/位	方　向	功 能 描 述
SPI_DI	1	I	输入数据
SPI_DO	1	O	输出数据

当 SPI 处于 Slave 模式时，SPI 信号如表 2-3 所示。

表 2-3　SPI Slave 模式信号

信 号 名	宽度/位	方　向	功 能 描 述
SPI_CLK	1	I	SPI 串行时钟信号，由 Master 产生并控制
SPI_CS_N	1	I	SPI 片选信号，低电平有效
SPI_DI	1	I	输入数据
SPI_DO	1	O	输出数据

3. SPI 寄存器地址

SPI 数据传输的工作方式分为中断和轮询方式。其控制寄存器的基址为 0x40058000，部分控制寄存器地址分布如表 2-4 所示。

表 2-4　SPI 部分控制寄存器地址分布

偏 移 地 址	名　　称	描　　述
0x000	SPICR0	SPI 控制寄存器 0
0x004	SPICR1	SPI 控制寄存器 1
0x008	SPIDR	SPI 发送/接收数据寄存器
0x00C	SPISR	SPI 状态寄存器
0x010	SPICPSR	SPI 时钟分频寄存器
0x014	SPIIMSC	SPI 中断屏蔽寄存器
0x018	SPIRIS	SPI 原始中断状态寄存器

4. SPI 的使用

SPI 通信通常由主设备发起，通过以下步骤完成一次通信。

（1）通过 CS 选中要通信的从设备，在任意时刻，一个主设备上最多只能有一个从设备被选中。

（2）通过 SCLK 给选中的从设备提供时钟信号。

（3）基于 SCLK 时钟信号，主设备数据通过 MOSI 发送给从设备，同时通过 MISO 接收从设备发送的数据，完成通信。

根据 SCLK 时钟信号的时钟极性（Clock Polarity，CPOL）和时钟相位（Clock Phase，CPHA）的不同组合，SPI 有以下 4 种工作模式。

（1）当 CPOL=0，CPHA=0 时，串行同步时钟信号的空闲状态为低电平，SPI 在第 1 个时钟跳变沿采样数据。

（2）当 CPOL=0，CPHA=1 时，串行同步时钟信号的空闲状态也为低电平，SPI 在第 2 个时钟跳变沿采样数据。

（3）当 CPOL=1，CPHA=0 时，串行同步时钟信号的空闲状态为高电平，SPI 在第 1 个时钟跳变沿采样数据。

（4）当 CPOL＝1,CPHA＝1 时,串行同步时钟信号的空闲状态也为高电平,SPI 在第 2 个时钟跳变沿采样数据。

SPI 工作模式如图 2-12 所示。

图 2-12 SPI 工作模式

SPI 定义了操作 SPI 设备的通用方法集合,具体如下。

（1）hi_spi_init()：SPI 初始化,包括主从设备、极性、相性、帧协议、传输频率、传输位宽等设定。

（2）hi_spi_set_basic_info()：配置 SPI 参数,如极性、相性、帧协议、传输位宽、频率等。

（3）hi_spi_host_writeread()：SPI 主模式全双工收发数据。

（4）hi_spi_host_read()：SPI 主模式半双工接收数据。

（5）hi_spi_slave_read()：SPI 从模式半双工接收数据。

（6）hi_spi_set_irq_mode()：设置是否使用中断方式传输数据,主模式如果不配置中断方式,则传输数据默认使用轮询模式;从模式默认使用中断方式传输数据。

（7）hi_spi_register_usr_func()：注册用户准备/恢复函数。

SPI 使用示例如代码 2-1 所示。

代码 2-1 SPI 使用示例

```
hi_u32 usr_spi_init()
{
    hi_u32 ret;
    hi_spi_idx id = 0;                        /* SPI 单元选择 */
    /* I/O 复用 */
    hi_io_set_func(HI_IO_NAME_GPIO_5, HI_IO_FUNC_GPIO_5_SPI0_CSN);
    hi_io_set_func(HI_IO_NAME_GPIO_6, HI_IO_FUNC_GPIO_6_SPI0_CK);
    hi_io_set_func(HI_IO_NAME_GPIO_7, HI_IO_FUNC_GPIO_7_SPI0_RXD);
    hi_io_set_func(HI_IO_NAME_GPIO_8, HI_IO_FUNC_GPIO_8_SPI0_TXD);
    hi_io_set_driver_strength(HI_IO_NAME_GPIO_8, HI_IO_DRIVER_STRENGTH_0);
    hi_spi_cfg_init_param init_param;
    init_param.is_slave = HI_FALSE;           /* 主模式设置 */
    hi_spi_cfg_basic_info spi_cfg;            /* SPI 参数设置 */
    spi_cfg.cpha = 0;                         /* 相性 */
    spi_cfg.cpol = 0;                         /* 极性 */
    spi_cfg.data_width = 7;                   /* 数据位宽 */
    spi_cfg.endian = 0;                       /* 小端 */
    spi_cfg.fram_mode = 0;                    /* 帧协议 */
    spi_cfg_basic_info.freq = 8000000;        /* 频率 */
    ret = hi_spi_init(id, init_param, &spi_cfg);
    return ret;
}

hi_u32 demo_spi_host_write_task()
{
    hi_u32 ret;
```

```
hi_spi_idx id = 0;                /* SPI 单元选择 */
hi_u8 send_buf[BUF_LEN];          /* 要传输的数据 */
/* 数据处理 */
ret = hi_spi_host_write(id, send_buf, BUF_LEN);
/* 错误判断并处理 */
return ret;
}
```

在 hi_spi_host_write()函数使用主模式进行数据写入时,会调用 spi.c 文件中的 spi_flush_fifo(hi_u32 reg_base)函数进行写入操作,该函数的参数 reg_base 会使用 SPI 控制寄存器的地址 0x40058000,如下所示。

```
#define HI_SSP0_REG_BASE 0x40058000
```

2.5.3　RTC 模块

RTC(Real-Time Clock)为操作系统中的实时时钟设备,为操作系统提供精准的实时时间和定时报警功能。当设备断电后,通过外置电池供电,RTC 继续记录操作系统时间;当设备上电后,RTC 提供实时时钟给操作系统,确保断电后系统时间的连续性。

RTC 的功能是从预置的数据开始递减直至 0,产生中断。RTC 的初始数据、工作模式、中断方式均可以通过寄存器配置,且可以独立进行时钟使能,以及灵活指定时钟间隔。芯片中有 4 个相同且可独立配置的 RTC。

1. RTC 模块的功能特点

RTC 具有以下功能特点。

(1) 4 个 32 位可独立配置的 RTC 单元。

(2) 支持自由模式和周期模式。

(3) 每个 RTC 单元可以独立使能。

(4) 每个 RTC 均配置有独立的中断。

(5) 支持锁定当前的计数值。

2. RTC 模块的配置

RTC 工作时钟频率可选择 32kHz 或晶体时钟(40 或 24MHz)。每个 RTC 均可单独配置。

(1) 在自由模式下,定时器从 0xFFFF FFFF 递减计数到 0。

(2) 在周期模式下,计数器从 TIMERx_LOADCOUNT 寄存器(x=1~4)的值计数到 0。

以 RTC3、RTC4 为例说明 RTC 的工作流程,具体步骤如下。

(1) 通过配置 TIMER3_CONTROLREG 和 TIMER4_CONTROLREG 寄存器初始化 RTC。

① 将 TIMER3_CONTROLREG[timer3_en]和 TIMER4_CONTROLREG[timer4_en]置 0,关闭 RTC。注意:为了避免不同步问题,在设置 TIMER3_LOADCOUNT、TIMER4_LOADCOUNT 寄存器之前必须将 RTC 关闭。

② 向 TIMER3_CONTROLREG[timer3_mode]、TIMER4_CONTROLREG [timer4_mode]写 0,配置 RTC 为自由模式;或写 1,配置 RTC 为周期模式。

③ 向 TIMER3_CONTROLREG[timer3_int_mask]、TIMER4_CONTROLREG[timer4_int_mask]写 1，设置中断屏蔽为屏蔽方式；或写 0，设置中断屏蔽为不屏蔽方式。

（2）向 TIMER3_LOADCOUNT、TIMER4_LOADCOUNT 寄存器写入 RTC 的初始值（配置模式为周期模式）。

（3）将 TIMER3_CONTROLREG[timer3_en]、TIMER4_CONTROLREG[timer4_en]置 1，使能 RTC，开始倒计时。

3. RTC 模块寄存器地址

RTC 模块寄存器地址如表 2-5 所示，控制寄存器基址为 0x50007000。

表 2-5　RTC 模块寄存器地址

偏 移 地 址	名　　称	描　　述
0x000	TIMER1_LOADCOUNT	定时器 1 的初始值寄存器
0x004	TIMER1_CURRENTVALUE	定时器 1 的当前值寄存器
0x008	TIMER1_CONTROLREG	定时器 1 的控制寄存器
0x00C	TIMER1_EOI	定时器 1 的清除中断寄存器
0x010	TIMER1_INTSTATUS	定时器 1 的中断状态寄存器

TIMER1_LOADCOUNT 寄存器为定时器 1 的初始值寄存器，偏移地址为 0，32 位。

4. RTC 模块的使用

RTC 模块的一般使用流程如图 2-13 所示。

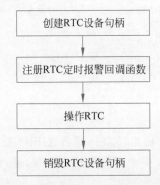

图 2-13　RTC 模块的一般使用流程

RTC 模块提供的主要接口如表 2-6 所示，包括获取和释放 RTC 设备句柄、读取和写入 RTC 时间信息。

表 2-6　RTC 模块接口

接　口　名	接 口 描 述
DevHandle RtcOpen(void)	获取 RTC 设备句柄
void RtcClose(DevHandle handle)	释放 RTC 设备句柄
int32_t RtcReadTime(DevHandle handle, struct RtcTime * time)	读取 RTC 时间信息
int32_t RtcWriteTime(DevHandle handle, const struct RtcTime * time)	写入 RTC 时间信息，包括年、月、星期、日、时、分、秒、毫秒

RTC 模块使用示例如代码 2-2 所示。可以设置 RTC 时间、报警时间和报警中断回调函数,当报警时间计时到达后,会触发中断并调用中断回调函数。

代码 2-2 RTC 模块使用示例

```
void RtcTestSample(void)
{
    int32_t ret;
    struct RtcTime tm;
    struct RtcTime alarmTime;
    uint32_t freq;
    DevHandle handle = NULL;
    /* 获取 RTC 设备句柄 */
    handle = RtcOpen();
    /* 注册报警 A 的定时回调函数 */
    ret = RtcRegisterAlarmCallback(handle, RTC_ALARM_INDEX_A, RtcAlarmACallback);
    /* 设置 RTC 外接晶体振荡频率,注意按照器件手册要求配置 RTC 外频 */
    freq = 32768; /* 32768 Hz */
    ret = RtcSetFreq(handle, freq);
    /* 设置 RTC 报警中断使能 */
    ret = RtcAlarmInterruptEnable(handle, RTC_ALARM_INDEX_A, 1);
    /* 设置 RTC 时间 */
    tm.year = 2020;
    …
    ret = RtcWriteTime(handle, &tm); /* 写 RTC 时间信息 */
    /* 设置 RTC 报警时间 */
    …
    ret = RtcWriteAlarm(handle, RTC_ALARM_INDEX_A, &alarmTime);
}
```

2.5.4 GPIO 接口

GPIO 接口即通用目的输入/输出接口。通常,GPIO 控制器通过分组的方式管理所有 GPIO 引脚,每组 GPIO 有一个或多个寄存器与之关联,通过读写寄存器完成对 GPIO 引脚的操作。

GPIO 接口定义了操作 GPIO 引脚的标准方法集合,具体如下。

(1) 设置引脚方向,可以是输入或输出(暂不支持高阻态)。

(2) 读写引脚电平值,可以是低电平或高电平。

(3) 设置引脚中断服务函数以及中断触发方式。

(4) 使能和禁止引脚中断。

1. 复用 GPIO 接口

芯片数字引脚数量有限,通过 I/O 复用的方式丰富引脚功能。从 2 号引脚到 32 号引脚均可以进行复用,如表 2-7 所示,该表只展示了部分引脚的复用规则。

表 2-7 GPIO 接口复用规则

引脚	Pad信号	复用控制寄存器	复用信号 0	复用信号 1	复用信号 2	复用信号 3	复用信号 4	复用信号 5	复用信号 6	复用信号 7
2	GPIO_00	GPIO_00_SEL	GPIO[0]	HW_ID[0]	UART1_TXD	SPI1_CK	JTAG_TDO	PWM3_OUT	I2C1_SDA	—
3	GPIO_01	GPIO_01_SEL	GPIO[1]	HW_ID[1]	UART1_RXD	SPI1_RXD	JTAG_TCK	PWM4_OUT	I2C1_SCL	BT_FREQ
4	GPIO_02	GPIO_02_SEL	GPIO[2]	REFCLK_FREQ_STATUS	UART1_RTS_N	SPI1_TXD	JTAG_TRSTN	PWM2_OUT	DIAG[0]	SSI_CLK
5	GPIO_03	GPIO_03_SEL	GPIO[3]	UART0_TXD	UART1_CTS_N	SPI1_CSN	JTAG_TDI	PWM5_OUT	I2C1_SDA	SSI_DATA
6	GPIO_04	GPIO_04_SEL	GPIO[4]	HW_ID[3]	UART0_RXD	JTAG_TMS	PWM1_OUT	I2C1_SCL	DIAG[7]	—
17	GPIO_05	GPIO_05_SEL	GPIO[5]	HW_ID[4]	UART1_RXD	SPI0_CSN	DIAG[1]	PWM2_OUT	I2S0_MCLK	BT_STATUS
18	GPIO_06	GPIO_06_SEL	GPIO[6]	JTAG_MODE	UART1_TXD	SPI0_CK	DIAG[2]	PWM3_OUT	I2S0_TX	COEX_SWITCH

从表 2-7 中可以看到，通过改写复用控制寄存器的内容，可以在引脚上进行不同信号的输入/输出。下面以 2 号引脚上的复用控制寄存器 GPIO_00_SEL 为例进行说明。

GPIO_00_SEL 为 GPIO_00 引脚复用控制寄存器，如表 2-8 所示。寄存器大小为 32 位。访问该寄存器的偏移地址为 0x604，基地址为 0x5000A000，寄存器重置的值为 0x00000000。当该寄存器的最低 3 位为 000 时，代表 2 号引脚为普通的 GPIO 端口的第 0 位；当最低 3 位为 010 时，为 1 号 UART 接口的数据发送端口。

表 2-8 GPIO_00_SEL 复用控制寄存器设定

比 特 位	访 问 权 限	名 称	描 述	重 置
[31:3]	—	reserved	保留	0x00000000
[2:0]	RW	GPIO_00_SEL	000：GPIO[0]； 001：HW_ID[0]； 010：UART1_TXD； 011：SPI1_CK； 100：JTAG_TDO； 101：PWM3_OUT； 110：I2C1_SDA； 其他：保留	

2. GPIO 接口的功能特点

GPIO 是可编程的通用输入/输出接口，用于生成和采集特定应用的输入或输出信号，实现系统和外设之间的通信，方便系统对外设的控制。Hi3861 芯片 GPIO 符合 AMBA 2.0 的 APB 协议。如图 2-14 所示，GPIO 模块主要接口如下。

(1) APB 接口；

(2) I/O Pad 的外部（设备）数据接口；

(3) 中断信号接口。

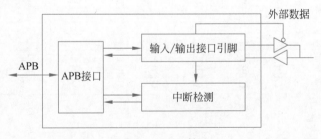

图 2-14 GPIO 接口

GPIO 接口具有以下功能特点。

(1) 时钟源可选择：工作模式 24MHz/40MHz 晶体时钟、低功耗模式 32kHz 时钟。

(2) 一组 GPIO，共 15 个独立的可配置引脚。

(3) 每个 GPIO 引脚都可单独控制传输方向。

(4) 每个 GPIO 可以单独被配置为外部中断源。

（5）GPIO 用作中断时有 4 种中断触发方式：上升沿触发、下降沿触发、高电平触发、低电平触发。

（6）GPIO 每上报一个中断，CPU 查询上报的 GPIO 编号。

（7）每个中断支持独立屏蔽的功能，脉冲中断支持可清除功能。

3. GPIO 接口的配置

（1）GPIO 可以通过 GPIO_SWPORT_DDR 寄存器配置为输入或输出方式。当配置为输入方式时，不但可以通过引脚输入到输入端口寄存器 GPIO_EXT_PORT，还可以作为外部中断源，以及外部的睡眠唤醒信号。当配置为输出方式时，配置 GPIO_SWPORT_DR 寄存器可以将数据输入到引脚上。中断模式可选择电平触发或边沿触发，通过 GPIO_INTTYPE_LEVEL 寄存器配置。

（2）电平触发可选择高电平触发或低电平触发，通过 GPIO_INT_PLOARITY 寄存器配置。

（3）单沿触发可选择上升沿触发或下降沿触发，通过 GPIO_INT_PLOARITY 寄存器配置。

（4）每个中断支持独立的使能，通过 GPIO_INTEN 寄存器配置。

（5）每个中断支持独立的屏蔽，通过 GPIO_INTMASK 寄存器配置。每个中断的状态可查询。

（6）脉冲中断支持可清除，通过 GPIO_PORT_EOI 寄存器配置。

4. GPIO 寄存器地址

GPIO 控制寄存器地址如表 2-9 所示，基址为 0x50006000。

表 2-9　GPIO 控制寄存器地址

偏移地址	名　　称	描　　述
0x00	GPIO_SWPORT_DR	数据输出寄存器
0x04	GPIO_SWPORT_DDR	数据传输方向寄存器
0x30	GPIO_INTEN	中断使能寄存器
0x34	GPIO_INTMASK	中断屏蔽寄存器
0x38	GPIO_INTTYPE_LEVEL	中断类型寄存器
0x3C	GPIO_INT_PLOARITY	中断极性寄存器
0x40	GPIO_INTSTATUS	中断状态寄存器

GPIO_SWPORT_DR 为 GPIO 接口的数据输出寄存器，偏移地址为 0，功能如表 2-10 所示。

表 2-10　GPIO 数据输出寄存器

比　特　位	访问权限	名　　称	描　　述	重　　置
[15:0]	RW	GPIO_SWPORT_DR	输出数据。bit[0]~bit[15]分别对应 GPIO_0~ GPIO_15	0x0000

5. GPIO 接口的使用

GPIO 接口工作流程如图 2-15 所示。

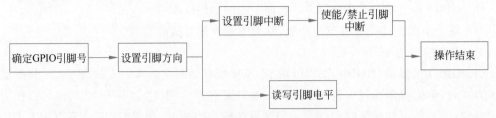

图 2-15　GPIO 接口工作流程

GPIO 定义了操作 GPIO 接口的通用方法集合,具体如下。

(1) hi_gpio_init():GPIO 模块初始化。

(2) hi_gpio_deinit():GPIO 模块去初始化。

(3) hi_gpio_set_dir():设置某个 GPIO 引脚方向。

(4) hi_gpio_get_dir():获取某个 GPIO 引脚方向。

(5) hi_gpio_set_output_val():设置单个 GPIO 引脚输出电平状态。

(6) hi_gpio_get_output_val():获取单个 GPIO 引脚输出电平状态。

(7) hi_gpio_get_input_val():获取某个 GPIO 引脚输入电平状态。

(8) hi_gpio_register_isr_function():使能某个 GPIO 的中断功能。

(9) hi_gpio_unregister_isr_function():取消某个 GPIO 的中断功能。

(10) hi_gpio_set_isr_mask():设置某个 GPIO 中断屏蔽使能。

(11) hi_gpio_set_isr_mode():设置某个 GPIO 中断触发模式。

代码 2-3 所示的 GPIO 接口使用示例程序中,将测试一个 GPIO 引脚的中断触发,为引脚设置中断服务函数,触发方式为边沿触发,观察中断服务函数的执行。

代码 2-3　GPIO 接口使用示例

```
static volatile int encoderLeftBCounter = 0;
static void LeftBCounterHandler()
{
    encoderLeftBCounter++;
}
void EncoderInit(void)
{
    /* 左侧电机编码器 B 相的 GPIO 初始化 */
    IoTGpioInit(IOT_IO_NAME_GPIO_0);
    /* 设置 GPIO_0 的引脚复用关系为 GPIO */
    IoSetFunc(IOT_IO_NAME_GPIO_0, IOT_IO_FUNC_GPIO_0_GPIO);
    /* GPIO_0 方向设置为输入 */
    IoTGpioSetDir(IOT_IO_NAME_GPIO_0, IOT_GPIO_DIR_IN);
    /* 设置 GPIO_0 为上拉功能 */
    IoSetPull(IOT_IO_NAME_GPIO_0, IOT_IO_PULL_UP);
    /* 使能 GPIO_0 的中断功能,上升沿触发中断,LeftBCounterHandler 为中断的回调函数 */
```

```
IoTGpioRegisterIsrFunc(IOT_IO_NAME_GPIO_0, IOT_INT_TYPE_EDGE,
                 IOT_GPIO_EDGE_RISE_LEVEL_HIGH, LeftBCounterHandler, NULL);
while (1)
…
if (encoderLeftBCounter > 0) {
    printf("Backward,encoderLeftBCounter = % d\r\n",encoderLeftBCounter);
}
}
```

上述代码为华为 HiSpark T1 智能小车开发板中的电机中断触发实验。其中 IoTGpioRegisterIsrFunc()函数用来设定 GPIO_0 引脚的中断触发模式,上升沿触发,中断服务函数为 LeftBCounterHandler,其实该函数的实现代码中调用的是 hi_gpio_register_isr_function()函数。IoTGpioSetDir()函数用来设置 GPIO_0 引脚为输出方向,其实现代码中调用的是 hi_gpio_set_dir()函数。代码执行结果是当小车左轮向后转动时,触发电机中断,在串口中输出转动次数。

2.5.5 PWM 模块

PWM(Pulse Width Modulation)原理就是脉冲宽度调制,即在一个周期内存在不同极性的电平状态。PWM 是利用微处理器的数字输出对模拟电路进行控制的一种非常有效的技术,广泛应用在测量、通信、功率控制与变换等许多领域中。一些基本概念如下。

(1) PWM 频率:1s 内从高电平跳到低电平,再从低电平跳到高电平的次数,也就是 1s 内有多少个 PWM 周期。

(2) PWM 周期:一个脉冲信号的时间。

(3) 占空比:一个脉冲周期内高电平的时间(脉宽时间)占整个周期时间的比例。

如图 2-16 所示,PWM 就是通过调节占空比,从而调节脉宽时间。以 20Hz PWM 频率为例,占空比为 80%,就是 1s 内输出了 20 次脉冲信号,每次的高电平时间为 40ms。

图 2-16 PWM 原理示意图

1. PWM 模块的功能特点

PWM 模块用于生成 PWM 信号,可以调节灯的亮度或马达转速等。PWM 模块具有以下功能特点。

(1) 共集成 6 路 PWM。

(2) 每路 PWM 时钟可以单独门控。

(3) 可对晶体时钟(40MHz/24MHz)或 160MHz 时钟进行 1~65535 倍分频。

(4) PWM 信号占空比可调整范围为 1~1/65535。

2. PWM 模块的配置

PWM 模块有两个时钟可以选择:晶体时钟(40MHz/24MHz)、160MHz。以 PWM 信号对 160MHz 时钟 25 倍分频、占空比为 1/5 为例,配置步骤如下。

（1）写 CLK_SEL[pwm_clk_sel]为 0,选择 PWM 时钟为 160MHz。

（2）写 PWM_EN[pwm_en]为 1,使能 PWM 信号输出。

（3）写 PWM_FREQ[pwm_freq]为 0x19,确定对 PWM 时钟的分频倍数为 25。

（4）写 PWM_DUTY[pwm_duty]为 0x5,确定 PWM 信号的占空比为 PWM_DUTY[pwm_duty]/PWM_FREQ[pwm_freq]=1/5。

（5）写 PWM_START[pwm_start]为 1,使能步骤（2）～步骤（4）的配置。

3. PWM 模块寄存器地址

这里仅介绍 PWM0 模块,剩余 5 个 PWM 模块的寄存器描述与此类似。PWM0 控制寄存器的基址为 0x4004 0000,如表 2-11 所示。

表 2-11 PWM0 控制寄存器地址

偏 移 地 址	名　　称	描　　述
0x00	PWM_EN	PWM 使能寄存器
0x04	PWM_START	PWM 配置生效寄存器
0x08	PWM_FREQ	PWM 频率控制计数值寄存器
0x0C	PWM_DUTY	PWM 占空比计数值寄存器

表 2-11 中的 4 个寄存器的功能很明确,其中 PWM_DUTY 与 PWM_FREQ 的比值为占空比。

4. PWM 模块的使用

PWM 模块提供以下接口。

（1）hi_pwm_init()：初始化 PWM。

（2）hi_pwm_deinit()：去初始化 PWM。

（3）hi_pwm_set_clock()：设置 PWM 模块时钟类型。

（4）hi_pwm_start()：启动 PWM 信号输出。

（5）hi_pwm_stop()：停止 PWM 信号输出。

参考表 2-7,可以得知 Hi3861 芯片中的 PWM2 模块和 PWM3 模块可以通过复用使用 GPIO[5]和 GPIO[6]引脚,两个复用信号是华为 HiSpark T1 智能小车开发板中的左轮的直流电机控制信号 PWM2_GPIO05 和 PWM3_GPIO06。因此,对小车左轮电机进行调速的示例代码如代码 2-4 所示。

代码 2-4 PWM 模块使用示例

```
#define IOT_PWM_PORT_PWM2    2
#define IOT_PWM_PORT_PWM3    3
#define IOT_FREQ            65535
#define IOT_DUTY            50

IoTGpioInit(IOT_IO_NAME_GPIO_5);
IoTGpioInit(IOT_IO_NAME_GPIO_6);
IoSetFunc(IOT_IO_NAME_GPIO_5, IOT_IO_FUNC_GPIO_5_PWM2_OUT);
IoSetFunc(IOT_IO_NAME_GPIO_6, IOT_IO_FUNC_GPIO_6_PWM3_OUT);
```

```
//GPIO5/6 方向设置为输出
IoTGpioSetDir(IOT_IO_NAME_GPIO_5, IOT_GPIO_DIR_OUT);
IoTGpioSetDir(IOT_IO_NAME_GPIO_6, IOT_GPIO_DIR_OUT);
IoTPwmInit(IOT_PWM_PORT_PWM2);          //初始化 PWM2
IoTPwmStart(IOT_PWM_PORT_PWM2, IOT_DUTY, IOT_FREQ);
```

通过 IoTPwmStart()函数启动 PWM2 模块进行输出,输出的值通过 GPIO 作用到小车左轮,执行结果是小车左轮不停地快速转动。IoTPwmStart()函数的实现代码中调用了 hi_pwm_start()函数,hi_pwm_start()函数使用了 hi3861_platform_base.h 头文件中定义的 PWM 控制寄存器地址,如下所示。

```
#define HI_PWM_REG_BASE       0x40040000
```

2.5.6 UART 接口

UART 是通用串行数据总线,用于异步通信,可以实现全双工传输。UART 应用比较广泛,常用于输出打印信息,也可以外接各种模块,如 GPS、蓝牙等。

两个设备通过 UART 接口进行通信时的工作原理如图 2-17 所示,UART 与其他模块一般用 2 线(没有 RTS 和 CTS)或 4 线相连,其接口信号分别如下。

(1) TXD:发送数据端,和对端的 RXD 相连。

(2) RXD:接收数据端,和对端的 TXD 相连。

(3) RTS:发送请求信号,用于指示本设备是否准备好,可接收数据,和对端的 CTS 相连。

(4) CTS:允许发送信号,用于判断是否可以向对端发送数据,和对端的 RTS 相连。

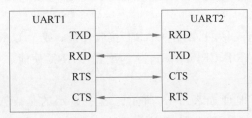

图 2-17 UART 工作原理

1. UART 接口的功能特点

UART 是一个异步串行的通信接口,主要用于和外部芯片的 UART 进行对接,实现两芯片间的通信。Hi3861 芯片提供 3 个 UART 单元,支持 2 线模式。

UART 接口具有以下功能特点。

(1) 支持 64×8 位的发送 FIFO 和 64×12 位的接收 FIFO。

(2) 支持数据位和停止位的位宽可编程。数据位可通过编程设定为 5~8 位;停止位可通过编程设定为 1 或 2 位。

(3) 支持奇、偶校验方式或无校验。

（4）支持传输速率可编程，支持整数小数分频。

（5）支持 4 种类型的 FIFO 中断，分别是接收中断、发送中断、错误中断和接收超时中断。

（6）支持通过编程禁止 UART 模块或 UART 发送/接收功能以降低功耗。

（7）UART0 不支持硬件流控；UART1、UART2 支持硬件流控。

UART 接口信号描述如表 2-12 所示。

表 2-12　UART 接口信号描述

信　号　名	宽度/位	方　　向	功　能　描　述
RXD	1	I	输入数据
TXD	1	O	输出数据
CTS	1	I	清除发送信号，用于硬件流控，低有效
RTS	1	O	请求发送信号，用于硬件流控，低有效

2. UART 接口的配置

UART 接口配置流程如下。

（1）读 UART_FR[busy]，等待 UART 状态为空闲，对 UART 模块进行软复位。

（2）写 UART_CR[uarten]为 0，禁止 UART。

（3）写 UART_LCR_H 寄存器为 0，清空 UART 的配置。

（4）根据波特率配置 UART_IBRD 和 UART_FBRD 寄存器，设置波特率分频值。

（5）根据需求配置 UART_LCR_H 寄存器，设置奇偶校验位、数据长度、FIFO 使能、停止位个数。

（6）写 UART_IFLS 寄存器，设置发送 FIFO 水线、接收 FIFO 水线、流控水线。

（7）如果需要使能 UART 的硬件流控功能，写 UART_CR[cts_en]、[rts_en]为 1，启动硬件流控功能。

（8）写 UART_CR[rxe]为 1，配置 UART 接收使能；或写 UART_CR[txe]为 1，配置 UART 发送使能；写 UART_CR[uarten]为 1，配置 UART 使能。

3. UART 寄存器地址

UART 控制寄存器地址如表 2-13 所示。表中显示的是 UART 关键控制寄存器，UART0 基址为 0x40008000，UART1 基址为 0x40009000，UART2 基址为 0x4000A000。

表 2-13　UART 控制寄存器地址

偏 移 地 址	名　　称	描　　述
0x000	UART_DR	UART 数据寄存器
0x004	UART_RSR	接收状态/错误清除寄存器
0x018	UART_FR	UART 标志寄存器
0x024	UART_IBRD	整数波特率寄存器
0x028	UART_FBRD	小数波特率寄存器
0x02C	UART_LCR_H	传输模式控制寄存器
0x030	UART_CR	UART 控制寄存器

UART_DR 为 UART 数据寄存器,存放接收数据和发送数据,同时可以从该寄存器中读出接收状态,其偏移地址为 0,详细配置如表 2-14 所示。

表 2-14　UART_DR 寄存器

比特位	访问权限	名　称	描　述
[15:12]	—	reserved	保留
[11]	RO	oe	溢出错误状态位 0:无溢出错误 1:有溢出错误(即接收 FIFO 满且接收了一个数据)
[10]	RO	be	Break 错误状态位 0:无 Break 错误;1:有 Break 错误 Break 的条件:接收数据的输入保持低电平的时间比一个全字传输(包括 start、data、parity、stop bit)还要长
[9]	RO	pe	校验错误状态位 0:无校验错误 1:有校验错误
[8]	RO	fe	帧错误状态位 0:无帧错误 1:有帧错误
[7:0]	RW	data	接收数据和发送数据

4. UART 接口的使用

UART 接口工作流程如图 2-18 所示。

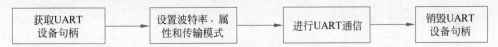

图 2-18　UART 接口工作流程

UART 模块提供以下接口。

(1) hi_uart_init():UART 初始化。

(2) hi_uart_read():读数据。

(3) hi_uart_write():写数据。

(4) hi_uart_deinit():UART 去初始化。

(5) hi_uart_set_flow_ctrl():配置 UART 硬流控。

以应用 UART2 进行数据收发为例,流程如代码 2-5 所示。

代码 2-5　UART 接口使用示例

```
hi_void usr_uart_io_config()
{
    /* 如下 I/O 复用配置,也可集中在 SDK 的 app_io_init()函数中进行配置 */
    hi_io_set_func(HI_IO_NAME_GPIO_11, HI_IO_FUNC_GPIO_11_UART2_TXD); /* UART2 TX */
    hi_io_set_func(HI_IO_NAME_GPIO_12, HI_IO_FUNC_GPIO_12_UART2_RXD); /* UART2 RX */
```

```
}
hi_u32 usr_uart_io_config()
{
    hi_u32 ret;
    static hi_uart_attribute g_demo_uart_cfg = {115200, 8, 1, 2, 0};
    ret = hi_uart_init(HI_UART_IDX_2, &g_demo_uart_cfg, HI_NULL);
    if (ret != HI_ERR_SUCCESS) {
        printf("uart init fail\r\n");
    }
    return ret;
}
/* UART 数据收发：调用 UART 读写数据接口，进行数据收发 */
hi_void usr_uart_read_data()
{
    hi_s32 len;
    hi_u8 ch[64] = { 0 };
    len = hi_uart_read(HI_UART_IDX_2, ch, 64);
    if (len > 0) {
        /* process data */
    }
}
hi_u32 usr_uart_write_data(hi_u8 * data, hi_u32 data_len)
{
    hi_u32 offset = 0;
    hi_s32 len = 0;
    while (offset < data_len) {
        len = hi_uart_write(HI_UART_IDX_2, data + offset (hi_u32)(data_len − offset));
        if ((len < 0) || (0 == len)) {
            return −1;
        }
        offset += (hi_32)len;
        if (offset >= data_len) {
            break;
        }
    }
    return HI_ERR_SUCCESS;
}
```

usr_uart_io_config() 函数负责配置 I/O 复用功能，可以将对应的 I/O 复用为 UART 的 TXD、RXD、RTS、CTS 功能。如果不需要支持硬件流控，仅配置 TXD、RXD 即可。usr_uart_io_config() 函数负责初始化 UART 参数，包括 UART 的波特率、数据位等属性，并使能 UART。

2.5.7 WatchDog 模块

看门狗（WatchDog）又叫作看门狗计时器（WatchDog Timer），是一种硬件的计时设备，当系统的主程序发生某些错误时，导致未及时清除看门狗计时器的计时值，这时看门狗计时器就会对系统发出复位信号，使系统从悬停状态恢复到正常运作状态，如图 2-19 所示。

WatchDog 用于系统异常恢复，如果未得到更新，则隔一定时间（可编程）产生一个系统复位信号；WatchDog 在此之前关闭工作时钟或更新计数器，不会产生复位信号。重新启

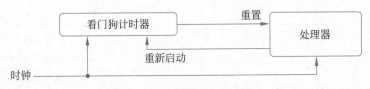

图 2-19 看门狗工作示意图

动看门狗芯片计数器的过程有时称为"踢狗(或喂狗)"。喂狗的作用主要是复位重启,确保系统能够一直运行。

1. WatchDog 模块的功能特点

Hi3861 CPU 内有一个看门狗,内置一个可编程 32 位计数器,具有以下功能特点。

(1) 内置计数器进行递减计数,当由预设值递减到 0 时产生超时。

(2) WatchDog 具有两种工作模式。

模式一:如果超时,则只产生系统复位。

模式二:第一次超时,WatchDog 产生中断;第二次超时,如果中断未被清除,WatchDog 产生系统复位。

(3) 可配置超时间隔。

芯片内部 WatchDog 在系统引导时可以直接禁用,这部分操作在 bootloader 运行时进行,将在本书第 5 章介绍。进入操作系统后,喂狗操作由操作系统内核完成。

2. WatchDog 模块的配置

WatchDog 计数器复位值是 0xFFFF,第一次计数都是从 0xFFFF 开始递减。喂狗行为发生在第二种工作模式下,计数器首次从 0xFFFF 递减到 0 后,才会从配置的超时间隔开始计数。如果需要直接从配置的超时间隔开始计数,必须在使能 WatchDog 后立即进行喂狗。在 WatchDog 打开后只能通过写 SOFT_RESET[soft_rst_wdt_n]为 0 或全局复位停止计数时钟,从而暂停 WatchDog。

WatchDog 启动步骤如下。

(1) 写 CLKEN[wdt_clken]为 1,打开 WatchDog 计数时钟。

(2) 写 WDT_TORR,设置 WatchDog 超时间隔(单位为时钟周期)。

(3) 写 WDT_CR[rmod],设置 WatchDog 工作模式。

(4) 写 WDT_CR[wdt_en]为 1,启动 WatchDog。

3. WatchDog 模块寄存器地址

WatchDog 控制寄存器基址为 0x40000000,重要寄存器地址如表 2-15 所示。

表 2-15 WatchDog 控制寄存器地址

偏 移 地 址	名 称	描 述
0x000	WDT_CR	看门狗控制寄存器
0x004	WDT_TORR	超时间隔寄存器
0x008	WDT_CCVR	计数器当前值寄存器
0x00C	WDT_CRR	计数器重新启动寄存器

续表

偏 移 地 址	名　　称	描　　述
0x010	WDT_STAT	中断状态寄存器
0x014	WDT_EOI	清除中断寄存器

WDT_CR 为看门狗控制寄存器。如表 2-16 所示。

表 2-16　WatchDog WDT_CR 寄存器设定

比　特　位	访问权限	名　　称	描　　述	重　　置
[31:6]	—	reserved	保留	0x0000000
[5]	RW	cr_bit5	无意义	0x0
[4:2]	RW	reserved	保留	0x2
[1]	RW	rmod	复位模式选择 0：如果超时，则只产生复位信号 1：第一次超时产生中断；第二次超时，如果中断还未被清除，则产生复位信号	0x0
[0]	RWS	wdt_en	WatchDog 使能控制位 0：禁止 1：使能 注意：一旦该位被置1，只能由系统复位或软复位清除	

4. WatchDog 模块的使用

WatchDog 的使用流程如图 2-20 所示。

图 2-20　WatchDog 的使用流程

WatchDog 模块提供以下接口。

（1）hi_watchdog_enable()：使能看门狗。

（2）hi_watchdog_feed()：喂狗，重新启动计数器。

（3）hi_watchdog_disable()：关闭看门狗。

根据图 2-20 所示流程，结合 WatchDog 模块提供的接口，代码 2-6 展示了一个 WatchDog 模块的使用示例。在该示例中，打开了一个看门狗设备，设置超时时间并启动计时。

代码 2-6　WatchDog 模块使用示例

```
hi_void test_wdg()
{
    /* 使能看门狗 */
    hi_watchdog_enable();
    hi_udelay(5000000);
    /* 喂狗 */
    hi_watchdog_feed();
```

```
    /* 关闭看门狗 */
    hi_watchdog_disable();
}
```

2.5.8 I2C 总线

I2C 是由 Philips 公司开发的一种简单、双向二线制同步串行总线。I2C 以主从方式工作,通常有一个主设备和一个/多个从设备,主从设备通过SDA(Serial Data,串行数据)线以及 SCL(Serial Clock,串行时钟)线相连,如图 2-21 所示。

I2C 数据的传输必须以一个起始信号作为开始条件,以一个结束信号作为停止条件。数据传输以字节为单位,高位在前,逐位进行传输。

I2C 总线上的每个设备都可以作为主设备或从设备,而且每个设备都会对应一个唯一的地址,当主设备需要和某个从设备通信时,通过广播的方

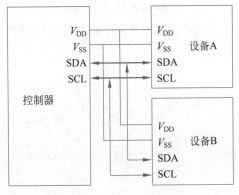

图 2-21 I2C 工作原理

式,将从设备地址写到总线上,如果某个从设备符合此地址,将会发出应答信号,建立传输。

I2C 接口定义了完成 I2C 传输的通用方法集合。

(1) I2C 控制器管理:打开或关闭 I2C 控制器。

(2) I2C 消息传输:通过消息传输结构体数组进行自定义传输。

1. I2C 模块的功能特点

Hi3861 芯片的 I2C 模块是 APB 总线上的从设备,是 I2C 总线上的主设备。I2C 模块的作用是完成 CPU 对 I2C 总线上从设备的数据读写,CPU 可以连续配置多个发送数据和接收多个数据。I2C 总线上可挂载多个从设备。

I2C 模块具有以下功能特点。

(1) 2.0 版本的 I2C 总线协议只支持主模式。

(2) I2C 模块在 APB 总线上执行 APB Slave 的功能,在 I2C 总线上作为主设备,支持多主设备时的总线仲裁。

(3) I2C 主设备可以向从设备写入数据,也可以接收从设备发来的数据。

(4) 支持时钟同步(Clock Synchronization) 和比特字节等待(Bit and Byte Waiting)。

(5) 支持中断或轮询操作。

(6) I2C 模块支持标准地址(7 位)和扩展地址(10 位)。

(7) 可以工作在两种速度模式下:标准模式(100kb/s)、快速模式(400kb/s)。

(8) I2C 模块支持通用广播(General Call)模式和开始字节(Start Byte)模式。

(9) 对接收到的 SDA 和 SCL 信号进行滤波。

(10) 内部包含一个 32×8 位的发送 FIFO 和一个 32×8 位的接收 FIFO。

（11）支持硬件检测 FIFO 数据深度并发出相应中断。

（12）兼容不使用 FIFO 和使用 FIFO 两种工作方式。

2. I2C 模块的配置

I2C 模块包含以下两种工作场景。

（1）主设备仅对单个数据发送和接收（不使用 FIFO）。

（2）主设备连续发送多个数据，连续接收多个数据（使用 FIFO）。

I2C 模块发送单个数据流程如图 2-22 所示。

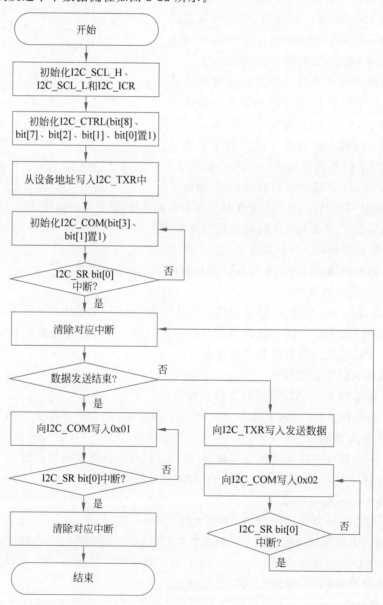

图 2-22　I2C 模块发送单个数据流程

3. I2C 模块寄存器地址

I2C 控制寄存器地址如表 2-17 所示。表 2-17 中包含的是 I2C 关键控制寄存器的地址、名称和描述，I2C0 基址为 0x40018000，I2C1 基址为 0x40019000。

表 2-17 I2C 控制寄存器地址

偏 移 地 址	名 称	描 述
0x00	I2C_CTRL	I2C 控制寄存器
0x04	I2C_COM	I2C 命令寄存器
0x08	I2C_ICR	I2C 中断清除寄存器
0x0C	I2C_SR	I2C 状态寄存器
0x18	I2C_TXR	I2C 发送数据寄存器
0x1C	I2C_RXR	I2C 接收数据寄存器
0x20	I2C_FIFOSTATUS	FIFO 状态寄存器

I2C_CTRL 为 I2C 控制寄存器，如表 2-18 所示，用于配置 I2C 使能和中断屏蔽，其偏移地址为 0。

表 2-18 I2C_CTRL 控制寄存器

比 特 位	访问权限	名 称	描 述	重 置
[31:13]	—	reserved	保留	0x00000
[12]	RW	int_txfifo_over_mask	发送 FIFO 数据发送完成中断屏蔽 0：屏蔽 1：不屏蔽	0x0
[11]	RW	mode_ctrl	I2C 工作模式选择 0：不使用 FIFO 传输模式 1：使用 FIFO 传输模式	0x0
[10]	RW	int_txtide_mask	发送 FIFO 溢出中断屏蔽 0：屏蔽 1：不屏蔽	0x0
[9]	RW	int_rxtide_mask	接收 FIFO 溢出中断屏蔽 0：屏蔽 1：不屏蔽	0x0
[8]	RW	i2c_en	I2C 使能 0：不使能 1：使能	0x0
[7]	RW	int_mask	I2C 中断总屏蔽	0x0

4. I2C 模块的使用

I2C 通信原理：主设备通过时钟线 SCL 发送时钟信号，通过数据线 SDA 发送数据（包括从设备地址、指令、数据包等），在发送完一帧数据后，需要等待从设备的响应，才能继续发送下一帧数据，因此 I2C 属于同步通信。其工作流程如图 2-23 所示。

I2C 模块提供以下接口。

图 2-23 I2C 工作流程

（1）hi_i2c_init()：I2C 初始化（配置中断、SCI 信号高低电平等）。

（2）hi_i2c_deinit()：I2C 去初始化（清除中断、复位 I2C 状态等）。

（3）hi_i2c_register_reset_bus_func()：注册 I2C 回调函数，用于扩展。

（4）hi_i2c_set_baudrate()：修改 I2C 波特率。

（5）hi_i2c_write()：I2C 发送数据。

（6）hi_i2c_read()：I2C 接收数据。

（7）hi_i2c_writeread()：I2C 发送与接收数据双线传输。

代码 2-7 展示了通过 I2C 模块对华为 HiSpark T1 智能小车开发板上的电源管理模块进行访问的过程，I2C 接口设备的访问控制就是对相关寄存器的读写访问。

代码 2-7 I2C 接口使用示例

```
#define CW2015_I2C_IDX 0
#define WRITELEN 2
#define CW2015_READ_ADDR    0xC5
#define CW2015_HIGHT_REGISTER 0x02
#define CW2015_LOW_REGISTER   0x03

uint32_t Cw20_WriteRead(uint8_t reg_high_8bit_cmd, uint8_t send_len, uint8_t read_len)
{
    uint32_t status = 0;
    uint32_t ret = 0;
    uint8_t recvData[888] = { 0 };
    hi_i2c_data i2c_write_cmd_addr = { 0 };
    uint8_t send_user_cmd[1] = {reg_high_8bit_cmd};
    memset(recvData, 0x0, sizeof(recvData));
    i2c_write_cmd_addr.send_buf = send_user_cmd;
    i2c_write_cmd_addr.send_len = send_len;
    i2c_write_cmd_addr.receive_buf = recvData;
    i2c_write_cmd_addr.receive_len = read_len;
    status = hi_i2c_writeread(CW2015_I2C_IDX, CW2015_READ_ADDR, &i2c_write_cmd_addr);
    if (status != IOT_SUCCESS) {
        printf("I2cRead() failed, %0X!\n", status);
        return status;
    }
    ret = recvData[0];
    return ret;
}

void CW2015Init(void)
{
    uint8_t buff[WRITELEN] = {0};
    /* 初始化 I2C 设备 0,并指定波特率为 400kHz */
    IoTI2cInit(CW2015_I2C_IDX, IOT_I2C_IDX_BAUDRATE);
```

```
/*设置 I2C 设备 0 的波特率为 400kHz */
IoTI2cSetBaudrate(CW2015_I2C_IDX, IOT_I2C_IDX_BAUDRATE);
/*设置 GPIO_13 的引脚复用关系为 I2C0_SDA */
IoSetFunc(IOT_IO_NAME_GPIO_13, IOT_IO_FUNC_GPIO_13_I2C0_SDA);
/*设置 GPIO_14 的引脚复用关系为 I2C0_SCL */
IoSetFunc(IOT_IO_NAME_GPIO_14, IOT_IO_FUNC_GPIO_14_I2C0_SCL);
…
/*读取电压的前 8 位 */
buff[0] = Cw20_WriteRead(CW2015_HIGHT_REGISTER, 1, 1);
/*读取电压的后 8 位 */
buff[1] = Cw20_WriteRead(CW2015_LOW_REGISTER, 1, 1);
}
```

代码 2-7 展示了通过 I2C 总线访问 I2C 设备电源模块获取其电压值的过程。访问过程中存在两种地址,一种是 CPU 访问 I2C 设备的访问地址 CW2015_READ_ADDR,另一种是对 I2C 设备内的控制寄存器进行访问的地址 CW2015_HIGHT_REGISTER。

在访问 I2C 设备前,需要通过 IoTI2cSetBaudrate() 函数进行传输速率设置;通过 IoSetFunc() 函数定义 GPIO 接口复用情况,特别是用来收发 I2C 数据、地址和时钟的接口;通过 I2C 总线进行数据传输则是由 hi_i2c_writeread() 函数完成,该函数最终访问 I2C 控制寄存器的地址如下。

```
#define HI_I2C0_REG_BASE    0x40018000
```

2.5.9　ADC 模块

ADC 全称是 Analog-to-Digital Converter(模数转换器)。自然界中绝大部分都是模拟信号,如压力或温度的测量值,为了方便存储、处理和传输,会通过 ADC 把模拟信号转换为数字信号给计算机处理。将模拟信号转换为数字形式有两个步骤:采样和量化。

采样是指将模拟波形在时域上进行切分,每个切片大小大致等于原来波形的值,这一过程往往会丢失一些信息。然而,数字系统的优点(去噪、数字存储以及处理)远远大于丢失信息的不足。在采样完成后,给每个时间片分配一个数字,这个过程称为量化,量化生成的数字可以交由计算机进行处理。ADC 的工作就是采样和量化,如图 2-24 所示。

Hi3861 芯片中的 LSADC 为一款逐次逼近型 ADC,实现将模拟信号转换为数字信号的功能。

1. ADC 模块的功能特点

LSADC 模块具有以下功能特点。

(1)输入时钟为 3MHz,12 位采样精度,单通道采样频率小于 200kHz。

(2)共 8 个通道,支持软件配置 0~7 任意通道使能,逻辑按通道编号先低后高发起切换,每个通道采样一个数,通道切换时会使 ADC 电路进行一次复位处理。

(3)支持从解复位到开始数据转换时间寄存器可配。

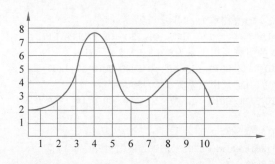

样本序号	1	2	3	4	5	6	7	8	9	10
样本值 (十进制)	2	3	5	8	5	2	3	4	5	3
样本值 (二进制)	010	011	101	111	101	010	011	100	101	011

图 2-24　ADC 工作原理

（4）支持 128×15 位 FIFO 用于数据缓存。数据存储格式：高 3 位为通道编号，低 12 位为有效数据。

（5）支持对 ADC 采样数据进行平均滤波处理，平均次数可选 1（不进行平均）、2、4、8；多通道时，每个通道接收 N 个数据（平均滤波个数）再切换通道。

（6）支持 FIFO 水线中断、满中断上报。

2. ADC 模块的设置

软件配置 ADC 的步骤如下。

（1）CPU 配置扫描通道号 LSADC_CTRL0[ch_vld]，使能一个或多个通道；配置平均滤波模式 LSADC_CTRL0[equ_model_sel]。

（2）写 LSADC_CTRL1[rxintsize]、LSADC_CTRL2[rxim]、LSADC_CTRL2[rorim]，配置 FIFO 的中断和水线。

（3）写 LSADC_CTRL11[power_down]为 0，ADC 上电。

（4）写 LSADC_CTRL7[start]为 1，开始采样。

（5）待中断上报，读 LSADC_CTRL9[dr]，获取 ADC 数据。

（6）写 LSADC_CTRL8[stop]为 1，写 LSADC_CTRL11[power_down]为 1，停止采样。

（7）读 LSADC_CTRL9[dr]，获取 ADC 数据，直至 FIFO 队列为空（LSADC_CTRL10[rne]为 0）。

3. ADC 寄存器地址

ADC 控制寄存器地址如表 2-19 所示，起始地址是 0x40070000。

表 2-19 ADC 控制寄存器地址

偏 移 地 址	名 称	描 述
0x000	LSADC_CTRL0	ADC 控制寄存器
0x004	LSADC_CTRL1	ADC FIFO 设置寄存器
0x008	LSADC_CTRL2	ADC 中断控制寄存器
0x00C	LSADC_CTRL3	ADC 中断清除寄存器
0x010	LSADC_CTRL4	ADC FIFO 状态寄存器
0x014	LSADC_CTRL5	ADC 原始中断状态寄存器
0x018	LSADC_CTRL6	ADC 屏蔽后中断状态寄存器

LSADC_CTRL0 为 ADC 控制寄存器,其偏移量为 0,如表 2-20 所示,用来设置电源控制和平均算法模式。

表 2-20 LSADC_CTRL0 控制寄存器

比 特 位	访 问 权 限	名 称	描 述	重 置
[31:26]	RW	reserved	保留	0x00
[25:24]	RW	cur_bais	模拟电源控制 10:手动控制(AVDD=1.8V) 11:手动控制(AVDD=3.3V) 其他:自动识别模式	0x0
[23:12]	RW	rst_cnt	从 RST 到开始转换的时间计数。 该值应大于或等于 15	0x00F
[11:10]	RW	reserved	保留	0x0
[9:8]	RW	equ_model_sel	平均算法模式选择 00:1 次平均(即不进行平均) 01:2 次平均算法模式 10:4 次平均算法模式 11:8 次平均算法模式	0x0
[7:0]	RW	ch_vld	每个通道是否有效,bit[0]~bit[7] 分别对应通道 A~通道 H 0:无效;1:有效	

4. ADC 模块的使用

ADC 模块提供以下接口。

(1) check_adc_fifo_empty():检查 ADC 模块的 FIFO 队列是否为空。

(2) wait_adc_fifo_empty():等待 ADC 模块的 FIFO 队列排空。

(3) adc_check_parameter():检查 ADC 模块的配置参数,包括通道号和滤波模式等。

(4) hi_adc_read():读取 ADC 模块数据。

代码 2-8 是 ADC 模块的使用示例,在该示例中通过使用 Hi3861 芯片的 ADC 功能,实现对华为 HiSpark T1 智能小车开发板上的红外对管的驱动。

代码 2-8　ADC 模块使用示例

```
/* 红外对管对应的 GPIO,左:ADC0_GPIO12,右:ADC3_GPIO07 */
IoTGpioInit(IOT_IO_NAME_GPIO_7);
/* 设置 GPIO_7 的引脚复用关系为 GPIO */
IoSetFunc(IOT_IO_NAME_GPIO_7, IOT_IO_FUNC_GPIO_7_GPIO);
IoTGpioSetDir(IOT_IO_NAME_GPIO_7, IOT_GPIO_DIR_IN);
IoTGpioInit(IOT_IO_NAME_GPIO_12);
IoSetFunc(IOT_IO_NAME_GPIO_12, IOT_IO_FUNC_GPIO_12_GPIO);
IoTGpioSetDir(IOT_IO_NAME_GPIO_12, IOT_GPIO_DIR_IN);
ret = AdcRead(idx, &data, IOT_ADC_EQU_MODEL_4, IOT_ADC_CUR_BAIS_DEFAULT, 0xff);
```

代码 2-8 中的 AdcRead()函数的实现代码中调用了 hi_adc_read()函数。hi_adc_read()函数访问的 ADC 控制寄存器地址定义如下。

```
#define HI_LS_ADC_REG_BASE    0x40070000
```

第 3 章

嵌入式软件体系结构

软件体系结构是用来对程序逻辑功能结构进行规范化划分的一种方法,通过划分不同功能模块或构件,整个软件的结构更为清晰,有利于程序员的开发和复用。采用规范结构保障软件开发质量已经应用于嵌入式软件的开发过程,形成多种多样的体系结构模式,如客户端/服务器结构等。

此外,对于任何一个给定系统,特别是嵌入式系统,在决定最适合该系统的软件体系结构的众多因素中,最重要的是对系统响应时间进行控制的程度,不仅取决于对绝对响应时间的要求,而且也取决于采用的微处理器的速度和其他处理需求。对于一个功能有限的系统,如果该系统对响应时间的要求很低,那么该系统可以使用一种很简单的软件结构来完成。而对于一个能对许多任务作出快速响应,并且对任务截止时间和优先级有不同控制处理要求的系统,就需要较复杂的软件结构。

当前,软件体系结构设计已成为嵌入式软件开发过程中最关键的一步,也是设计嵌入式软件时的第一步。软件成本估算模型 COCOMO 之父 Barry Boehm 也明确指出"在没有设计出体系结构及其规则时,整个项目不能继续下去,而软件体系结构应该看作软件开发中可交付的中间产品"。

3.1 软件体系结构的概念

软件体系结构是具有一定形式的结构化元素,即构件的集合,包括处理构件、数据构件和连接构件。构件就是具备一定独立功能的程序。处理构件负责对数据进行加工,数据构件是被加工的信息,连接构件把体系结构的不同部分组合连接起来。这一定义注重区分处理构件、数据构件和连接构件,这种逻辑功能上的划分在实际应用中得到广泛支持。软件体系结构在 IEEE 中的定义为"一个系统的基础组织,包含各个构件、构件互相之间与环境的关系,还有指导其设计和演化的原则"。

3.2 软件体系结构的作用

从软件开发过程来看,所有被实现的软件系统都有一个软件结构。软件体系结构在软件开发中发挥着重要作用。在软件开发中,软件工程对软件体系结构设计支持的需求越来越迫切。第一,通过认识和理解体系结构可以使系统的高层次关系得到全面表达和深刻理解;第二,获得正确的体系结构常常是软件系统设计成功的关键,否则可能导致灾难性的结果;第三,全面深入地理解软件体系结构,才可以使设计者在复杂的问题面前作出正确的抉择;第四,系统体系结构对于复杂系统的高层次性能的分析是至关重要的。如果原始的设计结构能够得到清楚和明确的表达,特别是高层次的表达,可大大减少软件维护相关的开销。

综上所述,软件体系结构是整个软件设计成功的基础和关键所在,它的作用在软件生命周期的各个阶段表现如下。

(1) 在项目规划阶段,粗略的体系结构是进行项目可行性、工程复杂性、工程进展、投资规模、风险预测等的重要依据。

(2) 在项目需求分析阶段,需要从需求出发建立更深入的体系结构描述。这时的体系结构是开发者和用户之间进行需求交互的表达形式,也是交互所产生的结果。通过它,可以准确地表达用户的需求,以及设计对应需求的解决方法,并考查总结系统的各项性能。

(3) 在项目设计阶段,需要从实现的角度对体系结构进行更深入的分解和描述。

作为软件的一个分支,嵌入式软件的体系结构的作用与通用软件的体系结构的作用是一致的。但由于其运行环境的特点及对响应时间的不同要求,产生了许多经典的嵌入式软件体系结构,著名的有轮转结构、前后台结构和实时操作系统结构。下面对这3种结构进行详细介绍。

第 7 集
微课视频

3.3　轮转结构

轮转(Round-Robin)结构是一种最简单的嵌入式实时软件体系结构模型,它没有中断,无须考虑延迟时间,这些特点使得该结构成为所有结构中最具吸引力的一种,因此对于能用该结构成功解决问题的系统来说,这种结构是首选。

代码 3-1 是轮转结构的伪代码原型,在该结构中不存在中断,主循环只是简单地依次检查每个 I/O 设备,并且为每个需要服务的设备提供服务。

代码 3-1　轮转结构伪代码

```
int main()
{
    while(true)
    {
        if (I/O 设备 A 需要服务)
          处理 I/O 设备 A 的数据;
        if (I/O 设备 B 需要服务)
          处理 I/O 设备 B 的数据;
        …
        if (I/O 设备 Z 需要服务)
```

```
            处理 I/O 设备 Z 的数据;
        }
        return 0;
}
```

每个设备访问完成之后,才将 CPU 移交给下一个设备使用。对于某个设备,当它提出执行请求后,必须等到它被 CPU 接管后才能执行。

3.3.1 运行方式

按照程序结构说明,轮转结构系统具有以下工作特点:系统完成一个轮转的时间取决于轮转环中需要执行的服务个数(即满足执行条件的外设个数)。此外,轮转的次序是静态固定的,在运行时是不能进行动态调整的。轮转结构的运行方式如图 3-1 所示,这里的任务对应于代码 3-1 中的 if 设备服务块。

轮转结构简单,可以在多路采样系统、实时监控系统等嵌入式应用中广泛使用,是最常用的软件结构之一。但它也存在无法忽略的弱点,主要如下。

(1) 如果一个设备需要比微处理器在最坏情况下完成一个循环的时间更短的响应时间,那么这个设备将无法工作。例如,在代码 3-1 中,如果设备 Z 需要在 6ms 之内获得服务,但为设备 A 和设备 B 服务的代码各需 4ms 执行,那么处理器就不能及时地响应设备 Z,可以通过将设备 Z 换到设备 A 后运行解决该问题。

(2) 即使设备需要的响应时间不是绝对的截止时间,当系统中有长时间服务设备时,设备的服务体验会很差。例如,设备 B 需要 3s 服务,那么设备 Z 的服务体验极差。

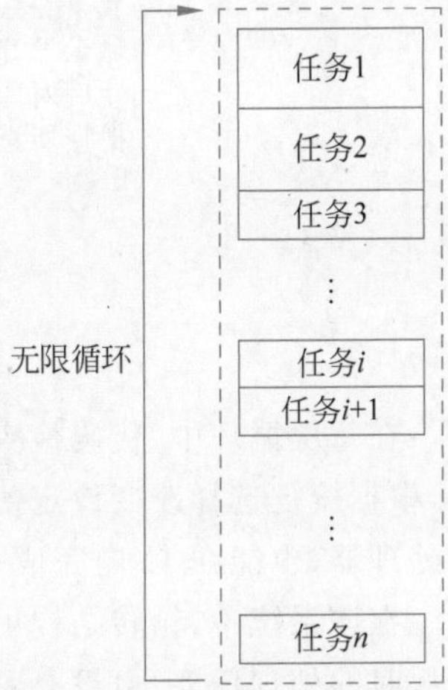

(3) 这种结构极其脆弱。即使能够提高系统的性能,如提高处理器速度,从而获得较小的处理循环时间,满足所有设备的服务需求,但一旦增加一个额外的设备,或者提出一个新的中断请求,就可能让一切破坏。

图 3-1 轮转结构的运行方式

3.3.2 典型系统

轮转结构虽然简单,但是在一些对时间要求不高的场景下使用得很多。如图 3-2 所示的显示器调节器(类似空调遥控器),可以通过不同按键调节显示器亮度、显示模式及功能选择等。

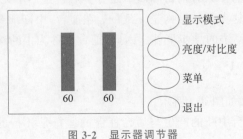

图 3-2 显示器调节器

代码 3-2 为显示器调节器的伪代码。

代码 3-2　显示器调节器的伪代码

```
void vDigitalController()
{
    enum choice{Mode,Brightness,Menu,Exit} eControllerItem;
    while(true)
    {
        eControllerItem = someChoice;
        switch (eControllerItem)
        {
            case Mode:
                显示器显示模式选项;
                使用对应按键选择一个模式;
                根据所选模式改变显示器的显示模式;
                break;
            case Brightness:
                显示器显示亮度和对比度控制选项;
                使用对应按键调整亮度和对比度值;
                根据所选亮度和对比度值改变显示器显示亮度;
                break;
            ...
        }
    }
}
```

在每次循环中,代码检查按键的位置,然后执行对应的分支程序完成显示器显示设定读取,根据按键选择改变设定值,并完成显示器显示调整,即使系统使用的是一个非常低速的微处理器,也能在 1s 内完成多次该循环。

在该系统中,轮转结构可以良好工作,因为整个系统中只有两个 I/O 设备,并且没有特别耗时的处理任务,也没有紧迫的响应需求。微处理器可以随时读取按钮选择,并快速调整显示器显示。当用户正在调节显示器设定时,他不会关注到微处理器处理一次循环需要的几分之一秒,因此轮转结构足以胜任该需求。

3.4　前后台结构

前后台(Foreground-Background)结构其实是一种带中断的轮转结构,也称为中断驱动结构,其显著特点是运行的任务有前台和后台之分。后台是一个无限循环,循环中调用相应的函数完成相应的操作,这和轮转结构是一致的;在前台,中断服务程序(Interrupt Service Routines,ISR)用于处理系统的异步事件。因此,前台也称为中断级,而后台称为任务级。

3.4.1　运行方式

前后台结构运行方式如图 3-3 所示。

在前后台结构中,前台中断的产生与后台任务的运行是并行的:中断由外部事件随机

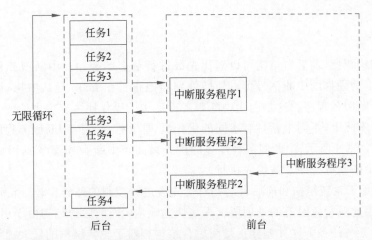

图 3-3 前后台结构运行方式

产生,而且绝大部分是不可预知的。此外,系统还必须解决前台与后台资源共享的问题。前后台结构伪代码如代码 3-3 所示。

代码 3-3 前后台结构伪代码

```
bool iDeviceA = false;
bool iDeviceB = false;
…
bool iDeviceZ = false;
void interruptServiceA()                //中断服务程序
{
    iDeviceA = true;
}
void interruptServiceB()
{
    iDeviceB = true;
}
…
void interruptServiceZ()
{
    iDeviceZ = true;
}
int main()
{
    while(true)
    {
        if (iDeviceA)                    //任务 1
            处理 I/O 设备 A 输入或输出的数据;
        if (iDeviceB)
            处理 I/O 设备 B 输入或输出的数据;
        …
        if (iDeviceZ)
            处理 I/O 设备 Z 输入或输出的数据;
    }
```

```
        return 0;
    }
```

与轮转结构相比,前后台结构可以对优先级进行更多的控制。中断服务程序可以获得很快的响应,因为硬件的中断信号可以使微处理器停止正在 main 函数中执行的任何操作,转而去执行中断服务程序。这是因为中断服务程序中的操作比主程序中的任务代码具备更高的优先级。实际上,不同中断具有不同的优先级,那么控制不同中断服务程序的优先级也是可行的。如图 3-3 所示,中断服务程序 3 的优先级高于中断服务程序 2,因此中断服务程序 2 被打断,中断服务程序 3 被优先执行。

图 3-4 展示了轮转结构和前后台结构对优先级进行控制的差异比较。轮转结构中没有优先级控制,因此对紧急设备的处理要求无法快速响应;而前后台结构由于引入中断,从而保障快速响应紧急任务。这种差异正是前后台结构相对于轮转结构的最大优势。前后台结构的缺点也在代码 3-3 中体现得很清晰,iDeviceA 等变量在中断服务程序和后台任务中进行了共享,从而带来潜在的威胁。

图 3-4　轮转结构和前后台结构的对比

3.4.2　系统性能

前后台结构的主要缺点是所有任务代码均以相同的优先级运行,假设代码 3-3 中的处理设备 A、B、C 的任务代码各需 300ms,如果在微处理器开始执行循环的起始部分,设备 A、B、C 都发出中断信号,那么设备 C 的任务代码可能需要等待 600ms 才能够开始执行。

一个可行的解决办法是将设备 C 的任务代码放到它的中断服务程序中。在前后台结构中,把设备服务代码放到中断服务程序中,从而使它可以以更高优先级执行是一个较合适的办法。但也会带来负面效果,改进的办法会使得设备 C 的中断服务程序执行的时间增加 300ms,从而导致低优先级设备 D、E 和 F 的中断服务程序的响应时间增加 300ms,这同样难以接受。

中断服务程序即使生成了特定的数据,后台程序也必须运行到对应的处理程序时才能进行处理,通常把后台完成数据处理的过程所需花费的时间称为任务级(后台)响应时间,而把中断发生到后台完成处理的时间称为中断响应时间。从代码 3-3 可以看出,最长的任务级响应时间取决于后台循环的运行时间。例如,循环刚通过了该设备的任务代码后发生了该设备的中断,并且其他设备也都发出了中断且需要进行服务,那么该设备的任务级响应时间就十分漫长。

对该问题的解决思路是在主循环中加大某一任务所占的比重,在图 3-3 中,可以让后台任务处理顺序为:任务 1、任务 2、任务 3、任务 4、任务 3 等,增大任务 3 的个数,可以改善任务 3 的任务级响应时间。

除了较为复杂的实时应用之外,前后台系统能够满足几乎所有应用要求。绝大多数单用户计算机系统都采用前后台结构,后台是一个空循环,应用程序在该工作模式下通过中断方式得到 CPU 的服务。当前台没有中断请求时,后台按照轮转方式工作。当有新任务到达时,新任务能通过中断形式向系统提出请求,从而得到及时的响应,这样不会因系统响应不及时造成额外的损失。

由于中断发生时需要付出额外的开销(现场保护和恢复),因此在有较高吞吐量要求的场合,中断的事务处理是不合适的。此时,往往采用特殊的硬件(如 DM)进行处理,或采用轮转方式。

3.4.3　典型系统

很多低成本、大批量的微控制器应用,如家用微波炉等,采用的都是前后台结构。微波炉控制面板上包含 4 个控键按钮,依次是分、秒、开始和取消;还有一个显示屏,显示当前时间或微波时长,如图 3-5 所示。

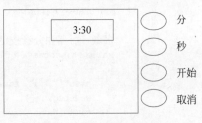

图 3-5　微波炉控制面板

微波炉应用伪代码如代码 3-4 所示。

代码 3-4　微波炉应用伪代码

```
bool isOn = false;
bool timeCounter = true;
int timer = 0;
int timeofWave = 0;
void interruptMinute()              //中断服务程序
{
    timeofWave += 60;
    timeCounter = false;
}
void interruptSecond()
{
    timeofWave += 1;
    timeCounter = false;
}
void interruptStart()
{
    isOn = true;
    timeCounter = false;
}
void interruptCancel()
```

```
    {
        isOn = false;
        timeCounter = true;
    }
void interruptTimer()
    {
        timeCounter = true;
        timer += 1;
    }
int main()
    {
        while(true)
        {
            if (timeCounter)                      //计时器
                print(" % d",timer);              //屏幕显示目前时间
            if (timeofWave)
                print(" % d", timeofWave);         //屏幕显示 timeofWave
            if (timeofWave&&isOn)
            {
                屏蔽计时器和分秒按键中断
                while (timeofWave > 0)
                {
                    print(" % d", timeofWave);
                    wavebegins();                 //开始微波
                    timeofWave = timeofWave − 1;
                }
                开放计时器和分秒按键中断
                timeCounter = true;
                isOn = false;
                timeofWave = 0;
            }
        }
        return 0;
    }
```

从代码 3-4 可以看出,该微波炉应用后台程序平时就是一个计时显示任务,没有按键按下时就显示当前时间;有按键按下时就显示微波时间。当用户设置微波时间并按下"开始"按键后就开始加热食物,加热过程中不响应计时器中断和时间按键按下中断,但可以响应"取消"按键按下中断。

3.5 实时操作系统结构

实时操作系统结构是用于管理微处理器资源和硬件资源的软件结构。设计实时操作系统时,可以把系统功能划分成多个任务,每个任务仅负责某一方面的功能。系统主要完成任务切换、任务调度和中断管理等基本工作,可以使用户把精力集中于应用系统功能的实现上,从而能高效地开发上层应用软件。

3.5.1 运行方式

每个程序执行时称为任务。因此,对于实时嵌入式操作系统,任务是一个能够拥有 CPU、内存和 I/O 等硬件资源的基本单位,也是操作系统调度的基本单位。它在概念上基本等同于通用操作系统中的进程。系统中的每个任务通常都是一个死循环,CPU 在任意时刻只能执行一个任务,但每个任务都以为自己在独占整个 CPU。

实时操作系统结构伪代码如代码 3-5 所示。

代码 3-5 实时操作系统结构伪代码

```
bool iDeviceA = false;
bool iDeviceB = false;
…
bool iDeviceZ = false;
void interruptServiceA()              //中断服务程序
{
    iDeviceA = true;
}
void interruptServiceB()
{
    iDeviceB = true;
}
…
void task1()
{
    while(true)
    {
        if (iDeviceA)
            处理设备 A 的数据;
    }
}
void task2()
{
    while(true)
    {
        if (iDeviceB)
            处理设备 B 的数据;
    }
}
…
```

代码 3-5 中演示的实时操作系统运行方式如图 3-6 所示。

图 3-6 中的低优先级任务对应代码 3-5 中的 task2,高优先级任务对应 task1,等待事件就是 iDeviceA 和 iDeviceB。运行过程如下。

(1) 低优先级任务 task2 正在运行。

(2) 此时产生中断,CPU 转去中断源对应的中断服务程序。

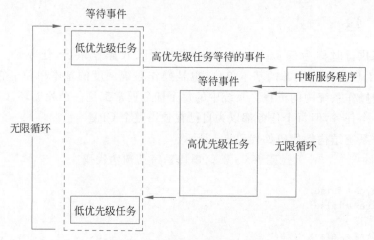

图 3-6　实时操作系统运行方式

（3）中断服务程序非常简单，通常只是发出一个信号，如设置 iDeviceA＝true；而由另一个高优先级的任务响应这个信号，并完成中断请求中的大部分工作。

（4）当中断服务程序运行完毕，实时操作系统发现中断服务程序中发出的信号使某个高优先级任务具备了运行的条件，因此切换到高优先级任务 task1 运行。

（5）task1 开始运行，对中断事件进行进一步处理。

（6）task1 运行完毕，返回到低优先级任务 task2 起始点继续运行。

3.5.2　系统性能

在实时操作系统结构中，中断服务程序可以处理大多数的紧急情况，然后中断服务程序会发出"需要任务代码处理剩下的数据"的请求，该结构与前后台结构的区别如下。

（1）中断服务程序和任务代码之间互相传递的信号是由实时操作系统处理的，并不需要前后台系统中的共享变量实现。

（2）在任务代码中并没有使用循环决定下一步的操作。实时操作系统的系统代码可以决定什么任务代码可以运行。系统知道各种任务代码的优先级，由它决定优先运行哪个任务。

（3）实时操作系统可以将当前正在执行的任务挂起，转去运行另外一个任务。

在实时操作系统的管理下，控制 CPU 在多个顺序执行的任务之间切换，实现对 CPU 资源利用的最大化，这个过程称为多任务管理。前两点有利于简化用户程序开发，后一点对应用性能的影响巨大：使用实时操作系统结构的系统不仅可以控制任务代码的响应时间，还可以控制中断响应时间（发出中断到中断数据处理完毕）。

在代码 3-5 中，如果 task1 是最高优先级的任务，那么当中断服务程序将信号 iDeviceA 设置为 true 时，实时操作系统会立刻运行 task1。如果此时 task2 正在运行，实时操作系统会将 task2 挂起并且立刻运行 task1。因此，优先级最高的任务几乎没有延迟，中断响应时间也几乎为对应的任务处理时间。

可以从图 3-7 看出各结构任务优先级关系。

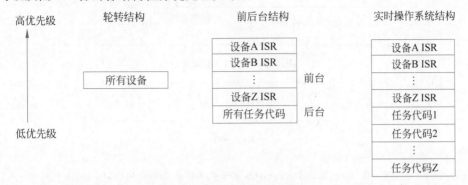

图 3-7 各结构任务优先级关系

使用实时操作系统提供的任务管理功能本身就会增加系统的开销,具体增加量取决于功能函数被调用的频率。因此,与前后台结构系统中前台和后台任务切换相比,实时多任务系统的任务切换需要更大的开销。一般来说,任务切换通常占用 2%~4% 的 CPU 时间,时间大都限定在 2~10ms。而且由于操作系统是一套软件代码,因此需要额外的 ROM 和随机存储器(Random Access Memory,RAM)空间。

实时操作系统中,中断响应时间可以分为 3 种情况。

(1) 在中断服务程序中要进行任务切换,不过是切换到内核程序,由内核程序对中断请求事务进行处理。

(2) 在中断服务程序中不进行任务切换,中断请求事务完全由中断服务程序完成。

(3) 在中断服务程序中只设置标识、激活相应任务,所有中断事务处理由对应任务完成。

显然,第 2 种情况下的响应时间最短,但第 3 种情况的灵活度最高。因此,在对系统性能进行描述时,要区别对待。

3.5.3 典型系统

手机和平板电脑等都是实时操作系统的典型应用。以手机为例,其硬件环境多为 64 位微处理器,如 ARM,其上配置了专门的嵌入式操作系统,如 Android、HarmonyOS 等。众多的任务建立在操作系统的基础上,实现手机的功能,包括通信、游戏、短信、多媒体处理、办公、日程等。

显然,这些任务具有不同的优先级,系统也允许多任务抢占调度。图 3-8 给出了基于 HarmonyOS 的手机多任务功能结构框架。由图 3-8 可知,HarmonyOS 是一个实时操作系统,支持多个任务同时运行;高优先级任务能打断低优先级任务,如天气应用能被电话应用打断,保障高优先级任务快速得到响应;当没有任务运行时,后台处于空闲状态。

图 3-8　基于 HarmonyOS 的手机多任务功能结构框架

第 4 章

嵌入式实时操作系统

随着嵌入式软件的日益复杂,软件的编写需要多人分工合作完成。从嵌入式软件体系结构的角度考虑,可以把一个软件划分成多个任务,采用实时操作系统结构实现。因此,功能强大的嵌入式实时操作系统成为支撑多任务嵌入式软件运行的基础。

对于嵌入式系统,嵌入式实时操作系统的引入会带来很多好处。首先,一个嵌入式实时操作系统有多种灵活的任务管理机制,可以让开发者专注于业务逻辑。其次,嵌入式实时操作系统还提供文件系统等完善的操作系统服务,可以简化应用编程,提高应用开发效率。此外,嵌入式实时操作系统的引入使应用软件与底层硬件环境无关,客观上有利于应用软件的移植。

本章从嵌入式实时操作系统的概念出发,以典型的嵌入式实时操作系统为例,详细探讨嵌入式操作系统的特点、体系结构和重要组成部分。通过本章的学习,读者可以较全面地了解嵌入式实时操作系统。

4.1 嵌入式操作系统演化

在嵌入式系统发展的初期,嵌入式软件的开发基于微处理器直接编程,不需要操作系统的支持。这时,简单的嵌入式软件就是一个轮转结构,复杂一些的嵌入式软件则是一个带监控程序的前后台结构系统。

随着用户需求的发展,嵌入式系统在功能上日益复杂,系统需要管理的资源越来越多,如存储器、外设和多处理器等。这时,仅用前后台系统中的控制循环实现嵌入式系统资源管理已经十分困难,迫切需要一个统一的控制管理系统——嵌入式操作系统。

当前,嵌入式操作系统已成为高端嵌入式应用软件开发的基础,由于嵌入式操作系统及其应用软件大多数被嵌入特定的控制设备中,用于实时响应并处理外部事件,所以嵌入式操作系统又可称为嵌入式实时操作系统(Real Time Operating System,RTOS)。

4.2 RTOS 的设计需求

通过对多种 RTOS 的比较,可以发现它们具有以下共同设计需求。

4.2.1　及时性

及时性(Timeliness)是嵌入式实时系统最基本的特点。对于 RTOS,主要任务是对外部事件作出实时响应。虽然事件可能到达的时刻是无法预知的,但是软件必须保障在事件发生时能够在严格的时间内作出响应。系统响应超时就可能带来严重的风险。

对于 RTOS,及时性的保证主要由实时多任务内核中的任务调度程序提供。不同的 RTOS 所提供的策略可以不同,有些保证硬及时性,有些只支持软及时性。

4.2.2　强相关性

嵌入式操作系统与应用程序之间存在强相关性。在通用计算机系统中,操作系统从开机时就控制整个计算机,然后用户启动应用程序,应用程序的编译、链接、安装和运行过程都是独立于操作系统的。但在一个嵌入式系统中,用户通常把应用程序和 RTOS 进行链接。在启动阶段,应用程序通常首先获得控制权,然后才启动 RTOS。因此,不同于通用操作系统,嵌入式系统的应用程序和 RTOS 的连接更为紧密。

4.2.3　高性能和鲁棒性

不管外部条件如何恶劣,实时系统都必须能够在任何时刻、任何地方和任何环境下对外部事件作出快速和准确响应。这就要求 RTOS 比通用操作系统具备更高的性能和鲁棒性。

许多 RTOS 不像通用操作系统一样小心地保护自己不受应用程序的破坏。尽管大多数通用操作系统会检查每个程序的访问地址是否会越界,避免造成其他用户的数据损坏或操作系统崩溃,但许多 RTOS 为了高性能而忽略检查步骤。当 RTOS 收到错误地址访问时,它可能会崩溃。但对于不少嵌入式系统,它们不关心应用程序是否会造成系统崩溃,因为不少系统经常需要重启。

鲁棒性特别强调容错处理和出错自动恢复,确保系统不会因为软件错误而崩溃甚至导致灾难出现。即使在最坏情况下,RTOS 也能够让系统性能平稳降级,保障系统出错后能自动恢复至正常运行状态。

4.2.4　可剪裁性

为了节省内存空间,RTOS 中一般只包含嵌入式系统运行时所需的基础功能,大多数 RTOS 允许在服务链接到操作系统之前配置这些服务,从而可以把不必要的服务删除,这称为可剪裁性。例如文件管理、I/O 驱动器,甚至连内存管理这样的核心操作系统功能,不需要的话,也可以移除。

当然,如果在嵌入式硬件十分强大,且需要处理较复杂的场景和交互的情况下,可以设计并运行包含较多服务的 RTOS。

4.3　RTOS 的体系结构

现有 RTOS 所采用的体系结构主要包括宏内核结构和微内核结构,在了解这两种结构之前,必须清楚内核与操作系统的关系。

与通用操作系统一样,嵌入式操作系统也都有一个内核。操作系统是由内核、服务程序、用户界面和实用程序等组件组成的,其中内核起着最重要的作用。内核是操作系统中的一组核心程序模块,最基本的工作是进程管理。此外,内核还提供了定时器管理和中断管理等功能,通常驻留在内存起始空间,具有访问硬件设备和核心数据的权限,是系统中唯一能够执行特权指令的程序。

4.3.1　宏内核结构

宏内核包含了一个非常完整的内核所要具备的所有功能,进程管理、文件管理、设备管理等功能都被集成在宏内核中,如图 4-1 所示。在运行时,它是一个单独的二进制镜像。模块间的通信是通过直接调用其他模块中的函数实现的,而不是消息传递。这样的结构会使宏内核体积庞大,模块调用时也会更加方便。宏内核具有代码庞大、性能好、耦合性高的特点。

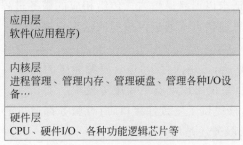

第 8 集
微课视频

图 4-1　宏内核结构

宏内核优点是性能较好,系统的各个模块之间可以互相调用,功能切换和通信开销比较小。缺点是即使不使用的功能模块和设备驱动程序也常驻在内存中,占用资源较多,维护工作量大。

Linux 和 Windows 都属于宏内核。大部分嵌入式实时操作系统属于宏内核,如 μC/OS、FreeRTOS,以及国产 RTThread 操作系统。

4.3.2　微内核结构

微内核包含了内核所需要的最基本的功能,由一个非常简单的硬件抽象层和一组比较关键的原语或系统调用组成,这些原语仅仅包括了建立一个系统必需的几个部分,如任务调度、中断处理等。那么,微内核相较宏内核缺少的那些部分,如存储器管理和文件管理模块功能,被移出了内核,来到了应用层,变成了一个个服务进程,成为一种特殊的用户进程,如图 4-2 所示。

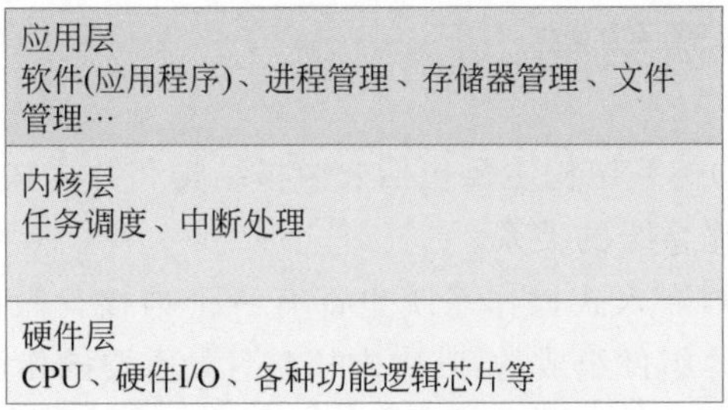

应用层 软件(应用程序)、进程管理、存储器管理、文件管理…
内核层 任务调度、中断处理
硬件层 CPU、硬件I/O、各种功能逻辑芯片等

图 4-2　微内核结构

按最初的定义,微内核只提供几种基本服务:任务调度、任务间通信、底层的网络通信、中断处理接口以及实时时钟。整个内核非常小(可能只有几十千字节),内核任务在独立的地址空间运行,速度极快。传统操作系统提供的其他服务,如存储管理、文件管理、网络通信等,都以内核上协作任务的形式出现。随着时间的推移,微内核结构的定义已经有了显著变化。微内核中基本服务的个数不再受限制,如加入基本存储管理等。当然,微内核的大小尺度也有一定程度的放宽。

当用户任务运行时,如果需要操作系统提供服务,它就作为客户进程以消息进程方式向内核发出请求,内核将该请求以消息通信方式传给相应的服务进程,服务进程响应该请求并提供服务,其结果仍以消息通信方式通过内核返回给客户进程。

微内核优点主要如下。

(1) 内核精巧,结构紧凑,占用内存少,适合资源紧张的嵌入式系统。

(2) 开发和维护方便,系统可以动态更新服务模块。

(3) 接口一致。微内核提供了一致性接口,所有服务都通过消息传递方式调用,用户态任务不需要区分是内核级服务还是用户级服务。

(4) 可扩展性与可配置性强,很适合嵌入式系统的可剪裁要求。

(5) 可靠性高。各个服务进程在用户态进行,有自己的内存空间,以消息方式通信,一个服务进程出错不会影响到整个内核,从而增强了系统的健壮性。

(6) 支持分布式系统。服务器可以在不同的处理机上运行,适合多处理机系统或分布式处理系统。

微内核缺点主要是效率较低,性能较差。

随着硬件性能的不断提高,内核处理速度在整个系统性能中所占比例会越来越小,RTOS的可剪裁性、可扩展性、可移植性、可重用性越来越重要,再加上微内核结构本身的改进,其应用面越来越广。典型微内核系统包括 QNX 和华为自研的 LiteOS。

在华为公司的 LiteOS 中,操作系统内核非常小,只包括核心的任务管理、中断管理和时钟管理等功能,众多的操作系统扩展功能,如内存管理和文件系统等功能,则作为服务存在。

4.4　OpenHarmony 内核启动过程

LiteOS-M 内核是 OpenHarmony 系统中的一个面向物联网（Internet of Things，IoT）领域构建的轻量级物联网操作系统内核，具有小体积、低功耗、高性能的特点。其代码结构简单，主要包括内核最小功能集、内核抽象层、可选组件以及工程目录等①；支持硬件驱动框架（Hardware Driver Foundation，HDF），统一驱动标准，为设备厂商提供了更统一的接入方式，使驱动更加容易移植，力求做到一次开发，多系统部署。

4.4.1　内核简介

LiteOS-M 内核架构包含硬件相关层以及硬件无关层，如图 4-3 所示。其中，硬件相关层按不同编译工具链、芯片架构分类，提供统一的 **HAL** 接口，提升了硬件易适配性，满足 **AIoT**（AI＋IoT，人工智能和物联网）类型丰富的硬件和编译工具链的拓展；其他模块属于硬件无关层，其中基础内核模块提供基础能力，扩展模块提供网络、文件系统等组件能力，还提供错误处理、调测等能力，内核抽象层（Kernel Abstraction Layer，**KAL**）模块提供统一的标准接口。

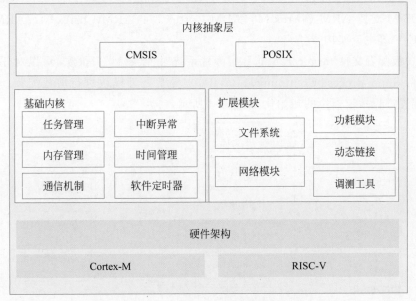

第 9 集
微课视频

图 4-3　LiteOS-M 内核基本架构

4.4.2　嵌入式系统启动过程

开发者可以通过华为自研的 DevEco Device Tool 设备开发工具＋VS Code 的方式获取

---

① https://docs.openharmony.cn/pages/v3.1/zh-cn/device-dev/device-dev-guide.md/

LiteOS-M 的源代码。可以在 VS Code 中新建一个 OpenHarmony 项目,通过选择"从源码导入"的方式自动下载不同版本的 OpenHarmony 源代码,源代码类型包括 OpenHarmony 稳定版、OpenHarmony 示例代码和 HarmonyOS 连接解决方案等。开发者可以根据开发需求,选择任意一种类型进行下载。

嵌入式操作系统为了能够适配不同体系架构的 CPU 硬件,通常会定义两层 CPU 接口,分别是通用 CPU 架构接口层和特定 CPU 架构接口层。通用 CPU 架构接口层包含所有 CPU 架构中都需要支持和实现的接口,而特定 CPU 架构接口层则包含不同架构中独有的接口。当嵌入式操作系统需要移植到一个新的 CPU 体系架构时,除了需要实现通用 CPU 架构接口层中的接口外,也需要在特定 CPU 架构接口层实现该 CPU 独有的接口。LiteOS-M 内核的 CPU 接口层定义如表 4-1 所示。

表 4-1　CPU 接口层定义

规　　则	通用 CPU 架构接口层	特定 CPU 架构接口层
头文件位置	arch/include	arch/< arch >/< arch >/< toolchain >/
头文件命名	los_< function >. h	los_arch_< function >. h
函数命名	Halxxxx	Halxxxx

LiteOS-M 支持 ARM Cortex-M3、ARM Cortex-M4、ARM Cortex-M7、ARM Cortex-M33、RISC-V 等主流架构。

在开发板配置文件 target_config. h 中配置系统时钟、每秒 Tick 数,可以对任务、内存、进程间通信(Inter Process Communication,IPC)、异常处理模块进行剪裁配置。系统启动时,根据配置进行指定模块的初始化,如图 4-4 所示。

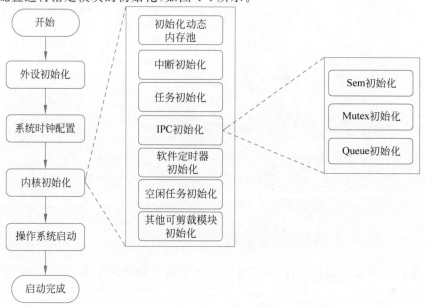

图 4-4　基于 LiteOS-M 的嵌入式系统启动过程

　　内核初始化在 LiteOS-M 中是由 LOS_KernelInit()函数实现的。LOS_KernelInit()函数是负责初始化内核数据结构的关键函数,其汇编代码如图 4-5 所示,主要函数有 OsMemSystemInit()(内存初始化)、OsHwiInit()(中断初始化)、OsTaskInit()(任务初始化),这些过程的主要目的是把内核相关的变量初始化,准备好全局信息,方便 API 函数调用。必须在这些初始化完成后才可以调用 API 函数,从图 4-5 可以看出 LiteOS 启动关键步骤。

```
00488674 <LOS_KernelInit>:
  488674: 9d0722ef          jal     t0,3fa844 <__riscv_save_0>
  488678: e7bff0ef          jal     ra,4884f2 <OsRegister>
  48867c: 9bb970ef          jal     ra,420036 <OsMemPoolInit>
  488680: c115              beqz    a0,4886a4 <LOS_KernelInit+0x30>
  488682: 842a              mv      s0,a0
  488684: 0050b537          lui     a0,0x50b
  488688: 62450513          addi    a0,a0,1572 # 50b624 <__FUNCTION__.2997+0x20>
  48868c: e21710ef          jal     ra,3fa4ac <printf>
  488690: 0050a537          lui     a0,0x50a
  488694: 85a2              mv      a1,s0
  488696: e0050513          addi    a0,a0,-512 # 509e00 <K+0x300>
  48869a: e13710ef          jal     ra,3fa4ac <printf>
  48869e: 8522              mv      a0,s0
  4886a0: 9c87206f          j       3fa868 <__riscv_restore_0>
  4886a4: 0011d7b7          lui     a5,0x11d
  4886a8: 7fc7a703          lw      a4,2044(a5) # 11d7fc <g_halSectorsRamHeapStart>
  4886ac: 32e1aa23          sw      a4,820(gp) # 11acf4 <m_aucSysMem0>
  4886b0: c6f700ef          jal     ra,3f931e <OsMemSystemInit>
  4886b4: 842a              mv      s0,a0
  4886b6: cd09              beqz    a0,4886d0 <LOS_KernelInit+0x5c>
  4886b8: 0050b537          lui     a0,0x50b
  4886bc: 62450513          addi    a0,a0,1572 # 50b624 <__FUNCTION__.2997+0x20>
  4886c0: ded710ef          jal     ra,3fa4ac <printf>
  4886c4: 0050a537          lui     a0,0x50a
  4886c8: 85a2              mv      a1,s0
  4886ca: e1850513          addi    a0,a0,-488 # 509e18 <K+0x318>
  4886ce: b7f1              j       48869a <LOS_KernelInit+0x26>
  4886d0: 94b6d0ef          jal     ra,3f601a <OsHwiInit>
  4886d4: 4501              li      a0,0
  4886d6: a096e0ef          jal     ra,3f70de <OsTaskInit>
```

图 4-5　LOS_KernelInit()函数汇编代码

4.4.3　内核初始化过程

　　进入主函数后,首先进行的是 LiteOS-M 操作系统的内核初始化,即 LOS_KernelInit()函数,该函数也处于 los_init.c 文件中,具体实现如代码 4-1 所示。

代码 4-1　内核初始化函数 LOS_KernelInit()

```
LITE_OS_SEC_TEXT_INIT UINT32 LOS_KernelInit(VOID)
{
    UINT32 ret;
    PRINTK("entering kernel init...\n");
    OsRegister();
    ret = OsMemSystemInit();
```

```
    if (ret != LOS_OK) {
        PRINT_ERR("OsMemSystemInit error % d\n", ret);
        return ret;
    }
    HalArchInit();
    ret = OsTaskInit();
    if (ret != LOS_OK) {
        PRINT_ERR("OsTaskInit error\n");
        return ret;
    }
# if (LOSCFG_BASE_CORE_TSK_MONITOR == 1)
    OsTaskMonInit();
# endif
# if (LOSCFG_BASE_CORE_CPUP == 1)
    ret = OsCpupInit();
    if (ret != LOS_OK) {
        PRINT_ERR("OsCpupInit error\n");
        return ret;
    }
# endif
# if (LOSCFG_BASE_IPC_SEM == 1)
    ret = OsSemInit();
    if (ret != LOS_OK) {
        return ret;
    }
# endif
# if (LOSCFG_BASE_IPC_MUX == 1)
    ret = OsMuxInit();
    if (ret != LOS_OK) {
        return ret;
    }
# endif
# if (LOSCFG_BASE_IPC_QUEUE == 1)
    ret = OsQueueInit();
    if (ret != LOS_OK) {
        PRINT_ERR("OsQueueInit error\n");
        return ret;
    }
# endif
# if (LOSCFG_BASE_CORE_SWTMR == 1)
    ret = OsSwtmrInit();
    if (ret != LOS_OK) {
        PRINT_ERR("OsSwtmrInit error\n");
        return ret;
    }
# endif
# if (LOSCFG_BASE_CORE_TIMESLICE == 1)
    OsTimesliceInit();
# endif
    ret = OsIdleTaskCreate();
    if (ret != LOS_OK) {
        return ret;
```

```
    }
# if (LOSCFG_KERNEL_TRACE == 1)
    ret = LOS_TraceInit();
    if (ret != LOS_OK) {
        PRINT_ERR("LOS_TraceInit error\n");
        return ret;
    }
# endif
# ifdef LOSCFG_TEST
    //ret = los_TestInit();
    //if (ret != LOS_OK) {
    //    PRINT_ERR("los_TestInit error\n");
    //    return ret;
    //}
# endif
# if (LOSCFG_PLATFORM_EXC == 1)
    OsExcMsgDumpInit();
# endif
    return LOS_OK;
}
# ifdef __cplusplus
# if __cplusplus
# endif /* __cpluscplus */
# endif /* __cpluscplus */
```

LOS_KernelInit()函数的整个运行过程的核心工作可以用图 4-6 进行说明。

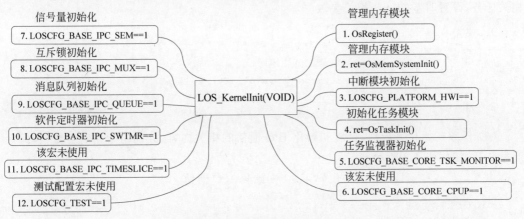

图 4-6 操作系统内核初始化核心工作

下面对图 4-6 中的几个宏以及函数进行介绍。

(1) OsRegister()函数根据 target_config.h 文件中的 LOSCFG_BASE_CORE_TSK_LIMIT 配置最大支持的任务数,默认为 LOSCFG_BASE_CORE_TSK_LIMIT+1,包括空闲任务 IDLE。

```
LITE_OS_SEC_TEXT_INIT static VOID OsRegister(VOID)
{
    g_taskMaxNum = LOSCFG_BASE_CORE_TSK_LIMIT + 1; /* Reserved 1 for IDLE */
    return;
}
```

（2）OsMemSystemInit()函数负责初始化 LiteOS 管理的内存模块，系统管理的内存大小为 OS_SYS_MEM_SIZE。OsMemSystemInit()函数初始化内容就是获取堆的首地址，然后根据设置的大小分配内存。

（3）如果在 target_config.h 文件中使用了 LOSCFG_PLATFORM_HWI 这个宏定义，则通过 ArchInit()函数进行硬件中断模块的初始化。这表示 LiteOS 接管了系统的中断，使用时需要注册中断，否则无法响应中断。如果不使用 LOSCFG_PLATFORM_HWI 这个宏定义，系统中断将由硬件响应，系统不接管中断的操作与裸机基本是差不多的。

```
LITE_OS_SEC_TEXT_INIT VOID ArchInit(VOID)
{
    HalHwiInit();
}
```

（4）OsTaskInit()函数初始化任务模块相关的函数，进行分配任务内存，初始化相关链表，为后面创建任务做准备。

（5）OsTickTimerInit()函数负责系统时基任务初始化，因为系统的正常运行离不开由内核定时器提供的时间基准，时间基准的维护由其相关时基任务进行，时基初始化就是配置相关任务，设置时基的一些相关参数。

```
ret = OsTickTimerInit();
if (ret != LOS_OK)
{
    PRINT_ERR("OsTickTimerInit error! 0x%x\n", ret);
    return ret;
}
```

（6）任务初始化完成后，接着初始化 IPC 通信的相关内容，分别初始化信号量、互斥锁、消息队列，如代码 4-2 所示。

代码 4-2 初始化 IPC 通信

```
#if (LOSCFG_BASE_IPC_SEM == 1)
    ret = OsSemInit();
    if (ret != LOS_OK)
    {
        return ret;
    }
#endif

#if (LOSCFG_BASE_IPC_MUX == 1)
    ret = OsMuxInit();
```

```
    if (ret != LOS_OK)
    {
        return ret;
    }
# endif

# if (LOSCFG_BASE_IPC_QUEUE == 1)
    ret = OsQueueInit();
    if (ret != LOS_OK)
    {
        PRINT_ERR("OsQueueInit error\n");
        return ret;
    }
# endif
```

（7）因为在 target_config. h 文件中使用 LOSCFG_BASE_CORE_SWTMR 软件定时器的宏，所以需要对软件定时器的使用进行相关初始化，如代码 4-3 所示。当使用软件定时器时，系统还会创建一个软件定时器任务，并且必须使用消息队列。

代码 4-3　初始化软件定时器

```
# if (LOSCFG_BASE_CORE_SWTMR == 1)
    ret = OsSwtmrInit();
    if (ret != LOS_OK) {
        PRINT_ERR("OsSwtmrInit error\n");
        return ret;
    }
# endif
```

在软件定时器初始化函数中配置 SysTick 与 PendSV 的优先级后，内核初始化函数就直接开启任务调度，完成 LiteOS-M 操作系统内核的启动过程。

LiteOS-M 内核的基础功能初始化流程如图 4-7 所示。

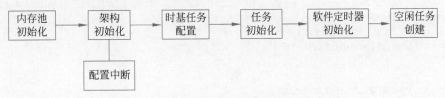

图 4-7　LiteOS-M 内核的基础功能初始化流程

4.4.4　应用程序初始化过程

当内核初始化后，就开始调用 AppInit()函数进行应用程序初始化。从 AppInit()函数开始脱离了硬件 SDK 环节，可以看到源代码了。AppInit()函数位于 libwifiiot_app. a(app_main. o)中，源代码为 app_main. c，该函数代码如代码 4-4 所示，其中调用的函数包括获取 SDK 版本号、外设初始化、IPC 初始化、Flash 分区、Wi-Fi 初始化、TCP/IP 初始化，然后跳转到 OpenHarmony 特有的 OHOS_Main()函数。

代码 4-4 应用程序初始化函数 app_main()

```
hi_void app_main(hi_void)
{
# ifdef CONFIG_FACTORY_TEST_MODE
    printf("factory test mode!\r\n");
# endif

    const hi_char * sdk_ver = hi_get_sdk_version();
    printf("sdk ver:% s\r\n", sdk_ver);

    hi_flash_partition_table * ptable = HI_NULL;

    peripheral_init();
    peripheral_init_no_sleep();

# ifndef CONFIG_FACTORY_TEST_MODE
    hi_lpc_register_wakeup_entry(peripheral_init);
# endif

    hi_u32 ret = hi_factory_nv_init(HI_FNV_DEFAULT_ADDR, HI_NV_DEFAULT_TOTAL_SIZE, HI_NV_
DEFAULT_BLOCK_SIZE);
    if (ret != HI_ERR_SUCCESS) {
        printf("factory nv init fail\r\n");
    }

    /* 应该在完成工厂级 NV 初始化后进行分区表初始化 */
    ret = hi_flash_partition_init();
    if (ret != HI_ERR_SUCCESS) {
        printf("flash partition table init fail:0x% x \r\n", ret);
    }
    ptable = hi_get_partition_table();

    ret = hi_nv_init(ptable - > table[HI_FLASH_PARTITON_NORMAL_NV].addr, ptable - > table[HI_
FLASH_PARTITON_NORMAL_NV].size,HI_NV_DEFAULT_BLOCK_SIZE);
    if (ret != HI_ERR_SUCCESS) {
        printf("nv init fail\r\n");
    }

# ifndef CONFIG_FACTORY_TEST_MODE
    hi_upg_init();
# endif

    /* 如果不使用文件系统,则不需要初始化 */
    hi_fs_init();

    (hi_void)hi_event_init(APP_INIT_EVENT_NUM, HI_NULL);
    hi_sal_init();
    /* 此处设为 TRUE 后中断中看门狗复位会显示复位时 PC 值 */
    hi_syserr_watchdog_debug(HI_FALSE);
```

```
    /* 默认记录宕机信息到 Flash */
    hi_syserr_record_crash_info(HI_TRUE);

    hi_lpc_init();
    hi_lpc_register_hw_handler(config_before_sleep, config_after_sleep);

#if defined(CONFIG_AT_COMMAND) || defined(CONFIG_FACTORY_TEST_MODE)
    ret = hi_at_init();
    if (ret == HI_ERR_SUCCESS) {
        hi_at_sys_cmd_register();
    }
#endif


    /* Shell 命令和对话框都使用同一个串口进行输出,同一时刻只有其中一个可以使用串口 */
#ifndef CONFIG_FACTORY_TEST_MODE

#ifndef ENABLE_SHELL_DEBUG
#ifdef CONFIG_DIAG_SUPPORT
    (hi_void)hi_diag_init();
#endif
#else
    (hi_void)hi_shell_init();
#endif

    tcpip_init(NULL, NULL);
#endif

    ret = hi_wifi_init(APP_INIT_VAP_NUM, APP_INIT_USR_NUM);
    if (ret != HISI_OK) {
        printf("wifi init failed!\n");
    } else {
        printf("wifi init success!\n");
    }
    app_demo_task_release_mem(); /* 释放系统栈内存所使用任务 */

#ifndef CONFIG_FACTORY_TEST_MODE
    app_demo_upg_init();
#ifdef CONFIG_HILINK
    ret = hilink_main();
    if (ret != HISI_OK) {
        printf("hilink init failed!\n");
    } else {
        printf("hilink init success!\n");
    }
#endif
#endif
    OHOS_Main();
}
```

OHOS_Main()函数位于 libwifiiot_app.a(ohos_main.o)中,源代码为 ohos_main.c,主

要完成 OpenHarmony 系统相关和用户应用相关的调用,它的核心函数是 OHOS_SystemInit(),如代码 4-5 所示。

代码 4-5   OHOS_Main()函数

```
void OHOS_Main()
{
# if defined(CONFIG_AT_COMMAND) || defined(CONFIG_FACTORY_TEST_MODE)
    hi_u32 ret;
    ret = hi_at_init();
    if (ret == HI_ERR_SUCCESS) {
        hi_u32 ret2 = hi_at_register_cmd(G_OHOS_AT_FUNC_TBL, OHOS_AT_FUNC_NUM);
        if (ret2 != HI_ERR_SUCCESS) {
            printf("Register ohos failed!\n");
        }
    }
# endif
    OHOS_SystemInit();
}
```

系统初始化函数 OHOS_SystemInit()调用了用户自己写的应用任务相关代码,如代码 4-6 所示,从而实现了在操作系统启动函数 LOS_Start()执行之前把任务列表填好,这样才能保证用户任务或定时等功能参与了系统调度。

代码 4-6   OHOS_SystemInit()函数

```
void OHOS_SystemInit(void)
{
    MODULE_INIT(bsp);
    MODULE_INIT(device);
    MODULE_INIT(core);
    SYS_INIT(service);
    SYS_INIT(feature);
    MODULE_INIT(run);
    SAMGR_Bootstrap();
}
```

在代码 4-6 中的 MODULE_INIT(run)函数,就是最终调用用户程序的代码。这是一个宏定义,展开的调用关系在\base\startup\bootstrap_lite\services\source\ core_main. h 文件中定义。仔细分析该调用关系,调用从 MODULE_CALL 开始,经历 MODULE_BEGIN 到 MODULE_END,最终调用的地址是__ zinitcall_＃＃name＃＃_start。因此,MODULE_INIT(run)调用的函数地址是__ zinitcall_run_start。

通过查看链接文件得出__ zinitcall_run_start 包含. zinitcall. run0. init 等 5 个函数,如图 4-8 所示。

通过查看 map 文件发现用户的应用程序文件调用入口就在. zinitcall. run2. init 中,如图 4-9 所示。

通过分析图 4-9 可以发现,应用程序初始化过程中调用了 app_demo_iot 函数,该函数

```
    __zinitcall_run_start = .;
    KEEP (*(.zinitcall.run0.init))
    KEEP (*(.zinitcall.run1.init))
    KEEP (*(.zinitcall.run2.init))
    KEEP (*(.zinitcall.run3.init))
    KEEP (*(.zinitcall.run4.init))
    __zinitcall_run_end = .;
    __zinitcall_app_service_start = .;
```

图 4-8　__zinitcall_run_start 包含的函数

```
              0x00000000004a4a80                    __zinitcall_run_start = .
*(.zinitcall.run0.init)
*(.zinitcall.run1.init)
*(.zinitcall.run2.init)
.zinitcall.run2.init
              0x00000000004a4a80        0x4 ohos\libs\libapp_demo_iot.a(libapp_demo_iot.app_demo_iot
*(.zinitcall.run3.init)
```

图 4-9　应用程序文件调用入口

即为用户程序,所在位置为. zinitcall. run2. init,但实际在应用程序中的关联函数是 SYS_RUN()。SYS_RUN()函数运行用户程序的过程如图 4-10 所示,这段代码处于 los_init. h 文件中。最终即是 zinitcall. run2. init 和程序运行时的调用匹配在一起了。应用程序的调用关系就是在编译链接阶段生成指定的段,初始化时调用指定段,这样实现了 LiteOS-M 的操作系统代码与应用程序代码的解耦。

```
SYS_RUN(app_demo_iot);

#define SYS_RUN(func) LAYER_INITCALL_DEF(func, run, "run")

#define LAYER_INITCALL_DEF(func, layer, clayer) \
    LAYER_INITCALL(func, layer, clayer, 2)

#define LAYER_INITCALL(func, layer, clayer, priority)            \
    static const InitCall USED_ATTR __zinitcall_##layer##_##func \
    __attribute__((section(".zinitcall." clayer #priority ".init"))) = func
```

图 4-10　SYS_RUN()函数运行用户程序的过程

4.4.5　操作系统启动过程

操作系统启动在 LOS_Start()函数中,在 los_init. c 文件中定义。该函数调用 HalStartSchedule()函数。HalStartSchedule()函数与不同架构 CPU 有关,在不同硬件平台下实现有所差别,其主要代码如代码 4-7 所示。

代码 4-7　HalStartSchedule()函数

```
LITE_OS_SEC_TEXT_INIT UINT32 HalStartSchedule(OS_TICK_HANDLER handler)
{
    UINT32 ret;
/* 判断是否使用专用定时器 */
#if (LOSCFG_BASE_CORE_TICK_HW_TIME == NO)               //不使用专门的定时器

    ret = HalTickStart(handler);                        //开启定时器
```

```
    if (ret != LOS_OK) {
        return ret;
    }
    HalStartToRun();                //启动调度,汇编
    return LOS_OK;
}
```

从代码 4-7 中可以了解 HalStartSchedule()函数的主要功能是配置 RTOS 的节拍定时器,调用 HalStartToRun()函数启动调度。配置节拍定时器是由 HalTickStart()函数实现的,如代码 4-8 所示。

代码 4-8　HalTickStart()函数

```
WEAK UINT32 HalTickStart(OS_TICK_HANDLER * handler)
{
    UINT32 ret;

    if ((OS_SYS_CLOCK == 0) ||
        (LOSCFG_BASE_CORE_TICK_PER_SECOND == 0) ||
        (LOSCFG_BASE_CORE_TICK_PER_SECOND > OS_SYS_CLOCK)) {
        return LOS_ERRNO_TICK_CFG_INVALID;
    }

# if (LOSCFG_USE_SYSTEM_DEFINED_INTERRUPT == 1)
# if (OS_HWI_WITH_ARG == 1)
    OsSetVector(SysTick_IRQn, (HWI_PROC_FUNC)handler, NULL); //设置中断向量表
# else
    OsSetVector(SysTick_IRQn, (HWI_PROC_FUNC)handler);
# endif
# endif

    g_sysClock = OS_SYS_CLOCK;
    //计算每个节拍的周期
    g_cyclesPerTick = OS_SYS_CLOCK / LOSCFG_BASE_CORE_TICK_PER_SECOND;
    g_ullTickCount = 0;
    //配置节拍定时器,参数为两个中断之间的节拍数
    ret = SysTick_Config(g_cyclesPerTick);
    if (ret == 1) {
        return LOS_ERRNO_TICK_PER_SEC_TOO_SMALL;
    }

    return LOS_OK;
}
```

代码 4-8 中需要使用两个参数: ①OS_SYS_CLOCK 代表系统时钟频率,单位为 Hz (硬系统时钟频率,即为 CPU 频率); ②LOSCFG_BASE_CORE_TICK_PER_SECOND 代表每秒节拍次数(软系统时钟频率,即为 RTOS 频率)。HalTickStart()函数的主要作用是检查参数,配置 RTOS 系统时钟节拍定时器。

LOS_StartToRun 为汇编代码,基本功能在代码 4-9 中。

代码 4-9　任务启动的汇编代码

```
003f5d26 < LOS_StartToRun >:
  3f5d26: 42a1                          li t0,8
  3f5d28: 3002b073                      csrc mstatus,t0
♯把变量 g_TaskScheduled 的地址赋给 R0
  3f5d2c: 25418293                      addi t0,gp,596  ♯ 11ac14 < g_taskScheduled >
  3f5d30: 4305                          li t1,1
  3f5d32: 0062a023                      sw t1,0(t0)
  3f5d36: a891                          j 3f5d8a < SwitchNewTask >
```

在操作系统启动函数中做的第一件事就是判断操作系统是否配置了定时器,否则进行配置定时器操作。由此可见时间管理的重要性,因为其关系着操作系统任务调度的时序控制问题,如对任务运行时间计数等。下面主要对操作系统功能进行分析,首先介绍的就是时间管理。

4.5　时间管理

时间管理以系统时钟为基础,给应用程序提供所有和时间有关的服务。系统时钟是由定时器/计数器产生的输出脉冲触发中断产生的,一般定义为整型或长整型。输出脉冲的周期叫作一个"时钟滴答"。系统时钟也称为时标或 **Tick**。用户以秒、毫秒为单位计时,而操作系统以 Tick 为单位计时,当用户需要对系统进行操作时,如任务挂起、延时等,此时需要时间管理模块对 Tick 和秒/毫秒进行转换。OpenHarmony LiteOS-M 内核时间管理模块提供时间转换、统计功能。

第 10 集
微课视频

4.5.1　系统 Tick

对于 LiteOS-M 系统,需要区分两个概念,一个是硬件 **CPU** 周期(**CPU Cycle**),另一个是操作系统时钟(Tick)。

(1) Cycle 是系统最小的计时单位。Cycle 的时长由系统主时钟频率决定,系统主时钟频率就是每秒的 Cycle 数。

(2) Tick 是操作系统的基本时间单位,由用户配置的每秒 Tick 数决定。

时钟管理模块提供了一些函数对系统始终进行管理,如表 4-2 所示。

表 4-2　时钟管理函数

功能分类	接口名	描述
时间转换	LOS_MS2Tick	毫秒转换为 Tick
	LOS_Tick2MS	Tick 转换为毫秒
	OsCpuTick2MS	将一个 CPU 周期长度转换为毫秒,返回结果是一个 64 位变量,数值的高、低 32 位会保存在两个 UINT32 类型变量中
	OsCpuTick2US	将一个 CPU 周期长度转换为微秒,返回结果格式同上

续表

功能分类	接 口 名	描 述
时间统计	LOS_SysClockGet	获取系统时钟
	LOS_TickCountGet	获取自系统启动以来的 Tick 数
	LOS_CyclePerTickGet	获取每个 Tick 的 Cycle 数
	LOS_CurrNanosec	获取自系统启动以来的纳秒数
延时管理	LOS_UDelay	以微秒为单位的忙等,但可以被优先级更高的任务抢占
	LOS_MDelay	以毫秒为单位的忙等,但可以被优先级更高的任务抢占

LiteOS-M 系统的 Tick 都由操作系统文件 los_config.h 中的宏进行定义。

```
/* @ingroup los_config
 * 每秒包含的 Tick 数 */
# ifndef LOSCFG_BASE_CORE_TICK_PER_SECOND
# define LOSCFG_BASE_CORE_TICK_PER_SECOND     (1000UL)
# endif
```

在该文件中每秒的 Tick 数 LOSCFG_BASE_CORE_TICK_PER_SECOND 的默认值为 1000。系统时钟频率可以通过 OS_SYS_CLOCK 进行设定。

```
/* @ingroup los_config
 * 系统时钟 (单位为 Hz) */
# ifndef OS_SYS_CLOCK
# error "OS_SYS_CLOCK is system clock rate which should be defined in target_config.h"
# endif
```

系统 Tick 的一个重要作用就是实现操作系统的时间管理功能。在一个 Tick 时间到达之后,定时器会产生中断,相应的中断处理函数会被调用,该中断处理函数为 OsTickHandler(),定义在 los_tick.c 文件中,如代码 4-10 所示。

代码 4-10　OsTickHandler() 函数

```
LITE_OS_SEC_TEXT VOID OsTickHandler(void)
{
# if (LOSCFG_BASE_CORE_TICK_WTIMER == 0)
    OsUpdateSysTimeBase();
# endif
    LOS_SchedTickHandler();
}
```

从代码 4-10 可以看出,该中断的功能是调用 LOS_SchedTickHandler() 函数,该函数的作用是唤醒因时间阻塞的进程,将它们加入就绪队列后进行调度。

时间管理的典型开发流程如下。

(1) 根据实际需求,完成板级配置适配,并配置系统主时钟频率 OS_SYS_CLOCK(单位为 Hz)和 LOSCFG_BASE_CORE_TICK_PER_SECOND。OS_SYS_CLOCK 的默认值基于硬件平台配置。

（2）调用时钟转换/统计接口。

接下来用两个简单的例子说明如何调用时钟管理函数。

在第一个例子中实现了时间转换功能。要在开发板上运行该程序，必须首先配置好系统主时钟频率 OS_SYS_CLOCK。具体实现如代码 4-11 所示。

代码 4-11 系统 Tick 与时间的转换

```
void Example_TransformTime(void)
{
    UINT32 ms;
    UINT32 tick;
    tick = LOS_MS2Tick(10000);          //将 10000ms 转换为系统 Tick
    dprintf("tick = %d \n", tick);
    ms = LOS_Tick2MS(100);              //将 100 个系统 Tick 转换为毫秒
    dprintf("ms = %d \n", ms);
}
```

代码 4-11 中调用 LOS_MS2Tick()函数将 10000ms 转换为当前硬件平台中的 Tick 数并进行输出，然后调用 LOS_Tick2MS()函数来查看系统中的 100 个 Tick 等价于多少毫秒。运行结果如图 4-11 所示。该代码运行在以 Hi3861 芯片为控制器的小车开发板上，10000ms 相当于系统时钟的 1000 个 Tick，而系统时钟的 100 个 Tick 相当于现实中的 1000ms。

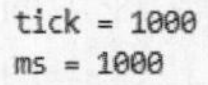

```
tick = 1000
ms = 1000
```

图 4-11 系统 Tick 与时间的转换

第二个例子实现了时间统计和延时功能，具体实现如代码 4-12 所示。

代码 4-12 时间统计和延时

```
void Example_GetTime(void)
{
    UINT32 cyclePerTick;
    UINT64 tickCount;
    cyclePerTick = LOS_CyclePerTickGet();
    if(0 != cyclePerTick) {
        dprintf("LOS_CyclePerTickGet = %d \n", cyclePerTick);
    }
    tickCount = LOS_TickCountGet();
    if(0 != tickCount) {
        dprintf("LOS_TickCountGet = %d \n", (UINT32)tickCount);
    }
    LOS_TaskDelay(200);
    tickCount = LOS_TickCountGet();
    if(0 != tickCount) {
        dprintf("LOS_TickCountGet after delay = %d \n", (UINT32)tickCount);
    }
}
```

代码 4-12 中调用 LOS_CyclePerTickGet()函数获取系统中每个 Tick 包含多少个时钟周期；接着连续两次调用 LOS_TickCountGet()函数获取系统自启动以来经历的 Tick 数，

```
LOS_CyclePerTickGet = 1600000
LOS_TickCountGet = 42

LOS_TickCountGet after delay = 243
```

图 4-12 时间统计和延时

为了造成两次获取的 Tick 数差异,在两次获取系统经历的 Tick 数之间通过 LOS_TaskDelay()函数插入了 200 个 Tick 时长的延迟。运行结果如图 4-12 所示,结果表明每个系统时钟会包含 1600000 个 CPU 周期,通过两次调用 LOS_TickCountGet()函数获取程序运行时间。

4.5.2 软件定时器

硬件定时器受硬件的限制,数量上不足以满足用户的实际需求,因此为了满足用户需求,提供更多的定时器,OpenHarmony LiteOS-M 内核提供软件定时器功能。软件定时器扩展了定时器的数量,允许创建更多的定时业务。

软件定时器是基于系统 Tick 时钟中断且由软件模拟的定时器,当经过设定的 Tick 时钟计数值后会触发用户定义的回调函数。定时精度与系统 Tick 时钟的周期有关。

软件定时器支持以下功能。

(1) 静态剪裁:能通过宏关闭软件定时器功能。

(2) 软件定时器的创建、启动、停止和删除。

(3) 软件定时器剩余 Tick 数获取。

1. 运行机制

软件定时器是系统资源,在模块初始化时已经分配了一块连续的内存,系统支持的最大定时器个数由 los_config.h 文件中的 LOSCFG_BASE_CORE_SWTMR_LIMIT 宏配置。

软件定时器使用了系统的一个队列和一个任务资源,软件定时器的触发遵循队列规则,先进先出。定时时间短的定时器总是比定时时间长的定时器靠近队列头,满足优先被触发的准则。

软件定时器以 Tick 为基本计时单位,当用户创建并启动一个软件定时器时,OpenHarmony LiteOS-M 内核会根据当前系统 Tick 时间及用户设置的定时间隔确定该定时器的到期 Tick 时间,并将该定时器控制结构挂入计时全局链表。全局链表中每个软件定时器结构如代码 4-13 所示。

代码 4-13 软件定时器结构

```
typedef struct tagSwTmrCtrl {
    struct tagSwTmrCtrl * pstNext;       //指向下一个软件定时器的指针
    UINT8 ucState;                       // 软件定时器状态
    UINT8 ucMode;                        // 软件定时器模式
    UINT16 usTimerID;                    // 软件定时器编号
    UINT32 uwCount;                      // 软件定时器工作的次数
    UINT32 uwInterval;                   // 周期性软件定时器的时间间隔
    UINT32 uwArg;                        // 当软件定时器超时后触发的回调函数的传入参数
    SWTMR_PROC_FUNC pfnHandler;          // 软件定时器超时后触发的回调函数
} SWTMR_CTRL_S;
```

该结构体定义在 los_swtmr.h 文件中。

当 Tick 中断到来时,在 Tick 中断处理函数中扫描软件定时器的计时全局链表,看是否有定时器超时,若有则将超时的定时器记录下来。Tick 中断处理函数结束后,软件定时器任务(优先级为最高)被唤醒,在该任务中调用之前记录下来的定时器的超时回调函数。

2. 定时器状态和模式

软件定时器状态如下。

(1) OS_SWTMR_STATUS_UNUSED(未使用态):系统在定时器模块初始化时将系统中所有定时器资源初始化成该状态。

(2) OS_SWTMR_STATUS_CREATED(创建未启动/停止态):在未使用状态下调用 LOS_SwtmrCreate 接口或启动后调用 LOS_SwtmrStop 接口后,定时器将变成该状态。

(3) OS_SWTMR_STATUS_TICKING(计数态):在定时器创建后调用 LOS_SwtmrStart 接口,定时器将变成该状态,表示定时器运行时的状态。

OpenHarmony LiteOS-M 内核的软件定时器提供 3 种定时器模式。

(1) 定时器被启动后只能触发一次定时器事件,触发后操作系统会自动删除该定时器,称为单次软件定时器。

(2) 定时器启动后可以被周期性触发,如果用户不手动停止该定时器,它可以永久执行,称为周期软件定时器。

(3) 定时器也是只能被触发一次,但与单次定时器的不同之处在于这种定时器超时后不会自动删除,需要调用定时器删除接口删除定时器。

OpenHarmony LiteOS-M 内核的软件定时器模块提供的功能函数如表 4-3 所示。

表 4-3　软件定时器功能函数

功 能 分 类	接　口　名
创建定时器	LOS_SwtmrCreate
删除定时器	LOS_SwtmrDelete
启动定时器	LOS_SwtmrStart
停止定时器	LOS_SwtmrStop
获得软件定时器剩余 Tick 数	LOS_SwtmrTimeGet

3. 开发流程

软件定时器的典型开发流程如下。

(1) 配置软件定时器。

确认配置项 LOSCFG_BASE_CORE_SWTMR 和 LOSCFG_BASE_IPC_QUEUE 为打开状态。

配置最大支持的软件定时器数 LOSCFG_BASE_CORE_SWTMR_LIMIT。

配置软件定时器队列最大长度 OS_SWTMR_HANDLE_QUEUE_SIZE。

(2) 创建定时器。

① 创建一个指定计时时长、指定超时处理函数、指定触发模式的软件定时器。

② 返回函数运行结果:成功或失败。

（3）启动定时器。

（4）获得软件定时器剩余 Tick 数。

（5）停止定时器。

（6）删除定时器。

4. 开发示例

下面使用一个示例演示软件定时器的用法，如代码 4-14 所示。代码展示了创建、启动、删除、暂停和重启软件定时器，以及单次软件定时器和周期软件定时器的用法。

代码 4-14　软件定时器使用示例

```c
# include "los_swtmr.h"
/* 定义软件定时器数量 */
UINT32 g_timerCount1 = 0;
UINT32 g_timerCount2 = 0;
/* 任务 ID */
UINT32 g_testTaskId01;
void Timer1_Call1(UINT32 arg1)
{
    UINT32 tick_last1;
    g_timerCount1++;
    tick_last1 = (UINT32)LOS_TickCountGet();      //获取当前 Tick 数
    printf("g_timerCount1 = % d, tick_last1 = % d\n", g_timerCount1, tick_last1);
}
void Timer2_Call2(UINT32 arg2)
{
    UINT32 tick_last2;
    tick_last2 = (UINT32)LOS_TickCountGet();
    g_timerCount2++;
    printf("g_timerCount2 = % d tick_last2 = % d\n", g_timerCount2, tick_last2);
}
void Timer_example(void)
{
    UINT32 ret;
    UINT32 id1;                                   //定时器 1 的 ID
    UINT32 id2;                                   //定时器 2 的 ID
    UINT32 tickCount;
    /* 创建单次软件定时器,Tick 数为 1000,启动到 1000Tick 时执行回调函数 */
    LOS_SwtmrCreate(1000, LOS_SWTMR_MODE_ONCE, Timer1_Call1, &id1, 1);
    /* 创建周期软件定时器,每 100Tick 执行回调函数 */
    LOS_SwtmrCreate(100, LOS_SWTMR_MODE_PERIOD, Timer2_Call2, &id2, 1);
    printf("create Timer1 success\n");
    LOS_SwtmrStart(id1);
    printf("start Timer1 success\n");
    LOS_TaskDelay(200);                           //延时 200Tick
    LOS_SwtmrTimeGet(id1, &tickCount);            //获得单次软件定时器剩余 Tick 数
    printf("tickCount = % d\n", tickCount);
    LOS_SwtmrStop(id1);                           //停止软件定时器
    printf("stop Timer1 success\n");
    LOS_SwtmrStart(id1);
```

```
        LOS_TaskDelay(1000);
        LOS_SwtmrStart(id2);
        printf("start Timer2\n");
        LOS_TaskDelay(1000);
        LOS_SwtmrStop(id2);
        ret = LOS_SwtmrDelete(id2);              //删除软件定时器
        if (ret == LOS_OK) {
            printf("delete Timer2 success\n");
        }
    }
    UINT32 Example_TaskEntry(VOID)
    {
        UINT32 ret;
        TSK_INIT_PARAM_S task1;
        /* 锁任务调度 */
        LOS_TaskLock();
        /* 创建任务 1 */
        (void)memset(&task1, 0, sizeof(TSK_INIT_PARAM_S));
        task1.pfnTaskEntry = (TSK_ENTRY_FUNC)Timer_example;
        task1.pcName       = "TimerTsk";
        task1.uwStackSize = LOSCFG_BASE_CORE_TSK_DEFAULT_STACK_SIZE;
        task1.usTaskPrio   = 5;
        ret = LOS_TaskCreate(&g_testTaskId01, &task1);
        if (ret != LOS_OK) {
            printf("TimerTsk create failed.\n");
            return LOS_NOK;
        }
        /* 解锁任务调度 */
        LOS_TaskUnlock();
        return LOS_OK;
    }
```

第 14 集
微课视频

上例代码运行结果如图 4-13 所示。这里创建了两个软时钟 Timer1 和 Timer2。通过单次计时方式启动 Timer1 后,经历 1000 个 Tick 计时会结束,同时触发回调函数,在屏幕上输出计时次数 g_timerCount1 和持续的 Tick 数。因为启动 Timer1 后,调用 LOS_TaskDelay()函数延迟了 200 个 Tick,所以当调用 LOS_SwtmrTimeGet()函数获取定时器剩余时间时,得到的值为 800。

接着程序先停止 Timer1,延迟 1000 个 Tick 后,获取程序启动后经历的时间(以 Tick 为单位)后输出。最后以周期性方式启动 Timer2,经过 1000 个 Tick 后,Timer2 被启动了 10 次。

```
create Timer1 success
start Timer1 success

hiview init success.
tickCount=800
stop Timer1 success
g_timerCount1=1, tick_last1=1244
start Timer2
g_timerCount2=1 tick_last2=1344
g_timerCount2=2 tick_last2=1444
g_timerCount2=3 tick_last2=1544
g_timerCount2=4 tick_last2=1644
g_timerCount2=5 tick_last2=1744
g_timerCount2=6 tick_last2=1844
g_timerCount2=7 tick_last2=1944
g_timerCount2=8 tick_last2=2044
g_timerCount2=9 tick_last2=2144
g_timerCount2=10 tick_last2=2244
delete Timer2 success
▯
```

图 4-13　软件定时器的使用

4.6　中断管理

在程序运行过程中,出现需要由 CPU 立即处理的事务时,CPU 暂时中止当前程序的执行转而处理这个事务,这个过程叫作中断。当硬件产生中断时,通过中断号查找到其对应的中断处理程序,执行中断处理程序完成中断处理。

通过中断机制,当外设不需要CPU介入时,CPU可以执行其他任务;当外设需要CPU时,CPU会中断当前任务响应中断请求。这样可以使CPU避免把大量时间耗费在等待、查询外设状态的操作上,有效提高系统及时性及执行效率。

4.6.1　基础概念

在中断管理机制中,有一些很重要的基础概念,它们是理解中断处理过程的核心,分别如下。

(1)中断号:中断请求信号特定的标志,计算机能够根据中断号判断是哪个设备提出的中断请求。

(2)中断请求:"紧急事件"向CPU提出申请(发送一个电脉冲信号),请求中断,需要CPU暂停当前执行的任务处理该事件。

(3)中断优先级:为使系统能够及时响应并处理所有中断,系统根据中断事件的重要性和紧迫程度,将中断源分为若干级别,称作中断优先级。

(4)中断处理程序:当外设发出中断请求后,CPU暂停当前的任务,转而响应中断请求,即执行中断处理程序。产生中断的每个设备都有相应的中断处理程序。

(5)中断触发:中断源向中断控制器发送中断信号,中断控制器对中断进行仲裁,确定优先级,将中断信号发送给CPU。中断源产生中断信号时,会将中断触发器置1,表明该中断源产生了中断,要求CPU响应该中断。

(6)中断向量:中断服务程序的入口地址。

(7)中断向量表:存储中断向量的存储区,中断向量与中断号对应,中断向量在中断向量表中按照中断号顺序存储。

4.6.2　重要接口

LiteOS-M内核的中断模块提供如表4-4所示的功能函数。

表4-4　中断模块功能函数

功能分类	接口名	描述
创建中断	LOS_HwiCreate	创建中断,注册中断号、中断触发模式、中断优先级、中断处理程序。中断被触发时,会调用该中断处理程序
删除中断	LOS_HwiDelete	根据指定的中断号删除中断
打开中断	LOS_IntUnLock	开中断,使能当前处理器所有中断响应
关闭中断	LOS_IntLock	关中断,关闭当前处理器所有中断响应
恢复中断	LOS_IntRestore	恢复到LOS_IntLock、LOS_IntUnLock操作之前的中断状态
屏蔽指定中断	LOS_HwiDisable	中断屏蔽(通过设置寄存器,禁止CPU响应该中断)
使能中断	LOS_HwiEnable	中断使能(通过设置寄存器,允许CPU响应该中断)

功能分类	接 口 名	描 述
设置中断优先级	LOS_HwiSetPriority	设置中断优先级
触发中断	LOS_HwiTrigger	触发中断(通过写中断控制器的相关寄存器模拟外部中断)
清除中断寄存器状态	LOS_HwiClear	清除中断号对应的中断寄存器的状态位,此接口依赖中断控制器版本,非必需

4.6.3 使用示例

代码 4-15 实现如下功能:创建、触发和删除中断,当指定的中断号 HWI_NUM_TEST 产生中断时,会调用中断处理程序。

代码 4-15 中断管理示例

```
#include "los_interrupt.h"
#include "los_compiler.h"

/* 验证的中断号 */
#define HWI_NUM_TEST 7

/* 中断处理程序 */
STATIC VOID UsrIrqEntry(VOID)
{
    printf("in the func UsrIrqEntry\n");
}

/* 注册的线程回调函数,用于触发中断 */
STATIC VOID InterruptTest(VOID)
{
    LOS_HwiTrigger(HWI_NUM_TEST);
}

UINT32 ExampleInterrupt(VOID)
{
    UINT32 ret;
    HWI_PRIOR_T hwiPrio = 3;         //中断优先级为3
    HWI_MODE_T mode = 0;
    HWI_ARG_T arg = 0;

    /* 创建中断 */
    ret = LOS_HwiCreate(HWI_NUM_TEST, hwiPrio, mode, (HWI_PROC_FUNC)UsrIrqEntry, arg);
    if(ret == LOS_OK){
        printf("Hwi create success!\n");
    } else {
        printf("Hwi create failed!\n");
        return LOS_NOK;
```

```
        }

        TSK_INIT_PARAM_S taskParam = { 0 };
        UINT32 testTaskID;

        /* 创建一个低优先级的线程,用于验证触发中断 */
        taskParam.pfnTaskEntry = (TSK_ENTRY_FUNC)InterruptTest;
        taskParam.uwStackSize = OS_TSK_TEST_STACK_SIZE;
        taskParam.pcName = "InterruptTest";
        taskParam.usTaskPrio = TASK_PRIO_TEST - 1;
        taskParam.uwResved = LOS_TASK_ATTR_JOINABLE;
        ret = LOS_TaskCreate(&testTaskID, &taskParam);
        if (LOS_OK != ret) {
            PRINTF("InterruptTest task error\n");
        }

        /* 延时 50 个 Tick,让出当前线程的调度 */
        LOS_TaskDelay(50);

        /* 删除注册的中断 */
        ret = LOS_HwiDelete(HWI_NUM_TEST, NULL);
        if(ret == LOS_OK){
            printf("Hwi delete success!\n");
        } else {
            printf("Hwi delete failed!\n");
            return LOS_NOK;
        }

        return LOS_OK;
    }
```

第 11 集
微课视频

代码运行结果如图 4-14 所示。首先系统运行 ExampleInterrupt 任务,在该任务运行过程中使用 LOS_HwiCreate()函数创建一个中断,创建前已经定义了中断优先级、中断处理

```
Hwi create success!
in the func UsrIrqEntry
Hwi delete success!
```

图 4-14 中断管理程序
运行结果

程序等;接着创建另一个任务 InterruptTest,该任务的优先级低于 ExampleInterrupt 任务,但它会主动调用 LOS_HwiTrigger()函数触发中断。从运行结果来看,中断确实打断了主任务 ExampleInterrupt 的运行,而且中断处理程序也被触发。最后在 ExampleInterrupt 任务中删除注册的中断。

4.7 任务管理

从系统角度来看,任务是竞争系统资源的最小运行单元。任务可以使用或等待 CPU、使用内存空间等系统资源,并独立于其他任务运行。

OpenHarmony LiteOS-M 的任务模块可以给用户提供多个任务,实现任务间的切换,帮助用户管理业务程序流程。任务模块具有以下特性。

（1）支持多任务。

（2）一个任务表示一个线程。

（3）抢占式调度机制,高优先级任务可打断低优先级任务,低优先级任务必须在高优先级任务阻塞或结束后才能得到调度。

（4）相同优先级任务支持时间片轮转调度方式。

（5）共有 32 个优先级(0～31),最高优先级为 0,最低优先级为 31。

4.7.1 基础概念

在 LiteOS-M 系统中,任务模块的作用就是合理分配硬件资源到不同的任务上,保障系统中硬件资源利用的最大化。

1. 任务状态

任务有多种运行状态。系统初始化完成后,创建的任务就可以在系统中竞争一定的资源,由内核中的任务模块进行调度。

任务状态通常分为以下 4 种。

（1）就绪态(Ready):该任务在就绪队列中,只等待 CPU。

（2）运行态(Running):该任务正在执行。

（3）阻塞态(Blocked):该任务不在就绪队列中。包含任务挂起(Suspend 状态)、任务延时(Delay 状态)、任务正在等待信号量、读写队列或等待事件等。

（4）退出态(Dead):该任务运行结束,等待系统回收资源。

2. 任务状态迁移

图 4-15 展示了任务的几种状态及这些状态的迁移过程。

任务状态迁移过程如下。

（1）就绪态→运行态:每个任务创建后,首先进入就绪态,进入就绪状态队列;当处于运行态的任务被阻塞后,系统发生任务切换,将最高优先级的任务从就绪队列中移出并执行,该任务从而进入运行态。

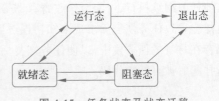

图 4-15 任务状态及状态迁移

（2）运行态→阻塞态:正在运行的任务发生阻塞(挂起、延时、读信号量等)时,将该任务插入对应的阻塞队列中,任务状态由运行态变成阻塞态,随后发生任务切换,运行就绪队列中最高优先级任务。

（3）阻塞态→就绪态(阻塞态→运行态):阻塞的任务被恢复后(任务恢复、延时时间超时、读信号量超时或读到信号量等),此时被恢复的任务会被加入就绪队列,从而由阻塞态变成就绪态;此时如果被恢复任务的优先级高于正在运行任务的优先级,则会发生任务切换,该任务由就绪态变成运行态。

（4）就绪态→阻塞态:任务也有可能在就绪态时被阻塞(挂起),此时任务状态由就绪态变为阻塞态,该任务从就绪队列中删除,不会参与任务调度,直到该任务被恢复。

（5）运行态→就绪态：当有更高优先级的任务被创建或从阻塞态恢复时，会产生任务调度，此时处于就绪队列中优先级最高的任务会抢占 CPU 资源，从而变为运行态；而原本运行的任务会由运行态变为就绪态，插入就绪队列的末尾。

（6）运行态→退出态：运行中的任务运行结束，任务状态由运行态变为退出态。退出态包含任务运行结束的正常退出状态以及 InValid 状态。例如，任务运行结束但是没有自删除，对外呈现的就是 InValid 状态，即退出态。

（7）阻塞态→退出态：阻塞的任务调用删除接口，任务状态由阻塞态变为退出态。

3. 任务 ID

任务 ID 是任务的重要标识，在任务创建时通过参数返回给用户。系统中的任务 ID 是唯一的。用户可以通过任务 ID 对指定任务进行任务挂起、任务恢复、查询任务名等操作。

4. 任务优先级

优先级表示任务执行的优先顺序。任务的优先级决定了在发生任务切换时即将要执行的任务，就绪队列中最高优先级的任务将得到执行。

5. 任务入口函数

任务入口函数是新任务得到调度后将执行的函数。该函数由用户实现，在任务创建时，通过任务创建结构体设置。

6. 任务栈

每个任务都拥有一个独立的栈空间，称为任务栈。任务栈里保存的信息包含局部变量、寄存器、函数参数、函数返回地址等。

7. 任务上下文

任务在运行过程中使用的一些资源，如寄存器等，称为任务上下文。当这个任务挂起时，其他任务继续执行，可能会修改寄存器等资源中的值。如果任务切换时没有保存任务上下文，可能会导致任务恢复后出现未知错误。因此，在任务切换时会将切出任务的任务上下文信息保存在自身的任务栈中，以便任务恢复后，从任务栈中恢复挂起时的上下文信息，从而继续执行挂起时被打断的代码。

8. 任务控制块

每个任务都含有一个任务控制块。任务控制块包含了许多任务状态信息，主要有任务 ID、任务名、任务优先级、任务状态、任务上下文栈指针（Stack Pointer）、任务栈大小等信息。任务控制块可以反映每个任务运行情况。

9. 任务切换

任务切换包含获取就绪队列中最高优先级任务、切出任务上下文保存、切入任务上下文恢复等动作。

4.7.2　TCB 结构及使用方法

在 LiteOS-M 内核中，任务控制块（Task Control Block，TCB）的结构是在 lo_stask. h 文件中定义的，如代码 4-16 所示。

代码 4-16 任务控制块结构

```
/ *  @ingroup los_task
 * 任务信息结构 * /
typedef struct tagTskInfo {
    CHAR                acName[LOS_TASK_NAMELEN];    //任务入口函数
    UINT32              uwTaskID;                    //任务 ID
    UINT16              usTaskStatus;                //任务状态
    UINT16              usTaskPrio;                  //任务优先级
    VOID                * pTaskSem;                  //任务持有的信号量
    VOID                * pTaskMux;                  //任务持有的互斥锁
    UINT32              uwSemID;                     //任务持有的信号量 ID
    UINT32              uwMuxID;                     //任务持有的互斥锁 ID
    EVENT_CB_S          uwEvent;                     //事件控制结构
    UINT32              uwEventMask;                 //事件掩码
    UINT32              uwStackSize;                 //任务堆栈大小
    UINT32              uwTopOfStack;                //任务栈顶
    UINT32              uwBottomOfStack;             //任务栈底
    UINT32              uwSP;                        //任务堆栈指针
    UINT32              uwCurrUsed;                  //目前任务堆栈使用大小
    UINT32              uwPeakUsed;                  //任务堆栈峰值使用大小
    BOOL                bOvf;                        //指示任务堆栈是否溢出的标志
} TSK_INFO_S;
```

基本核心信息为任务 ID、任务状态、任务优先级和任务上下文堆栈等。其中 usTaskStatus 为任务状态，定义为 16 位无符号数，每位对应着特定的任务状态，如表 4-5 所示。

表 4-5　usTaskStatus 任务状态

位 分 组	十六进制取值	含 义
0~4 任务状态	0x0001	TCB 未使用
	0x0002	暂停
	0x0004	就绪
	0x0008	阻塞
	0x0010	运行
5	0x0020	延迟
6~11 事件状态	0x0040	等待事件超时
	N/A	
	N/A	
	N/A	
	0x0400	等待事件发生
	0x0800	读取事件信息
12	0x1000	软件定时器等待事件发生
13	0x2000	任务队列阻塞
14	N/A	N/A
15	0x8000	用户进程标志

LiteOS-M 内核的任务管理模块提供如表 4-6 所示的功能函数。

表 4-6　任务管理函数

功能分类	接口名	描述
创建和删除任务	LOS_TaskCreateOnly	创建任务,并使该任务进入挂起状态,不对该任务进行调度。如果需要调度,可以调用 LOS_TaskResume 使该任务进入就绪态
	LOS_TaskCreate	创建任务,并使该任务进入就绪态,如果就绪队列中没有更高优先级的任务,则执行该任务
	LOS_TaskDelete	删除指定的任务
控制任务状态	LOS_TaskResume	恢复挂起的任务,使该任务进入就绪态
	LOS_TaskSuspend	挂起指定的任务,然后切换任务
	LOS_TaskJoin	挂起当前任务,等待指定任务执行结束并回收其任务控制块资源
	LOS_TaskDetach	修改任务的 joinable 属性为 detach 属性,detach 属性的任务执行结束会自动回收任务控制块资源
	LOS_TaskDelay	任务延时等待,释放 CPU,等待时间到期后该任务会重新进入就绪态。传入参数为 Tick 数
	LOS_Msleep	传入参数为毫秒数,转换为 Tick 数,调用 LOS_TaskDelay
	LOS_TaskYield	当前任务时间片设置为 0,释放 CPU,触发调度运行就绪任务队列中优先级最高的任务
控制任务调度	LOS_TaskLock	锁定任务调度,但任务仍可被中断打断
	LOS_TaskUnlock	解锁任务调度
	LOS_Schedule	触发任务调度
控制任务优先级	LOS_CurTaskPriSet	设置当前任务的优先级
	LOS_TaskPriSet	设置指定任务的优先级
	LOS_TaskPriGet	获取指定任务的优先级
获取任务信息	LOS_CurTaskIDGet	获取当前任务的 ID
	LOS_NextTaskIDGet	获取任务就绪队列中优先级最高的任务的 ID
	LOS_NewTaskIDGet	等同于 LOS_NextTaskIDGet
	LOS_CurTaskNameGet	获取当前任务的名称
	LOS_TaskNameGet	获取指定任务的名称
	LOS_TaskStatusGet	获取指定任务的状态
	LOS_TaskInfoGet	获取指定任务的信息,包括优先级、任务状态、栈顶指针、任务栈大小、已使用的任务栈大小和任务入口函数等
	LOS_TaskIsRunning	获取任务模块是否已经开始调度执行
任务信息维护	LOS_TaskSwitchInfoGet	获取任务切换信息,需要开启 LOSCFG_BASE_CORE_EXC_TSK_SWITCH 宏
回收任务栈资源	LOS_TaskResRecycle	回收所有待回收的任务栈资源

4.7.3　使用示例

代码 4-17 展示了一个任务管理示例，介绍了基本的任务操作方法，包含两个不同优先级任务的创建、任务延时、任务锁与解锁调度、挂起和恢复等操作，阐述任务优先级调度的机制以及各接口的应用。

代码 4-17　任务管理示例

```
UINT32 g_taskHiId;
UINT32 g_taskLoId;
#define TSK_PRIOR_HI 4
#define TSK_PRIOR_LO 5
UINT32 Example_TaskHi(VOID)
{
    UINT32 ret;
    printf("Enter TaskHi Handler.\n");
    /* 将当前任务延时 100 个 Tick,延时后系统会挂起该任务 */
    ret = LOS_TaskDelay(100);
    if (ret != LOS_OK) {
        printf("Delay TaskHi Failed.\n");
        return LOS_NOK;
    }
    /* 100 个 Tick 后,该任务恢复,继续执行 */
    printf("TaskHi LOS_TaskDelay Done.\n");
    /* 挂起自身任务 */
    ret = LOS_TaskSuspend(g_taskHiId);
    if (ret != LOS_OK) {
        printf("Suspend TaskHi Failed.\n");
        return LOS_NOK;
    }
    printf("TaskHi LOS_TaskResume Success and finished.\n");
    return ret;
}
/* 低优先级任务入口函数 */
UINT32 Example_TaskLo(VOID)
{
    UINT32 ret;
    printf("Enter TaskLo Handler.\n");
    /* 将当前任务延时 100 个 Tick,该任务阻塞后会执行就绪队列中最高优先级任务 */
    ret = LOS_TaskDelay(100);
    if (ret != LOS_OK) {
        printf("Delay TaskLo Failed.\n");
        return LOS_NOK;
    }
    printf("TaskHi LOS_TaskSuspend Success.\n");
    /* 恢复被挂起的任务 g_taskHiId */
    ret = LOS_TaskResume(g_taskHiId);
    if (ret != LOS_OK) {
        printf("Resume TaskHi Failed.\n");
        return LOS_NOK;
```

```
    }
    printf("TaskLo finished.\n");
    return ret;
}
/* 任务测试入口函数,创建两个不同优先级的任务 */
UINT32 Example_TskCaseEntry(VOID)
{
    UINT32 ret;
    TSK_INIT_PARAM_S initParam;
    /* 锁任务调度,防止新创建的任务优先级比本任务高而发生调度 */
    LOS_TaskLock();
    printf("LOS_TaskLock() Success!\n");
    initParam.pfnTaskEntry = (TSK_ENTRY_FUNC)Example_TaskHi;
    initParam.usTaskPrio = TSK_PRIOR_HI;
    initParam.pcName = "TaskHi";
    initParam.uwStackSize = LOSCFG_BASE_CORE_TSK_DEFAULT_STACK_SIZE;
    initParam.uwResved = 0; /* detach 属性 */
    /* 创建一个高优先级任务,但由于任务调度被锁死,该任务不会被马上执行 */
    ret = LOS_TaskCreate(&g_taskHiId, &initParam);
    if (ret != LOS_OK) {
        LOS_TaskUnlock();
        printf("Example_TaskHi create Failed!\n");
        return LOS_NOK;
    }
    printf("Example_TaskHi create Success!\n");
    initParam.pfnTaskEntry = (TSK_ENTRY_FUNC)Example_TaskLo;
    initParam.usTaskPrio = TSK_PRIOR_LO;
    initParam.pcName = "TaskLo";
    initParam.uwStackSize = LOSCFG_BASE_CORE_TSK_DEFAULT_STACK_SIZE;
    /* 创建一个低优先级任务,由于任务调度功能被锁,该任务也不会立刻执行 */
    ret = LOS_TaskCreate(&g_taskLoId, &initParam);
    if (ret != LOS_OK) {
        LOS_TaskUnlock();
        printf("Example_TaskLo create Failed!\n");
        return LOS_NOK;
    }
    printf("Example_TaskLo create Success!\n");
    /* 解锁任务调度,此时会发生任务调度,执行就绪队列中最高优先级任务 */
    LOS_TaskUnlock();
    return LOS_OK;
}
```

在代码 4-17 中,构造了一个任务参数初始化结构体 TSK_INIT_PARAM_S,其定义在 los_task.h 文件中,如代码 4-18 所示。

代码 4-18　任务参数初始化结构体

```
typedef struct tagTskInitParam {
    TSK_ENTRY_FUNC    pfnTaskEntry;                    //任务入口函数
    UINT16 usTaskPrio;                                 //任务优先级
    UINT32 auwArgs[LOS_TASK_ARG_NUM];                  //任务参数
    UINT32 uwStackSize;                                //任务栈大小
    CHAR * pcName;                                     //任务名称
    UINT32 uwResved;                                   //保留
} TSK_INIT_PARAM_S;
```

运行结果如图 4-16 所示。程序首先给任务上锁,不允许任务执行。然后创建两个不同优先级的任务 Example_TaskHi(优先级为 4)和 Example_TaskLo(优先级为 5)。当任务解锁后,高优先级任务先执行。在高优先级任务 Example_TaskHi 中首先执行 LOS_TaskDelay()函数把自己挂起,使得低优先级任务 Example_TaskLo 开始执行。在低优先级任务中同样也执行 LOS_TaskDelay()函数把自己挂起。此时系统中的任务都处于阻塞态,当 100 个 Tick 到达后,首先是高优先级任务唤醒,输出"TaskHi LOS_TaskSuspend Success.",但马上就会调用 LOS_TaskSuspend()函数阻塞自己;接着低优先级任务开始执行,在执行过程中唤醒高优先级任务。一旦高优先级任务唤醒后,就会抢占硬件资源开始运行,从而阻塞低优先级任务。当高优先级任务执行后,低优先级任务才得以执行,如图 4-16 中的最后两行输出所示。

```
LOS_TaskLock() Success!
Example_TaskHi create Success!
Example_TaskLo create Success!
Enter TaskHi Handler.
Enter TaskLo Handler.
hiview init success.
TaskHi LOS_TaskDelay Done.
TaskHi LOS_TaskSuspend Success.
TaskHi LOS_TaskResume Success and finished.
TaskLo finished.
```

图 4-16 任务管理程序运行结果

4.8 内存管理

内存管理模块管理系统的内存资源,它是操作系统的核心模块之一,主要包括内存的初始化、分配以及释放。在系统运行过程中,内存管理模块通过对内存的申请/释放管理用户和操作系统对内存的使用,使内存的利用率和使用效率达到最优,同时最大限度地解决系统的内存碎片问题。

LiteOS-M 的内存管理分为静态内存管理和动态内存管理,提供内存初始化、分配、释放等功能。静态内存是指在静态内存池中分配用户初始化时预设(固定)大小的内存块,其优点是分配和释放效率高,静态内存池中无碎片,但每次只能申请到初始化预设大小的内存块,不能按需申请。动态内存是指在动态内存池中分配用户指定大小的内存块,其优点是按需分配,但内存池中可能出现碎片。

第 15 集
微课视频

4.8.1 静态内存

静态内存实质上是一个静态数组。静态内存池内的内存块的大小在初始化时设定,初始化后块大小不可变更。静态内存池主要由操作系统读取 LOS_MEMBOX_INFO 控制结构进行管理。

1. 基本结构

静态内存池信息 LOS_MEMBOX_INFO 定义在 ls_memorybox.h 文件中,如代码 4-19 所示。

代码 4-19 静态内存池信息

```
/ * @ingroup los_membox
 *静态内存池信息结构 * /
```

```
typedef struct LOS_MEMBOX_INFO {
    UINT32 uwBlkSize;                              //块大小
    UINT32 uwBlkNum;                               //块数量
    UINT32 uwBlkCnt;                               //已分配块数量
#if (LOSCFG_PLATFORM_EXC == 1)
    struct LOS_MEMBOX_INFO * nextMemBox;           //指向下一个内存池的指针
#endif
    LOS_MEMBOX_NODE stFreeList;                    //空闲列表
} LOS_MEMBOX_INFO;
```

静态内存池由一个控制块 LOS_MEMBOX_INFO 和若干相同大小的内存块 LOS_MEMBOX_NODE 构成。控制块位于内存池头部,用于内存块管理,包含内存块大小 uwBlkSize、内存块数量 uwBlkNum、已分配使用的内存块数量 uwBlkCnt 和空闲内存块链表 stFreeList。内存块的申请和释放以块大小为粒度,每个内存块包含指向下一个内存块的指针 pstNext。静态内存结构示意图如图 4-17 所示。

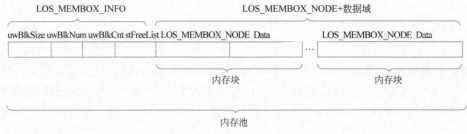

图 4-17　静态内存结构示意图

2. 函数接口

当用户需要使用固定长度的内存时,可以通过静态内存分配的方式获取内存,一旦使用完毕,通过静态内存释放函数归还所占用内存,使之可以重复使用。LiteOS-M 操作系统中的静态内存管理模块提供如表 4-7 所示的功能函数。

表 4-7　静态内存管理模块函数

功能分类	接口名	描述
初始化静态内存池	LOS_MemboxInit	初始化一个静态内存池,根据入参设定其起始地址、总大小及每个内存块大小
清除静态内存块内容	LOS_MemboxClr	清除从静态内存池中申请的静态内存块的内容
申请、释放静态内存	LOS_MemboxAlloc	从指定的静态内存池中申请一块静态内存块
	LOS_MemboxFree	释放从静态内存池中申请的一块静态内存块
获取、打印静态内存池信息	LOS_MemboxStatisticsGet	获取静态内存池的信息,包括每个内存块的大小、已经分配的内存块数量和总内存块数量等
	LOS_ShowBox	打印指定静态内存池所有节点信息(打印等级是 LOS_INFO_LEVEL),包括内存池起始地址、内存块大小、总内存块数量、每个空闲内存块的起始地址、所有内存块的起始地址

3. 使用示例

静态内存管理的示例程序实现静态内存初始化、内存块申请、填充、清除和释放等操作，如代码 4-20 所示。

代码 **4-20**　静态内存管理示例

```
#include "los_membox.h"
VOID Example_StaticMem(VOID)
{
    UINT32 * mem = NULL;
    UINT32 blkSize = 10;
    UINT32 boxSize = 100;
    UINT32 boxMem[1000];
    UINT32 ret;
    /* 内存池初始化 */
    ret = LOS_MemboxInit(&boxMem[0], boxSize, blkSize);
    if(ret != LOS_OK) {
        printf("Membox init failed!\n");
        return;
    } else {
        printf("Membox init success!\n");
    }
    /* 申请内存块 */
    mem = (UINT32 * )LOS_MemboxAlloc(boxMem);
    if (NULL == mem) {
        printf("Mem alloc failed!\n");
        return;
    }
    printf("Mem alloc success!\n");
    /* 赋值 */
    * mem = 828;
    printf(" * mem = % d\n", * mem);
    /* 清除内存内容 */
    LOS_MemboxClr(boxMem, mem);
    printf("Mem clear success \n * mem = % d\n", * mem);
    /* 释放内存 */
    ret = LOS_MemboxFree(boxMem, mem);
    if (LOS_OK == ret) {
        printf("Mem free success!\n");
    } else {
        printf("Mem free failed!\n");
    }
    return;
}
```

运行结果如图 4-18 所示。可以看到通过静态内存管理接口实现了静态内存池的初始化,成功申请了 1000 个字大小的内存块,并为内存块的首字进行赋值后输出;然后清除内存块内容,最后对内存块进行释放。

```
Membox init success!
Mem alloc success!
*mem = 828
Mem clear success
*mem = 0
Mem free success!
```

图 4-18   静态内存管理示例运行结果

4.8.2   动态内存

动态内存管理即在内存资源充足的情况下,根据用户需求,从系统配置的一块比较大的连续内存(内存池,也是堆内存)中分配任意大小的内存块。当用户不需要该内存块时,又可以释放回系统供下一次使用。与静态内存管理相比,动态内存管理的优点是按需分配,缺点是内存池中容易出现碎片。

1. 基本结构

OpenHarmony LiteOS-M 动态内存在内存两级分割策略(Two-Level Segregated Fit,TLSF)算法的基础上,对区间的划分进行了优化,获得更优的性能,降低了碎片率。动态内存核心算法如图 4-19 所示。

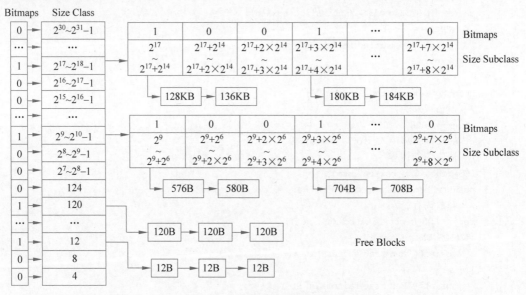

图 4-19   动态内存核心算法

根据空闲内存块的大小,使用多个空闲链表来管理。根据内存空闲块大小分为两部分:$[4,124]$ 和 $[2^7,2^{31}-1]$,如图 4-19 中 Size Class 所示。

(1) 对 $[4,124]$ 区间的小内存块进行等分,分为 31 个小区间,每个小区间包含大小为

4B 的倍数的内存块。每个小区间使用一个对应的空闲内存链表结构管理这些内存块。此外,动态内存管理还使用了一个比特位用于标记对应空闲内存链表是否为空。当该比特的值为 1 时,表示空闲链表非空。[4,124]区间的 31 个小区间内存对应 31 个比特位进行标记链表是否为空。

(2) 大于 127B 的空闲大内存块,按照 2 的幂区间大小进行空闲链表管理。总共分为 24 个小区间,每个小区间又等分为 8 个二级小区间。每个二级小区间也使用了一个对应的空闲链表管理内存块。此外,和小内存块管理一样,也使用了一个比特位用于标记对应空闲内存链表是否为空。大内存块管理 192 个二级小区间,因此需要 192 个空闲链表和用于标记链表是否为空的 192 个比特位。

例如,当有 40B 的空闲内存需要插入空闲链表时,对应小区间[40,43],第 10 个空闲链表,位图(Bitmaps)标记的第 10 比特位。因此,可以把这 40B 的空闲内存挂载到第 10 个空闲链表上,并根据情况判断是否需要更新对应的位图标记。如果该位图标记为 0,则将其设置为 1。当用户需要申请 40B 的内存空间时,操作系统根据现有位图标记查找满足申请要求的内存块所在的空闲链表,从空闲链表上找到合适的空闲内存块。如果该内存块大于申请的内存大小,可以进行内存块分割操作,剩余的内存块重新挂载到与之大小对应的空闲链表上,成为一个新节点。

当有 582B 的空闲内存需要插入空闲链表时,对应二级小区间$[2^9,2^9+2^6]$,第 31(前 31 个小区间)$+2 \times 8$(两个大区间,每个大区间分为 8 个二级小区间)$=47$ 个空闲链表,并使用位图的第 47 个比特位标记链表是否为空。可以把这个 582B 的空闲内存挂载到第 47 个空闲链表上,并根据情况判断是否需要更新对应的位图标记。当用户需要申请 582B 的内存空间时,动态内存管理算法会根据已有位图标记查找满足申请要求的内存块的空闲链表,从空闲链表上找到合适的内存节点。如果该节点空间大于申请的内存大小,必须进行节点分割操作,剩余的内存块重新挂载到与之大小对应的空闲链表上,产生一个新节点。如果对应的空闲链表为空,则向更大的内存区间查询是否有满足条件的空闲链表,实际计算时,会一次性查找到满足申请大小的空闲链表。

动态内存管理中的内存池结构如图 4-20 所示。

图 4-20 所示的内存池结构包含两部分。

(1) 内存池头部分:包含内存池信息、位图标记数组和空闲链表数组。内存池信息包含内存池起始地址及堆区域总大小、内存池属性。位图标记数组由 7 个 32 位无符号整数组成,每个比特位标记对应的空闲链表是否挂载空闲内存块节点。空闲内存链表包含 223 个空闲内存头节点信息,每个空闲内存头节点信息维护内存节点头和空闲链表中的前驱、后继空闲内存节点。

(2) 内存池节点部分:包含 3 种类型节点,即未使用空闲内存节点、已使用内存节点和尾节点。每个内存节点维护一个前序指针,指向内存池中上一个内存节点,还维护内存节点的大小和使用标记。空闲内存节点和已使用内存节点后面的内存区域是数据域(Data),尾节点没有数据域。

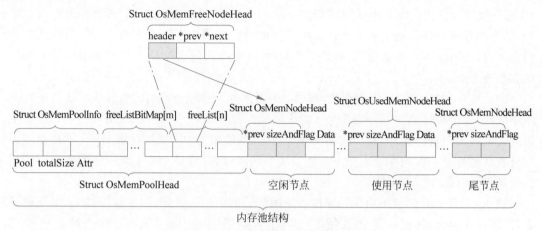

图 4-20 动态内存管理中的内存池结构

一些芯片片内 RAM 大小无法满足要求,需要使用片外物理内存进行扩充。对于这样的多段非连续性内存,LiteOS-M 内核支持把多个非连续性内存逻辑合一,用户不感知底层的多段非连续性内存区域。LiteOS-M 内核内存模块将多个不连续的内存区域作为空闲内存节点插入空闲内存节点链表,将不同内存区域间的不连续部分标记为虚拟的已使用内存节点,从逻辑上把多个非连续性内存区域实现为一个统一的内存池。图 4-21 说明了多段非连续性内存的运行机制。

结合图 4-21,将非连续性内存合并为一个统一的内存池的步骤如下。

(1) 把多段非连续性内存区域的第一块内存区域通过调用 LOS_MemInit 接口进行初始化。

(2) 获取下一个内存区域的开始地址和长度,计算该内存区域和上一块内存区域的间隔大小 gapSize。

(3) 把内存区域间隔部分视为虚拟的已使用节点,使用上一个内存区域的尾节点,设置其大小为 gapSize+OS_MEM_NODE_HEAD_SIZE。

(4) 把当前内存区域划分为一个空闲内存节点和一个尾节点,把空闲内存节点插入空闲链表,并设置各个节点的前后链接关系。

(5) 如果有更多的非连续内存区域,重复上述步骤(2)~步骤(4)。

2. 函数接口

动态内存管理的主要工作是动态分配并管理用户申请到的内存区间。动态内存管理主要用于用户需要使用大小不等的内存块的场景,当用户需要使用内存时,可以通过操作系统的动态内存申请函数索取指定大小的内存块,一旦使用完毕,通过动态内存释放函数归还所占用内存,使之可以重复使用。

LiteOS-M 系统的动态内存管理提供如表 4-8 所示的功能函数。

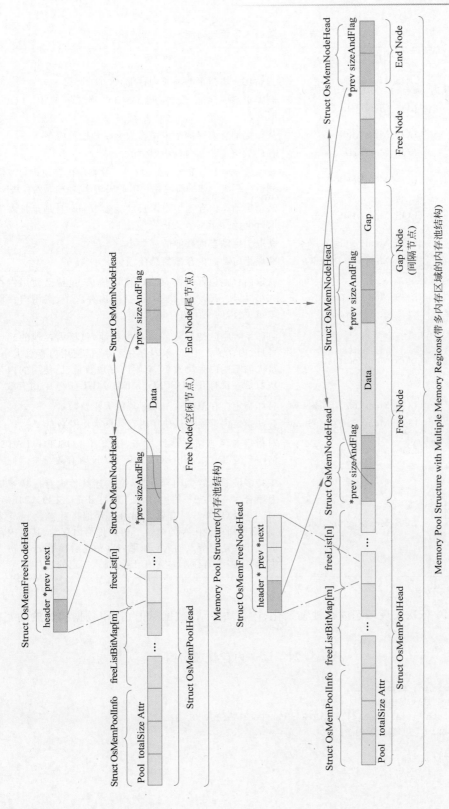

图 4-21 多段非连续性内存的运行机制

表 4-8　动态内存管理功能

功能分类	接口名	描述
初始化和删除内存池	LOS_MemInit	初始化一块指定的动态内存池,大小为参数 size
	LOS_MemDeInit	删除指定内存池,仅打开 LOSCFG_MEM_MUL_POOL 时有效
申请、释放动态内存	LOS_MemAlloc	从指定动态内存池中申请参数 size 长度的内存
	LOS_MemFree	释放从指定动态内存中申请的内存
	LOS_MemRealloc	按参数 size 大小重新分配内存块,并将原内存块内容复制到新内存块。如果新内存块申请成功,则释放原内存块
	LOS_MemAllocAlign	从指定动态内存池中申请长度为参数 size 且地址按参数 boundary 字节对齐的内存
获取内存池信息	LOS_MemPoolSizeGet	获取指定动态内存池的总大小
	LOS_MemTotalUsedGet	获取指定动态内存池的总使用量大小
	LOS_MemInfoGet	获取内存池包含的内存块的使用信息,包括已使用内存大小、已使用的内存块数量、空闲内存大小、空闲内存块数量、最大的空闲内存块大小
	LOS_MemPoolList	打印系统中已初始化的所有内存池,包括内存池的起始地址、内存池大小、空闲内存总大小、已使用内存总大小、最大的空闲内存块大小、空闲内存块数量、已使用的内存块数量。仅打开 LOSCFG_MEM_MUL_POOL 时有效
获取内存块信息	LOS_MemFreeNodeShow	打印指定内存池的空闲内存块的大小及数量
	LOS_MemUsedNodeShow	打印指定内存池的已使用内存块的大小及数量
检查指定内存池的完整性	LOS_MemIntegrityCheck	对指定内存池做完整性检查,仅打开 LOSCFG_BASE_MEM_NODE_INTEGRITY_CHECK 时有效
增加非连续性内存区域	LOS_MemRegionsAdd	支持多段非连续性内存区域,把非连续性内存区域逻辑上整合为一个统一的内存池。仅打开 LOSCFG_MEM_MUL_REGIONS 时有效。如果内存池指针参数 pool 为空,则使用多段内存的第一个初始化为内存池,其他内存区域作为空闲节点插入;如果内存池指针参数 pool 不为空,则把多段内存作为空闲节点,插入指定的内存池

3. 使用示例

代码 4-21 依次实现动态内存池初始化、内存块申请、数据赋值、打印数据和释放动态内存块等操作。

代码 4-21　动态内存管理示例

```
# include "los_memory.h"
# define TEST_POOL_SIZE (2 * 1024)
__attribute__((aligned(4))) UINT8 g_testPool[TEST_POOL_SIZE];
VOID Example_DynMem(VOID)
{
    UINT32 * mem = NULL;
```

```
    UINT32 ret;
    /* 初始化内存池 */
    ret = LOS_MemInit(g_testPool, TEST_POOL_SIZE);
    if (LOS_OK == ret) {
        printf("Mem init success!\n");
    } else {
        printf("Mem init failed!\n");
        return;
    }
    /* 分配内存 */
    mem = (UINT32 *)LOS_MemAlloc(g_testPool, 4);
    if (NULL == mem) {
        printf("Mem alloc failed!\n");
        return;
    }
    printf("Mem alloc success!\n");
    /* 赋值 */
    *mem = 828;
    printf("*mem = %d\n", *mem);
    /* 释放内存 */
    ret = LOS_MemFree(g_testPool, mem);
    if (LOS_OK == ret) {
        printf("Mem free success!\n");
    } else {
        printf("Mem free failed!\n");
    }
    return;
}
```

执行代码 4-21 时要注意以下几点。

（1）动态内存初始化函数 LOS_MemInit() 初始化一个内存池后生成一个内存池控制头、尾节点 EndNode，剩余的内存被标记为内存节点 FreeNode。EndNode 作为内存池末尾的节点，大小为 0。

（2）申请任意大小的动态内存。LOS_MemAlloc() 函数判断动态内存池中是否存在大于申请量大小的空闲内存块空间。若存在，则划出一块内存块，以指针形式返回；若不存在，返回 NULL。如果空闲内存块大于申请量，需要对内存块进行分割，剩余的部分作为空闲内存块挂载到空闲内存链表上。

（3）释放动态内存。调用 LOS_MemFree() 函数释放内存块，则会回收内存块，并且将其标记为 FreeNode。在回收内存块时，相邻的 FreeNode 会自动合并。

代码 4-19 运行结果和代码 4-18 运行结果基本类似，在此就不做展示了。

4.9　内核通信

LiteOS-M 内核支持多种形式的任务间通信模式，主要包括事件和消息队列两大主流通信方式。

4.9.1 事件

事件(Event)是一种任务间的通信机制,可用于任务间的同步操作。事件的特点如下。

(1) 任务间的事件同步,可以一对多,也可以多对多。一对多表示一个任务可以等待多个事件,多对多表示多个任务可以等待多个事件。但是,一次写事件最多触发一个任务从阻塞中醒来。

(2) 读事件超时机制。

(3) 只做任务间同步,不传输具体数据。

LiteOS-M 提供了事件初始化、事件读写、事件清零、事件销毁等接口。

1. 事件工作原理

(1) 事件初始化:创建一个事件控制块,该控制块维护一个已处理的事件集合,以及等待特定事件的任务链表。

(2) 写事件:向事件控制块写入指定的事件,事件控制块更新事件集合,并遍历任务链表,根据任务等待具体条件满足情况决定是否唤醒相关任务。

(3) 读事件:如果读取的事件已存在,会直接同步返回。其他情况会根据超时时间以及事件触发情况决定返回时机:等待的事件条件在超时时间耗尽之前到达,阻塞任务会被直接唤醒,否则超时时间耗尽该任务才会被唤醒。

第 12 集
微课视频

读事件条件满足与否取决于入参 eventMask 和 mode,eventMask 即需要关注的事件类型掩码。mode 是具体处理方式,其取值分以下 3 种情况。

① LOS_WAITMODE_AND:逻辑与。如果根据读事件函数的输入参数 eventMask 所设置的事件类型掩码对事件集合进行筛选,只有所有满足条件的事件都已经发生,读事件条件才算满足,否则发起读事件操作的任务将被阻塞或直接返回错误码。

② LOS_WAITMODE_OR:逻辑或。根据读事件函数的第一个参数 eventMask,获取事件类型掩码后对事件集合进行过滤,只要这些事件中有任一种事件发生,就算读事件条件满足,否则调用读事件函数的任务将阻塞等待或返回错误码。

③ LOS_WAITMODE_CLR:这是一种附加读取模式,需要与所有事件模式或任一事件模式结合使用(LOS_WAITMODE_AND | LOS_WAITMODE_CLR 或 LOS_WAITMODE_OR | LOS_WAITMODE_CLR)。在这种模式下,当设置的所有事件模式或任一事件模式读取成功后,会自动清除事件控制块中对应的事件类型位。

(4) 事件清零:根据指定掩码对事件控制块的事件集合进行清零操作。当掩码为 0 时,表示将事件集合全部清零。当掩码为 0xFFFF 时,表示不清除任何事件,保持事件集合原状。

(5) 事件销毁:销毁指定的事件控制块。

如图 4-22 所示,任务 A 和任务 B 通过事件方式进行同步。当事件初始化完成后,任务 A 读事件队列,但此时任务队列为空,任务 A 会被挂起;接着任务 B 开始写事件,将事件写入任务队列。完成后事件调度模块会刷新任务等待队列,看是否有任务等待任务 B 所写的事件(根据事件 ID)。如果有,则唤醒等待该事件的任务。

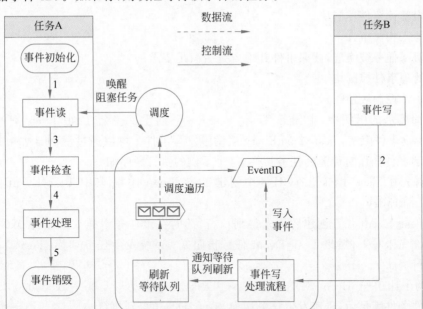

图 4-22　事件通信方式

2. 事件通信接口

事件管理模块提供的事件通信接口函数如表 4-9 所示。

表 4-9　事件通信接口函数

功能分类	接　口　名	描　　　述
事件检测	LOS_EventPoll	根据 eventID、eventMask(事件掩码)、mode(事件读取模式)检查用户期待的事件是否发生。当 mode 含 LOS_WAITMODE_CLR,且用户期待的事件发生时,此时 eventID 中满足要求的事件会被清零,这种情况下 eventID 既是入参也是出参;其他情况 eventID 只作为入参
初始化	LOS_EventInit	事件控制块初始化
事件读	LOS_EventRead	读事件(等待事件),任务会根据 timeOut(单位为 Tick)进行阻塞等待: (1) 未读取到事件时,返回值为 0; (2) 正常读取到事件时,返回正值(事件发生的集合); (3) 其他情况返回特定错误码
事件写	LOS_EventWrite	写一个特定的事件到事件控制块
事件清除	LOS_EventClear	根据指定掩码清除事件控制块中的事件
事件销毁	LOS_EventDestroy	销毁事件控制块

3. 事件使用示例

事件的典型开发流程如下。

（1）初始化事件控制块。

（2）阻塞读事件控制块。

（3）写入相关事件。

（4）阻塞任务被唤醒，读取事件并检查是否满足要求。

（5）处理事件控制块。

（6）事件控制块销毁。

在下面展示的示例中，主任务 Test_TaskEntry 创建了一个 Test_Event 任务，Test_Event 发生读事件阻塞，Test_TaskEntry 主动触发写事件。可以通过示例日志中打印的先后顺序理解事件操作时伴随的任务切换，整个示例的执行顺序如下。

（1）首先在 Test_TaskEntry 任务中创建 Test_Event 任务，其中 Test_Event 优先级高于 Test_TaskEntry。

（2）Test_Event 任务创建后优先得到执行，此时在该任务中插入读事件 0x00000001，由于该事件尚未写入，因此 Test_Event 任务被阻塞；系统发生任务切换，Test_TaskEntry 任务被执行。

（3）为了让 Test_Event 恢复运行，Test_TaskEntry 主动写入事件 0x00000001；当系统检测读事件条件满足后，迅速发生任务切换，Test_Event 得到执行。

（4）Example_Event 得以执行，直到任务结束。

（5）Example_TaskEntry 得以执行，直到任务结束。

使用事件进行通信的示例如代码 4-22 所示。

代码 4-22　事件通信示例

```c
#include "los_event.h"
#include "los_task.h"
#include "securec.h"
/* 任务 ID */
UINT32 g_testTaskId;
/* 事件控制结构体 */
EVENT_CB_S g_exampleEvent;
/* 等待的事件类型 */
#define EVENT_WAIT 0x00000001
/* 用例任务入口函数 */
void Test_Event(void)
{
    UINT32 ret;
    UINT32 event;
    /* 超时等待方式读事件,超时时间为 100 个 Tick, 若 100 个 Tick 后未读取到指定事件,读事件
超时,任务直接唤醒 */
    printf("Test_Event wait event 0x%x \n", EVENT_WAIT);
    event = LOS_EventRead(&g_exampleEvent, EVENT_WAIT, LOS_WAITMODE_AND, 100);
    if (event == EVENT_WAIT) {
        printf("Test_Event,read event :0x%x\n", event);
    } else {
        printf("Test_Event,read event timeout\n");
```

```
    }
}
UINT32 Test_TaskEntry(VOID)
{
    UINT32 ret;
    TSK_INIT_PARAM_S task1;
    /* 事件初始化 */
    ret = LOS_EventInit(&g_exampleEvent);
    if (ret != LOS_OK) {
        printf("init event failed .\n");
        return -1;
    }
    /* 创建任务 */
    (VOID)memset_s(&task1, sizeof(TSK_INIT_PARAM_S), 0, sizeof(TSK_INIT_PARAM_S));
    task1.pfnTaskEntry = (TSK_ENTRY_FUNC)Test_Event;
    task1.pcName      = "EventTsk1";
    task1.uwStackSize = LOSCFG_BASE_CORE_TSK_DEFAULT_STACK_SIZE;
    task1.usTaskPrio  = 4;
    ret = LOS_TaskCreate(&g_testTaskId, &task1);
    if (ret != LOS_OK) {
        printf("task create failed.\n");
        return LOS_NOK;
    }
    /* 写 g_testTaskId 等待事件 */
    printf("Test_TaskEntry write event.\n");
    ret = LOS_EventWrite(&g_exampleEvent, EVENT_WAIT);
    if (ret != LOS_OK) {
        printf("event write failed.\n");
        return LOS_NOK;
    }
    /* 清标志位 */
    printf("EventMask: %d\n", g_exampleEvent.uwEventID);
    LOS_EventClear(&g_exampleEvent, ~g_exampleEvent.uwEventID);
    printf("EventMask: %d\n", g_exampleEvent.uwEventID);
    /* 删除任务 */
    ret = LOS_TaskDelete(g_testTaskId);
    if (ret != LOS_OK) {
        printf("task delete failed.\n");
        return LOS_NOK;
    }
    return LOS_OK;
}
UINT32 Example_TaskCaseEntry(VOID)
{
    UINT32 ret;
    TSK_INIT_PARAM_S initParam;
    initParam.pfnTaskEntry = (TSK_ENTRY_FUNC)Test_TaskEntry;
    initParam.usTaskPrio = 5;
    initParam.pcName = "TaskHi";
    initParam.uwStackSize = LOSCFG_BASE_CORE_TSK_DEFAULT_STACK_SIZE;
    ret = LOS_TaskCreate(&g_taskHiId, &initParam);
}
```

代码 4-22 运行结果如图 4-23 所示。可以看到高优先级（优先级为 4）的 Test_Event 任务运行后，由于等待事件（event 0x1）而被挂起，直到低优先级（优先级为 5）的 Test_TaskEntry 写入事件（event 0x1）后被唤醒。

```
Example_Event wait event 0x1
Example_TaskEntry write event.
Example_Event,read event :0x1
EventMask:1
EventMask:0
```

图 4-23　事件通信示例
运行结果

4.9.2　消息队列

消息队列又称为队列，是一种常用于任务间通信的数据结构。队列接收来自任务或中断的不固定长度消息，并根据不同的接口确定传递的消息是否存放在队列空间中。

任务能够从队列中读取消息，当队列中的消息为空时，挂起读取任务；当队列中有新消息时，挂起的读取任务被唤醒并处理新消息。任务也能够向队列写入消息，当队列已经写满消息时，挂起写入任务；当队列中有空闲消息节点时，挂起的写入任务被唤醒并写入消息。

1. 消息队列特性

可以通过调整读队列和写队列的超时时间调整读写接口的阻塞模式，如果将读队列和写队列的超时时间设置为 0，就不会挂起任务，接口会直接返回，这就是非阻塞模式。反之，如果将读队列和写队列的超时时间设置为大于 0 的时间，就会以阻塞模式运行。

消息队列提供了异步处理机制，允许将一个消息放入队列，但不立即处理。同时，队列还有缓冲消息的作用，可以使用队列实现任务异步通信，队列具有以下特性。

（1）消息以先进先出的方式排队，支持异步读写。

（2）读队列和写队列都支持超时机制。

第 13 集
微课视频

（3）每读取一条消息，就会将该消息节点设置为空闲。

（4）发送消息类型由通信双方约定，可以允许不同长度（不超过队列的消息节点大小）的消息。

（5）一个任务能够从任意一个消息队列接收和发送消息。

（6）多个任务能够从同一个消息队列接收和发送消息。

（7）创建队列时所需的队列空间，接口内系统自行动态申请内存。

2. 消息队列工作原理

消息队列机制在 LiteOS-M 操作系统中实现时的核心变量为队列控制块 LosQueueCB，其结构如代码 4-23 所示。

代码 4-23　队列控制块 LosQueueCB 的结构

```
typedef struct
{
    UINT8       * queue;              //队列消息内存空间的指针
    UINT16      queueState;          //队列状态
    UINT16      queueLen;            //队列中消息节点个数,即队列长度
    UINT16      queueSize;           //消息节点大小
    UINT16      queueID;             //队列 ID
    UINT16      queueHead;           //消息头节点位置(数组下标)
```

```
    UINT16    queueTail;                  //消息尾节点位置(数组下标)
    UINT16    readWriteableCnt[OS_READWRITE_LEN];   /* 数组下标 0 的元素表示队列中可读消
                                    息数,数组下标 1 的元素表示队列中可写消息数 */
    LOS_DL_LIST readWriteList[OS_READWRITE_LEN];    /* 读取或写入消息的任务等待链表,下
                                    标 0:读取链表,下标 1:写入链表 */

    LOS_DL_LIST memList;                  //内存块链表
} LosQueueCB;
```

每个队列控制块中都含有队列状态,表示该队列的使用情况:OS_QUEUE_UNUSED 表示队列未被使用;OS_QUEUE_INUSED 表示队列被使用中。

队列工作流程如下。

(1) 创建队列,创建成功会返回队列 ID。

(2) 在队列控制块中维护着一个消息头节点位置 Head 和一个消息尾节点位置 Tail,用于表示当前队列中消息的存储情况。Head 表示队列中被占用的消息节点的起始位置。Tail 表示被占用的消息节点的结束位置,也是空闲消息节点的起始位置。队列刚创建时,Head 和 Tail 均指向队列起始位置。

(3) 写队列时,根据 readWriteableCnt[1] 判断队列是否可以写入,不能对已满(readWriteableCnt[1]为 0)队列进行写操作。写队列支持两种方式:向队列尾节点写入以及向队列头节点写入。向尾节点写入时,根据 Tail 找到起始空闲消息节点作为数据写入对象,如果 Tail 已经指向队列尾部,则采用回卷方式。向头节点写入时,将 Head 的前一个节点作为数据写入对象,如果 Head 指向队列起始位置,则采用回卷方式。

(4) 读队列时,根据 readWriteableCnt[0] 判断队列是否有消息需要读取,对全部空闲(readWriteableCnt[0]为 0)队列进行读操作会引起任务挂起。如果队列可以读取消息,则根据 Head 找到最先写入队列的消息节点进行读取。如果 Head 已经指向队列尾部,则采用回卷方式。

(5) 删除队列时,根据队列 ID 找到对应队列,把队列状态置为未使用,把队列控制块置为初始状态,并释放队列所占内存。

消息队列通信原理如图 4-24 所示,图中只展示了尾节点写入方式,没有展示头节点写入,但是两者是类似的。

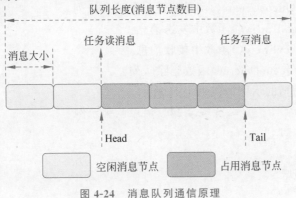

图 4-24　消息队列通信原理

3. 队列调用接口

消息队列管理模块提供的接口函数如表 4-10 所示,包括队列的创建和删除、队列的读写以及队列状态的获取等。

表 4-10　消息队列接口函数

功能分类	接口名	描述
创建/删除消息队列	LOS_QueueCreate	创建一个消息队列,由系统动态申请队列空间
	LOS_QueueDelete	根据队列 ID 删除一个指定队列
读/写队列(不带复制)	LOS_QueueRead	读取指定队列头节点中的数据(队列节点中的数据实际上是一个地址)
	LOS_QueueWrite	向队列末尾中插入参数 bufferAddr 的值
	LOS_QueueWriteHead	向队列头部写入参数 buffer 的地址
读/写队列(带复制)	LOS_QueueReadCopy	读取指定队列头节点中的数据
	LOS_QueueWriteCopy	向参数中说明的队列的末尾写入参数 bufferAddr 中包含的数据
	LOS_QueueWriteHeadCopy	向指定队列的头节点中写入参数 bufferAddr 指向的数据
获取队列信息	LOS_QueueInfoGet	获取指定队列的信息,包括队列 ID、队列长度、消息节点大小、头节点、尾节点、可读节点数量、可写节点数量、等待读操作的任务、等待写操作的任务

4. 消息队列使用示例

消息队列的典型开发流程如下。

(1) 用 LOS_QueueCreate()函数创建队列。创建成功后,可以得到队列 ID。

(2) 通过 LOS_QueueWrite()函数或 LOS_QueueWriteCopy()函数写队列。

(3) 通过 LOS_QueueRead()函数或 LOS_QueueReadCopy()函数读队列。

(4) 通过 LOS_QueueInfoGet()函数获取队列信息。

(5) 通过 LOS_QueueDelete()函数删除队列。

下面通过一个示例说明消息队列的使用方法。该示例创建一个队列和两个任务,任务 1 调用写队列接口发送消息,任务 2 通过读队列接口接收消息。基本设计思路如下。

(1) 通过 LOS_TaskCreate()函数创建任务 1 和任务 2。

(2) 通过 LOS_QueueCreate()函数创建一个消息队列。

(3) 在任务 1 SendEntry()函数中发送消息。

(4) 在任务 2 RecvEntry()函数中接收消息。

(5) 通过 LOS_QueueDelete()函数删除队列。

使用消息队列通信的示例如代码 4-24 所示。

代码 4-24　消息队列示例

```
# include "los_task.h"
# include "los_queue.h"
static UINT32 g_queue;
```

```
#define BUFFER_LEN 50

void SendEntry(void)
{
    UINT32 ret = 0;
    CHAR abuf[] = "test message";
    UINT32 len = sizeof(abuf);
    ret = LOS_QueueWriteCopy(g_queue, abuf, len, 0);
    if(ret != LOS_OK) {
        printf("send message failure, error: %x\n", ret);
    }
}

void RecvEntry(void)
{
    UINT32 ret = 0;
    CHAR readBuf[BUFFER_LEN] = {0};
    UINT32 readLen = BUFFER_LEN;
    //休眠 1s
    usleep(1000000);
    ret = LOS_QueueReadCopy(g_queue, readBuf, &readLen, 0);
    if(ret != LOS_OK) {
        printf("recv message failure, error: %x\n", ret);
    }
    printf("recv message: %s\n", readBuf);
    ret = LOS_QueueDelete(g_queue);
    if(ret != LOS_OK) {
        printf("delete the queue failure, error: %x\n", ret);
    }
    printf("delete the queue success.\n");
}

UINT32 ExampleQueue(void)
{
    printf("start queue example.\n");
    UINT32 ret = 0;
    UINT32 task1, task2;
    TSK_INIT_PARAM_S initParam = {0};
    initParam.pfnTaskEntry = (TSK_ENTRY_FUNC)SendEntry;
    initParam.usTaskPrio = 9;
    initParam.uwStackSize = LOSCFG_BASE_CORE_TSK_DEFAULT_STACK_SIZE;
    initParam.pcName = "SendQueue";
    LOS_TaskLock();
    ret = LOS_TaskCreate(&task1, &initParam);
    if(ret != LOS_OK) {
        printf("create task1 failed, error: %x\n", ret);
        return ret;
    }
    initParam.pcName = "RecvQueue";
    initParam.pfnTaskEntry = (TSK_ENTRY_FUNC)RecvEntry;
    initParam.usTaskPrio = 10;
    ret = LOS_TaskCreate(&task2, &initParam);
```

```
        if(ret != LOS_OK) {
            printf("create task2 failed, error: % x\n", ret);
            return ret;
        }
        ret = LOS_QueueCreate("queue", 5, &g_queue, 0, 50);
        if(ret != LOS_OK) {
            printf("create queue failure, error: % x\n", ret);
        }
        printf("create the queue success. \n");
        LOS_TaskUnlock();
        return ret;
    }
```

运行结果如图 4-25 所示。可以看到,队列创建成功,发送任务的优先级高于接收任务,所以优先执行,并向队列中写入 test message 字符串;接收任务执行后,读取队列并获得字符串后输出。

```
start queue example.
create the queue success.

hiview init success.
recv message: test message
delete the queue success.
```

图 4-25　消息队列示例运行结果

第 5 章

板级支持包和操作系统引导

顾名思义,板级支持包(BSP)是开发板厂商提供的,包含开发板上所有硬件程序的驱动支持,以方便 CPU 进行调用。同时,板级支持包还包含板级硬件初始化和系统引导的功能。随着嵌入式软硬件的发展,板级支持包的概念也在逐步扩大,目前很多板级支持包将操作系统以及操作系统上构建的特性化服务都包含进来,统称软件开发包(Software Development Kit,SDK)。本章介绍的板级支持包仅包括传统的硬件驱动和初始化功能。

板级支持包是整个嵌入式系统中非常重要的组成部分,没有板级支持包的支持,操作系统无法正常启动。

5.1 嵌入式系统的启动过程

第 16 集
微课视频

与传统 PC 的启动过程类似,嵌入式系统的启动过程从 CPU 上电复位初始化开始,接着进行板级初始化,然后执行操作系统引导及初始化等过程,最后操作系统开始正常运行。嵌入式系统的初始化分为 3 类。

(1) **CPU 片级初始化**:纯硬件的初始化过程,把嵌入式微处理器从上电的默认状态逐步设置成系统所要求的工作状态。

(2) 板级初始化:包含软、硬件两部分在内的初始化过程,为随后的操作系统初始化和应用程序初始化建立硬件和软件的运行环境。

(3) 系统级初始化:以软件为主的初始化过程,进行操作系统的初始化。

嵌入式系统启动过程如图 5-1 所示。

5.1.1 上电复位、板级初始化阶段

嵌入式系统上电复位后完成板级初始化工作,此时操作系统尚未启动。板级初始化程序需要直接与硬件交互,因此普遍采用汇编语言实现。不同的嵌入式系统包含有不同的硬件,所以板级初始化时要完成的工作不尽相同,其中具有共通性的工作如下。

1. 堆栈指针寄存器的初始化

堆栈是存储自动变量、函数参数、中断帧和函数返回地址的内存区域。裸机系统(没有

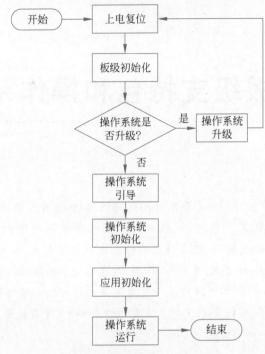

图 5-1　嵌入式系统启动过程

RTOS 的系统)只有一个堆栈区域,堆栈指针寄存器指向内存中的堆栈区域。对于基于 ROM/Flash 的系统,常量和函数已经存储在 ROM 中,而变量存储在 RAM 中。链接器会将可用 RAM 划分为变量、堆栈、堆等不同区域。

2. BSS 段的初始化

以符号开始的块(Block Started by Symbol,**BSS**)是未被初始化的数据,又叫零初始化段(Zero Initial,ZI),对应 C 语言中未初始化的全局变量。BSS 段不包含任何数据,只是简单地维护开始和结束的地址,以便内存区能在运行时被有效地清零。板级初始化就是将 BSS 段的内容清零。

C 语言之类的程序编译完成之后,已初始化的全局变量保存在 DATA(数据)段中,未初始化的或初始化为 0 的全局变量保存在 BSS 段中。

CODE(代码)段和 DATA 段都在可执行文件中(在嵌入式系统里一般是固化在镜像文件中),由系统从可执行文件中加载;而 BSS 段不在可执行文件中,由系统初始化。

3. 中断控制器和内存等的初始化

嵌入式系统常常是中断驱动的,因此在系统开始前,需要进行中断配置。在这个阶段主要是设定中断向量表的地址寄存器。此外,该阶段还需要配置内存大小及起始地址,为后续内存的访问做准备。

5.1.2　操作系统引导/操作系统升级阶段

完成板级初始化以后,可以根据操作系统是否需要升级的需求,选择下一步是进入操作系统引导阶段,还是进入操作系统升级阶段,如图 5-1 所示。引导软件可通过测试通信端口数据或判断特定开关的方式选择进入不同阶段。

1. 操作系统升级阶段

进入操作系统升级阶段后,操作系统可通过网络进行远程升级或通过串口进行本地升级。远程升级一般可以通过文件传输协议(File Transfer Protocol,FTP)和超文本传输协议(Hyper Text Transfer Protocol,HTTP)方式下载升级包到本地进行。本地升级可通过特定的升级软件下载本地固件进行。

2. 操作系统引导阶段

系统引导时存在以下几种情况。

(1) 将操作系统从 NOR Flash 中读取出来后,加载到 RAM 中运行,这种方式可以解决成本高及 Flash 速度比 RAM 慢的问题。软件可压缩存储在 Flash 中。

(2) 让操作系统直接在 NOR Flash 上运行,进入系统初始化阶段。

(3) 将操作系统从外存(如 NAND Flash)中读取出来加载到 RAM 中运行,这种方式的成本更低,但速度太慢。

这里涉及嵌入式系统所采用的几种主要的存储设备。当某个系统程序或应用程序模块需要较高的执行速度时,往往可以将它们复制到系统内存中执行。但系统内存往往空间有限,不可能同时全部加载进去。

各种类型的存储器性能由高到低分别为:**CPU 寄存器、CPU Cache、片内 SRAM、片外 DRAM、NOR Flash、ROM、NAND Flash**。

(1) NAND Flash:价格低,容量大,可把其想象成类似硬盘的设备,只不过无法进行直接寻址操作,程序无法直接在 NAND Flash 中执行。

(2) NOR Flash:价格高,容量小,但读数据快,可把其想象成可重复写的 ROM,程序可在上面直接运行。

(3) ROM:成本高,容量有限,但程序可直接在上面运行。

(4) DRAM:性价比高,一般作为系统的外置内存,程序可直接在上面运行。

(5) SRAM:价格昂贵,容量小,一般作为系统的内置内存,程序可在上面直接运行。

5.1.3　操作系统初始化阶段

在该阶段进行操作系统各功能部分必需的初始化工作,如根据配置初始化用户程序数据空间、初始化系统所需的各种外设等。在该阶段初始化的外设与硬件初始化的区别是会初始化更多的类型的板载外设,而不仅仅是 CPU 和基础存储区的初始化。当然两者有时也有一定重复。

操作系统初始化阶段需要按特定顺序进行,一般按照由内至外的方式,如首先完成内核的初始化,然后完成网络、文件系统等的初始化。

5.1.4 应用初始化阶段

在该阶段进行应用任务的创建,根据应用需要使用的信号量或消息队列进行相关数据结构的创建,以及与应用相关的其他初始化工作。

5.1.5 操作系统运行阶段

各种初始化工作完成后,系统进入多任务状态,操作系统按照已确定的任务调度算法进行任务的调度,各任务在中断的驱动下分别完成各自的功能。

5.1.6 LiteOS-M 操作系统的启动

LiteOS-M 操作系统作为一种典型的多任务嵌入式操作系统,当其运行在以 RISC-V 架构的 Hi3861 SoC 芯片上时,有着和图 5-1 一样的启动过程。可以从编译好的固件的汇编代码 Hi3861_wifiiot_app.asm 中大致查看操作系统启动轨迹,该汇编文件中的 main 函数是系统的启动入口函数,如图 5-2 所示。

```
126537    0041ede6 <main>:
126538    41ede6: a5fdb2ef        jal  t0,3fa844 <__riscv_save_0>
126539    41edea: 4501            li   a0,0
126540    41edec: 9ffd50ef        jal  ra,3f47ea <change_uart>
126541    41edf0: 099040ef        jal  ra,423688 <hi_patch_init>
126542    41edf4: 000d9537        lui  a0,0xd9
126543    41edf8: d0a50513        addi a0,a0,-758 # d8d0a <uart_puts>
126544    41edfc: 21a010ef        jal  ra,420016 <register_log_hook>
126545    41ee00: f73ff0ef        jal  ra,41ed72 <CheckChipVer>
126546    41ee04: 5e9510ef        jal  ra,470bec <OsBoardConfig>
126547    41ee08: 62f510ef        jal  ra,470c36 <LOS_KernelInit>
126548    41ee0c: 3001a703        lw   a4,768(gp) # 11acc0 <g_osSysClock>
126549    41ee10: 842a            mv   s0,a0
126550    41ee12: 26e1aa23        sw   a4,628(gp) # 11ac34 <g_sysClock>
126551    41ee16: ef9ff0ef        jal  ra,41ed0e <AppInit>
126552    41ee1a: 00498537        lui  a0,0x498
126553    41ee1e: 6e050513        addi a0,a0,1760 # 4986e0 <CSWTCH.2+0x18c>
126554    41ee22: e8adb0ef        jal  ra,3fa4ac <printf>
126555    41ee26: e405            bnez s0,41ee4e <main+0x68>
126556    41ee28: 5e1510ef        jal  ra,470c08 <LOS_Start>
```

图 5-2 LiteOS-M 系统的启动入口函数

芯片启动是从中断向量表的复位中断处理程序开始,接着把数据从 Flash 复制到 RAM,清空 BSS 数据段,初始化时钟,跳转到 main 函数。由图 5-2 可知,调用的函数包括设置串口、校验版本号、配置板卡、Kernel 初始化、应用初始化和操作系统的调度运转,其中 main 函数位于 liblitekernel_flash.a(main.o)文件中。

5.1.7 整体启动流程

基于 LiteOS-M 的嵌入式系统整体启动流程如图 5-3 所示,部分关键步骤作用如下。

1) 初始化 Cache

因为 **Cache** 是用 SRAM 搭建,一般 SRAM 不带复位端,即上电后内部数据是随机值,为了使 Cache 正常工作,需要将特定值刷入 SRAM 中。

2) 栈地址设置

如果程序运行使用到栈空间,需要将内存中预留的栈空间地址设置到栈指针寄存器 SP (x2 通用寄存器)中。

3) 中断入口设置

将异常和中断服务程序入口地址设置到特定的控制与状态寄存器(CSR)中,当 CPU 遇到异常和中断时跳转到 CSR 的地址执行用户编写的服务程序。

4) PMP 设置

物理内存保护(PMP)可以设置多个内存地址区间的访问权限,对安全有需求的系统需要进行适当的 PMP 设置。

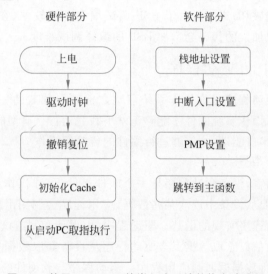

第 17 集
微课视频

图 5-3 基于 LiteOS-M 的嵌入式系统整体启动流程

5.2 板级支持包

板级支持包(BSP)与具体的硬件平台密切相关,主要由初始化和驱动程序两部分组成。从图 5-1 可以看到,当嵌入式系统加电后,首先执行的就是 BSP 中的初始化代码,由此可见 BSP 在整个嵌入式软件系统中的重要性——如果没有正确的 BSP 软件,嵌入式系统就无法正常启动和运行。

5.2.1 BSP 的概念

BSP 是相对于操作系统而言的,不同的操作系统对应于不同定义形式的 BSP,如 LiteOS 的 BSP 和 Linux 的 BSP 相对于某一 CPU 来说,尽管实现的功能一样,可是实现和接口定义是完全不同的,所以一定要按照该操作系统的定义形式来写 BSP(BSP 的编程过程大多数是在某一个成型的 BSP 模板上进行修改)。这样才能与上层操作系统保持正确的接口,良好地支持上层操作系统。因此,在将嵌入式操作系统移植到另一种架构的 CPU 时,必须提供定制化的 BSP。

纯粹的 BSP 所包含的内容一般来说是和操作系统有关的驱动程序,如网络驱动程序就和操作系统中网络协议有关,用来保障系统能够正常与外部设备交互;串口驱动和操作系统下载调试有关,保障操作系统能够通过串口进行固件下载等。离开这些驱动,操作系统就不能正常工作。

用户也可以添加自己的程序到 BSP 中,但一般不建议采用这种做法。因为一旦操作系统能良好运行于最终的板卡硬件,BSP 的功能也就固定了,任何改动都会带来不可预测的后果。而在 BSP 中的用户程序还会不断升级更新,这样势必对 BSP 有不好的影响,从而对操作系统正确运行造成破坏;同时,由于 BSP 调试编译环境较差(在操作系统启动前运行且包含汇编代码),用户加入的代码会增加 BSP 的编译调试难度。

5.2.2 BSP 中的驱动程序

板级支持包中的驱动程序是在操作系统启动之前就会加载的一些必要的硬件驱动程序,有了这些驱动程序,操作系统固件才能够正常下载并运行。典型的就是系统时钟和串口驱动,只有正常加载了串口驱动,才能够进行固件的传输等操作。

1. 设备驱动程序的概念

就最基本的意义而言,设备驱动程序是一个软件组件,可让操作系统和设备彼此通信。例如,假设应用程序需要从设备中读取某些数据,应用程序会调用由操作系统实现的函数,操作系统会调用由驱动程序实现的函数。驱动程序(由设计和制造该设备的同一公司编写)了解如何与设备硬件通信以获取数据。当驱动程序从设备获取数据后,它会将数据返回到操作系统,操作系统会将数据返回到应用程序。驱动程序与软硬件的交互如图 5-4 所示。

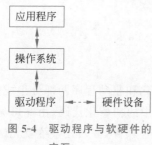

图 5-4　驱动程序与软硬件的交互

驱动程序相当于硬件的接口,操作系统只有通过这个接口才能控制硬件设备的工作。驱动程序是硬件厂商根据操作系统编写的配置文件,可以说没有驱动程序,计算机中的硬件就无法工作。操作系统不同,硬件的驱动程序也不同。

2. 驱动程序的基本功能

驱动程序的基本功能是硬件设备的初始化,包括对硬件的识别、端口的读写操作、中断的设置以及完成其最基本的功能。

(1) 硬件识别及检测。使用硬件前,先要对硬件的类型和状态进行识别和检测,即检测硬件的可用性。

(2) 对设备初始化和释放。以串口为例,设备初始化包括向内核注册设备,设置串口的输入/输出参数(如波特率和数据位等),这些主要是通过对设备控制器中的寄存器进行操作。

（3）端口的读写。端口的读写是指在应用程序和外设间进行数据传输，这需要在用户空间、内核空间、总线及外设之间传输数据。

5.2.3　BSP 和 BIOS 的区别

其实 PC 上的 Windows 和 Linux 系统也是有 BSP 的，称为 BIOS。只不过 PC 均采用统一的 x86 体系架构，这样不同硬件配置的 PC 上的 BSP 相对 x86 架构是唯一确定的，不需要做任何修改就可以很容易支持操作系统在不同 PC 上正常运行，所以在 PC 上就没有 BSP 这个概念。

BSP 和 PC 上的 **BIOS** 有一定区别，BIOS 主要是负责在计算机开启时检测、初始化系统设备（设置栈指针、中断分配、内存初始化等）和引导操作系统，它的代码是在芯片生产过程中固化的，一般来说用户无法修改。操作系统引导功能是把操作系统由硬盘加载到内存，并传递一些硬件接口设置给操作系统。操作系统正常运行后，BIOS 的作用基本上也就完成了，所以如果需要更新 BIOS，一定要重新启动。

PC 上的 BIOS 的作用更像嵌入式系统中的 **Boot Loader**（最底层的引导软件，初始化一些基本硬件，为装载操作系统做硬件上的准备）。与 Boot Loader 不同的是，BIOS 在装载操作系统的同时，还传递一些参数设置（硬件中断端口定义等），而 Boot Loader 只是简单地装载系统。

BSP 是和操作系统绑在一起运行在主板上的，BSP 主要包含和操作系统有关的基本驱动（串口、网口和时钟等）；此外，程序员还可以编程修改 BSP，在 BSP 中任意添加一些和操作系统无关的驱动或程序，甚至可以把操作系统上开发的程序放一部分到 BSP 中。

而 BIOS 程序是用户不能更改、编译和编程的，只能对其参数进行修改设置，更不会包含一些基本的硬件驱动。

5.2.4　RTOS 中的 BSP

最基本的 BSP 仅提供 CPU 初始化、驱动串口和必要的时钟设置等功能。BSP 是操作系统用来管理核心外设的支撑，其主要组成部分为初始化代码和硬件驱动程序。

BSP 的主要任务是建立让操作系统运行的基本环境，需要完成的主要工作如下。

（1）初始化 CPU 内部寄存器，设定 RAM 空间分配。

（2）实现时钟驱动及中断控制器驱动，完善中断管理。

（3）实现串口和 GPIO 驱动。

（4）初始化动态内存堆，实现动态堆内存管理。

下面介绍 LiteOS-M（实时操作系统）中 BSP 的相关内容。LiteOS-M 操作系统中 BSP 主要提供两方面功能：初始化和驱动程序支持。

1. 初始化

LiteOS-M 操作系统中 BSP 包含的初始化是指从系统上电复位开始直到内核和根任务启动的这段时间的工作，依次为处理器初始化（CPU Initialization）、板级初始化（Board

Initialization)以及系统初始化(System Initialization)。

(1)处理器初始化：初始化 CPU 内部寄存器。

(2)板级初始化：初始化板上所有硬件设备,如系统时钟、中断控制器、网卡、串口等设备的初始化。

(3)操作系统初始化：为操作系统的运行准备必要的数据结构,进行数据初始化。

2. 驱动程序支持

BSP 为 LiteOS-M 操作系统初始化运行提供的基本驱动程序,是操作系统和板载核心硬件交互时所必需的,如中断控制器(Interrupt Controller)、串口(UART)、Flash、GPIO 等。前 3 个是 BSP 的主要驱动。图 5-5 展示了基于 Hi3861 芯片的华为 HiSpark T1 智能小车开发板 BSP 中的驱动程序。

图 5-5 智能小车开发板 BSP 中的驱动程序

5.3 RTOS 的引导模式

第 18 集
微课视频

实时操作系统引导是指将操作系统从低速存储设备(如 ROM 或 Flash)中装入内存并开始执行的过程。与 PC 上操作系统引导不同的是,嵌入式系统的硬件配置复杂且性能受限,因此嵌入式操作系统的引导过程有其自身特点。针对嵌入式系统不同的应用场景,引导过程需要考虑嵌入式系统硬件面临的时间限制和空间限制。

时间限制主要包括两种情况：系统要求快速启动、系统启动后要求程序高速执行。空间限制主要包括两种情况：容量大的 Flash 价格低但速度慢、容量小的 RAM 速度快但价格高。通常情况下不可能同时满足两种要求,如果要提高空间效率,就需要将操作系统存储在低速的 Flash 中,因此系统的启动速度就不快;如果要提高时间效率,就需要将操作系统都放置在高速的 RAM 里,这样会造成 RAM 空间浪费。需要根据嵌入式系统具体使用场景进行折中处理,因此操作系统的引导分为以下两种模式。

5.3.1 需要 Boot Loader 的引导模式

对于采用高速 RAM 的嵌入式系统,出于成本因素的考虑,RAM 空间都较小,此时一般采用 Boot Loader 引导模式,由 Boot Loader 程序把操作系统内核中的数据段复制到 RAM 中,但代码段仍在 Flash 中运行。采用这种方式的原因是数据段需要经常修改,放在 RAM 中符合快速需求,而代码段只需要读取,因此放到 Flash 中。

这种使用 Boot Loader 进行引导的方式在嵌入式系统中占据主流,但缺点在于代码段在低速的 Flash 中运行,节省空间的同时,却增加了代码的载入时间。这种引导方式满足硬件成本低、运行速度快的限制,但是启动却较慢。

随着硬件技术的发展,RAM 价格也在降低,很多嵌入式系统配置了足够大的 RAM。如果 RAM 空间足够充足,满足程序完全在 RAM 中运行时,这种引导方式启动时可以由

Boot Loader 程序把操作系统内核从 Flash 中全部复制到 RAM 中。操作系统运行速度可以得到极大提升,但可能不能满足对启动速度要求特别高的系统,因为在 Boot Loader 完成操作系统(通常体积较大)装载前,都无法响应应用用户指令。

5.3.2 不需要 Boot Loader 的引导模式

对时间效率要求较高的系统,通常要求系统能够快速启动。由于将 Flash 中的数据复制到 RAM 中的操作会带来一定的时间开销,因此在这类系统启动时无需 Boot Loader,而是直接在 NOR Flash 或 ROM(速度较快)中运行代码,以达到较快的启动速度。但这种引导模式不能满足运行速度的要求,因为 Flash 的访问时间远超 RAM 的访问时间。

除了在引导模式中考虑时间和空间效率外,有时从节省存储器空间的角度出发,可以对操作系统内核进行压缩,在操作系统引导时采用解压缩算法解压。采用压缩策略并不一定会增加系统启动时间,因为压缩和解压过程虽然增加了一定的时间,但是由于内核体积减小,由 Flash 复制到 RAM 花费的时间也相应减少,从而减少时间消耗。LiteOS 系统也支持引导时的内核压缩和解压缩技术。

5.3.3 操作系统引导实例

下面以嵌入式实时操作系统 LiteOS-M 在华为海思 Hi3861 芯片上的引导过程为例,进一步说明嵌入式实时操作系统在引导模式上的特点。

1. 引导程序组成与交互

Hi3861 芯片上的引导程序共分为 4 部分[①],依次为 **romboot**、**flashboot**、**loaderboot**、**commonboot**。引导程序启动流程如图 5-6 所示。

其中,HiBurn 是一个 PC 端运行的软件,主要是通过和 Hi3861 开发板交互下载固件,固件内容是编译好的 LiteOS-M 操作系统及用户程序。

Hi3861 的引导程序分为两部分:一部分是在芯片出厂时已经固定在 ROM(romboot 程序)中;另一部分存放在 Flash 中。romboot 的代码主要实现的功能是芯片上电后,如果运行没有被打断(没有执行烧录过程),会检验 flashboot,检验成功后跳转到 flashboot 代码处运行;如果运行被打断(复位操作并执行烧录过程),下载 loaderboot,下载完之后校验成功跳转到 loaderboot

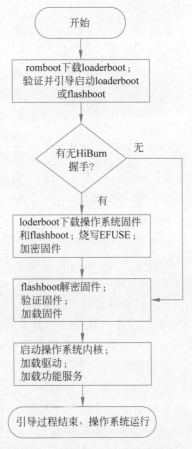

图 5-6 LiteOS-M 系统引导程序启动流程

---

① 参考 Hi3861V100/Hi3861LV100 Boot 移植应用开发指南。

运行。loaderboot 首先执行汇编代码,然后跳转到 C 代码,下载其他镜像(烧录程序、flashboot 和签名加密后的操作系统固件)后,将这些镜像一起烧录到 Flash。烧录结束后,按复位键,芯片重新启动。

2. 操作系统固件分析

一个编译完成的固件(或用户程序)通常有以下几部分。

(1) RO(Read Only,只读)段包括只读代码段(.code 段/.text 段)和常量段(RO.data 段/const.data 段),源代码的函数和字符串常量都位于.text 段。

(2) RW(Read Write,读写)段指已被初始化成非零值的变量段(.data 端)。

(3) ZI(Zero Initialized,初始为零)段指未被初始化或初始化为 0 的变量段(.bss 段)。

运行在 Hi3861 开发板上的 LiteOS-M 系统的源代码在 SDK 中以库文件的形式提供,

☰ Hi3861_boot_signed_B.bin
☰ Hi3861_boot_signed.bin
☰ Hi3861_loader_signed.bin
☰ Hi3861_wifiiot_app_allinone.bin
☰ Hi3861_wifiiot_app_burn.bin
☰ Hi3861_wifiiot_app_flash_boot_ota.bin
☰ Hi3861_wifiiot_app_ota.bin
☰ Hi3861_wifiiot_app_vercfg.bin
ASM Hi3861_wifiiot_app.asm
☰ Hi3861_wifiiot_app.map
☰ Hi3861_wifiiot_app.out

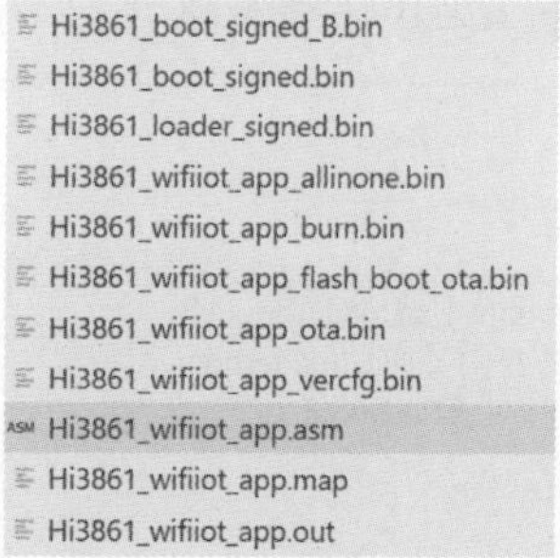

图 5-7 LiteOS-M 操作系统
固件目录

源代码编译好的二进制固件文件的后缀名为.bin,如图 5-7 所示。虽然无法分析二进制固件代码,但可以从分析.map 文件和.asm 文件入手分析启动流程。这两个文件都是编译链接工具生成的。其中.asm 文件是汇编程序源文件,可以查看函数之间的调用关系;.map 文件里包括全局符号、函数地址及数据占用的空间大小和位置。.map 和.asm 文件主要作用是当开发板崩溃时用于分析其崩溃的原因,分析系统引导时的函数跳转关系时并不需要知道太多汇编,只需要知道基本的跳转语句和赋值语句即可,这两个文件位于 out 目录下和操作系统固件平级的目录,如图 5-7 所示。

3. romboot

romboot 功能如下。

(1) 加载 loaderboot 到 RAM,进一步利用 loaderboot 下载操作系统镜像(在图 5-7 中为 Hi3861_wifiiot_app_alinone.bin 文件)到 Flash,烧写电子熔丝(Electronic Fuse, EFUSE),存储芯片 ID 信息等。

(2) 校验并引导 flashboot。flashboot 分为 A、B 面,两者互为备份,分别包含固件 A 和固件 B,内容是一致的。如果 A 面校验成功则直接启动,校验失败则会校验 B 面;如果 B 面校验成功则会修复 A 面再引导启动,否则复位重启。使用 A、B 面的原因是保障操作系统数据的可靠性。

4. loaderboot

loaderboot 是直接与 HiBurn 进行交互的组件,romboot 无法直接实现烧写的功能,需要将 loaderboot 加载到 RAM 后,跳转到 loaderboot,进一步通过 loaderboot 完成相关内容的烧写,loaderboot 可烧写的内容如下。

(1) flashboot。

(2) EFUSE 参数配置文件。

(3) 固件镜像(包括 NV 参数)。

（4）产品测试镜像。

loaderboot 一般不涉及二次开发,如果有应用场景需要修改,可直接修改 loaderboot 源代码,板级支持包 SDK 会默认编译并更新 loaderboot。

5. flashboot

flashboot 和操作系统固件一同存放在 Flash,功能如下。

（1）升级固件。

（2）校验并引导固件。

flashboot 执行的是引导程序第二阶段的功能,负责系统的引导启动。当 Hi3861 没有收到 Hiburn 的握手信号时,flashboot 启动流程如图 5-8 所示。

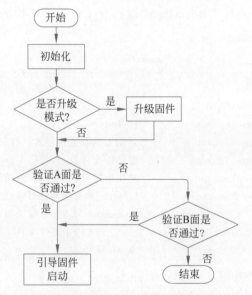

图 5-8　flashboot 启动流程

第 19 集
微课视频

5.4　Boot Loader 代码分析及开发

Boot Loader 是在操作系统内核运行之前执行的一段小程序。它将操作系统内核从外部存储介质复制到内存中,并跳转到内核的首条指令。在嵌入式系统中,Boot Loader 严重依赖于硬件和操作系统,每种不同的 CPU 架构、不同的操作系统都需要不同的 Boot Loader;另外,Boot Loader 还依赖于具体的嵌入式板级设备的配置。因此,不同的嵌入式产品需要不同的 Boot Loader。

嵌入式 Boot Loader 开发过程分为两种情况:使用第三方 Boot Loader 工具或基于 RTOS 自己开发 Boot Loader。使用第三方 Boot Loader 工具只需将 Boot Loader 移植到相应 RTOS 及其硬件平台中,极大缩短嵌入式开发周期,减少开发成本。而某些 RTOS,如 LiteOS 系统,则需要根据硬件产品自己开发 Boot Loader 程序。第三方 Boot Loader 中最著名的是 U-Boot,本节重点介绍华为 LiteOS-M 系统自己开发的引导程序 Boot Loader。

LiteOS-M 的 Boot Loader 主要分为两部分,第一部分为固化在 ROM 中的 romboot,已经介绍过了;下面对第二部分的 loaderboot 和 flashboot 的功能及代码进行详细分析。

5.4.1 loaderboot 功能及代码分析

用户写好嵌入式应用程序后,需要将程序和操作系统一起编译成二进制代码并打包,通过串口或网口等通信链路下载到目标开发板的 Flash 中。在 LiteOS-M 中这部分功能是由 loaderboot 程序完成的。下面展示 loaderboot 的文件结构。

1. loaderboot 工作目录

表 5-1 所示为华为公司为 LiteOS-M 运行在 RISC-V 架构的 Hi3861 芯片上提供的 loaderboot 代码目录结构。

表 5-1 loaderboot 代码目录结构

目 录 名	路 径	说 明
loaderboot	boot\loaderboot\fixed\include	芯片固化接口头文件目录
	boot\loaderboot\include	loaderboot 头文件目录
	boot\loaderboot\startup	启动汇编及主程序入口目录
	boot\loaderboot\drivers	驱动源文件目录,包括 Flash、ADC、EFUSE 驱动等
	boot\loaderboot\common	通用组件源文件目录,包括 NV 接口、分区表接口等
	boot\loaderboot\secure	loaderboot 加密文件目录
	Makefile	loaderboot Makefile 编译脚本
	module_config.mk	loaderboot 脚本配置文件
	SConscript	SCons 编译脚本

loaderboot 目录核心功能文件在 startup 目录下;其依赖的函数和数据声明在 include 和 fix\include 目录下;使用的组件在 common 目录下;对 Flash 进行烧写时,对要烧写的固件进行加密的函数在 secure 目录下;下载和烧写时需要初始化部分硬件,这些硬件的驱动文件在 drivers 目录下。编译脚本包括 Makefile、module_config 和 SConscript 文件,编译脚本的作用是将 boot 程序的源代码编译成二进制固件 bin 形式。

表 5-2 所示为通用工具 commonboot 目录结构,该目录中包含的内容是 loaderboot 和 flashboot 程序都要用到的公共驱动文件,包括对串口、EFUSE 和 Flash 的驱动,这些都是在引导程序加载时必需的驱动。

表 5-2 通用工具 commonboot 目录结构

目 录 名	路 径	说 明
commonboot	boot\commonboot\crc32	flashboot 与 loaderboot 公用的 CRC32 驱动
	boot\commonboot\efuse	flashboot 与 loaderboot 公用的 EFUSE 驱动
	boot\commonboot\flash	flashboot 与 loaderboot 公用的 Flash 驱动

loaderboot 经过 romboot 验证成功并被调入内存后,其在内存中的分布如表 5-3 所示。

表 5-3 loaderboot 在内存中的分布

名　称	读写权限	大小/KB	地　址	含　义
STACK	xrw	8	0x100000	运行时的栈空间配置
SRAM	xrw	8	0x100000＋8KB	loaderboot 独有数据段
ROM_BSS_DATA	rx	2	0x100000＋16KB	romboot 与 loaderboot 共同使用,内容不可修改
CODE_ROM_BSS_DATA	rx	2	0x100000＋18KB	romboot 与 loaderboot 共同使用,内容不可修改
HEAP	xrw	20	0x100000＋20KB	运行时堆空间,用于运行过程中动态申请使用
LOADER_BOOT	rx	80	0x100000 ＋ 40KB ＋0x5A0	loaderboot 执行代码加载区
FIXED_ROM	rx	21	0x00000000＋11KB	romboot 与 loaderboot 共用代码段,内容不可修改
CODE_ROM	rx	10	0x003B8000＋278KB	romboot 与 loaderboot 共用代码段,内容不可修改

从上面分布的各内存区域可以看出,loaderboot 运行时所需要的数据和代码等都从 0x100000 开始,大小也不超过 50KB。从如图 5-9 所示的 Hi3861 芯片内存地址映射可知,该地址大于 CPU_RAM 的起始地址 0x000D8000,其地址区间处于 280KB 的 CPU_RAM 区间内。

FIXED_ROM 是从内存空间最低的 0x00000000 开始,由图 5-9 可知这是 32KB 的 BOOT ROM 区,实际上就是 romboot 所在区间。而 CODE_ROM 从 0x003B8000 开始,就是 CPU 内部 288KB 的 ROM 区。

2. loaderboot 功能及代码

loaderboot 工作过程分为 stage1(阶段 1)和 stage2(阶段 2)两部分。依赖于 CPU 体系结构的代码(如设备初始化代码等)通常都放在 stage1,且可以用汇编语来实现;而 stage2 则

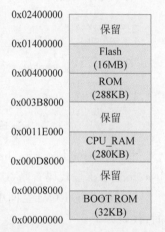

图 5-9　Hi3861 芯片内存地址映射

通常用 C 语言来实现,这样可以实现复杂的功能,而且有更好的可读性和移植性。下面以 RISC-V 微处理器系列为例,说明 loaderboot 的工作过程。

1) stage1(汇编代码结构)

loaderboot 的 stage1 代码通常放在 riscv_init_loaderboot.s 文件中,它用汇编语言写成,主要代码如下。

(1) 控制与状态寄存器清零,代码如下。

```
csrwi mstatus, 0
csrwi mie, 0
```

```
csrci mstatus, 0x08
la t0, trap_vector
addi t0, t0, 1
csrw mtvec, t0
/* lock mtvec */
csrwi 0x7EF, 0x1
```

这段代码主要是对处于机器状态（Machine State）的 CPU 的状态寄存器（mstatus）清零，关中断（mie 为中断使能寄存器，置 0 表示关中断），设置 trap 中断向量并锁定（RISC-V 架构的 CPU 中，中断和异常统称为 trap）。

（2）初始化全局指针和堆栈指针（Stack Pointer），代码如下。

```
. option push
. option norelax
la gp, __ global_pointer $
. option pop
la sp, __ stack_top
```

（3）块存储区间（Block Storage Space）初始化，代码如下。

```
clear_bss:
    la t0, __ bss_begin __
    la t1, __ bss_end __
    li t2, 0x00000000
clear_bss_loop:
    sw    t2, (t0)          /* 将 t0 指向的 BSS 单元的值清零，每个单元 4 字节 */
    addi  t0, t0, 4         /* 增加清除索引指针 t0 */
    blt   t0, t1, clear_bss_loop  /* 比较指针是否到达 BSS 区间末尾 */
```

将内存中的 bss、rom_bss、code_bss 段均清 0。上述代码只显示了 bss 段的清零，rom_bss、code_bss 段代码省略，这些操作均是为了后续 C 代码的执行做准备。

（4）将系统 ROM 空间中的 FIXED_ROM 块和 CODE_ROM 块复制到 RAM（内存）空间，代码如下。

```
la t0, __ rom_copy_ram_start        /* 内存地址 */
la t1, __ rom_copy_start            /* ROM 地址 */
la t2, __ rom_copy_size
add t2, t2, t1
start_fixedrom_data_loop:
    lw t3, (t1)
    sw t3, (t0)
    addi t0, t0, 4
    addi t1, t1, 4
    blt t1, t2, start_fixrom_data_loop  /* 比较指针是否到达 ROM 区间末尾 */
end_fixedrom_data_loop:
```

上述代码只显示了复制 FIXED_ROM 块到内存区。

（5）开启物理内存保护，代码如下。

```
pmp_init:
    li t0, 0xB00
    csrw pmpaddr0, t0
    li t0,0x2000
csrw pmpaddr1, t0        /* 11～32KB 为 FIXED_ROM 区域,不允许写入 */
```

这里仅给出了部分内存分配代码,主要是定义物理内存分布,可以看到对 FIXED_ROM 的内存分配方案与表 5-3 相呼应。此处给出的都是字地址,因此 0xB00 对应的实际字节地址为 11K(0xB00 * 4),0x2000 对应的字节地址为 0x8000。

(6) 禁止指令 Cache 和数据 Cache,代码如下。

```
csrwi 0x7C0, 0x0        /* 禁止指令 Cache */
fence
csrwi 0x7C1, 0x0        /* 禁止数据 Cache */
fence
```

禁止使用指令 Cache 和数据 Cache 的原因是避免在 CPU 初始化期间 Cache 与内存的数据不一致性。

(7) 跳转到主函数,进入下一阶段,代码如下。

```
tail start_loaderboot      /* 跳转到 C 语言函数 */
```

tail 代表链接跳转,上述代码跳转到 C 语言中的 start_loaderboot()函数执行。

2) stage2(main.c)

loaderboot 的 stage2 代码放在 main.c 文件中,该文件处于表 5-1 中的 startup 子目录中,start_loaderboot()是 C 语言开始的函数,也是整个启动代码中 C 语言的主函数,负责一些硬件的初始化和命令处理的功能,该函数主要完成如下操作。

(1) 引导程序需要的 I/O 设备的配置,代码如下。

```
hi_void boot_io_init(hi_void)
{
    hi_io_set_func(HI_IO_NAME_GPIO_3, HI_IO_FUNC_GPIO_3_UART0_TXD); /* 串口 0 发送 */
    hi_io_set_func(HI_IO_NAME_GPIO_4, HI_IO_FUNC_GPIO_4_UART0_RXD); /* 串口 0 接收 */
    hi_io_set_func(HI_IO_NAME_GPIO_13, HI_IO_FUNC_GPIO_13_SSI_DATA);
    hi_io_set_func(HI_IO_NAME_GPIO_14, HI_IO_FUNC_GPIO_14_SSI_CLK);
    hi_io_set_func(HI_IO_NAME_SFC_CLK, HI_IO_FUNC_SFC_CLK_SFC_CLK);
    hi_io_set_func(HI_IO_NAME_SFC_IO3, HI_IO_FUNC_SFC_IO_3_SFC_HOLDN);
}
```

上述代码通过对 GPIO 端口的复用,设定了若干 GPIO 端口的功能,包括 UART、同步串行接口(Synchronous Serial Interface,SSI)及其时钟、Flash 控制器时钟等。

(2) 堆初始化,代码如下。

```
malloc_funcs.init = rom_boot_malloc_init;
malloc_funcs.boot_malloc = rom_boot_malloc;
```

```
malloc_funcs.boot_free = rom_boot_free;
hi_register_malloc((uintptr_t)& __ heap_begin __ , &malloc_funcs);
hi_u32 check_sum = ((uintptr_t)& __ heap_end __ ) ^((uintptr_t)& __ heap_begin __);
oot_malloc_init((uintptr_t)& __ heap_begin __ , (uintptr_t)& __ heap_end __ , check_sum);
```

上述代码主要是对 rom_boot 程序所占空间和堆内存空间进行分配。

（3）Flash 初始化，代码如下。

```
hi_void boot_flash_init(hi_void)
{
    hi_flash_cmd_func flash_funcs = {0};
    flash_funcs.init = hi_flash_init;
    flash_funcs.read = hi_flash_read;
    flash_funcs.write = hi_flash_write;
    flash_funcs.erase = hi_flash_erase;
    hi_cmd_regist_flash_cmd(&flash_funcs);
    (hi_void) hi_flash_init();
}
```

上述代码主要是对 Flash 的初始化、读写和擦除函数进行定义。

（4）命令行区域初始化，代码如下。

```
uart_ctx * cmd_loop_init(hi_void)
{
    if (g_cmd_ctx == HI_NULL) {
        g_cmd_ctx = (uart_ctx * )boot_malloc(sizeof(uart_ctx));
    }
    if (g_cmd_ctx != HI_NULL) {
        volatile hi_u32 check_sum = (uintptr_t)g_cmd_ctx ^(hi_u32)sizeof(uart_ctx) ^0 ^(hi
_u32)sizeof(uart_ctx);
        (hi_void) memset_s(g_cmd_ctx, sizeof(uart_ctx), 0, sizeof(uart_ctx), check_sum);
        return g_cmd_ctx;
    }
    return HI_NULL;
}
```

上述代码主要是对 UART 串口进行内容初始化，方便后续进行命令交互。

（5）进入等待命令循环并禁止看门狗，代码如下。

```
hi_watchdog_disable();
loader_ack(ACK_SUCCESS);
boot_msg0("Entry loader");
hi_u32 ret = flash_protect_set_protect(0, HI_FALSE);
if (ret != HI_ERR_SUCCESS) {
    boot_msg0("Unlock Fail!");
}
boot_msg0(" ========================================== \n");
cmd_loop(cmd_ctx);
reset();
while (1) {}
```

　　上述代码首先是禁止看门狗,因为看门狗的中断会影响固件的下载;然后是发送HiBurn 烧写软件的一些通信握手消息,如向 HiBurn 输出 ACK_SUCCESS 等消息,这中间还会检查 Flash 是否加密保护等。最后进入一个命令处理循环 cmd_loop()函数,该函数就是处理与 HiBurn 软件的交互,可以看到该函数中的打印语句,如 Execution Successful,与在 HiBurn 程序运行时输出的信息是一样的。

　　HiBurn 与 loaderboot 的交互处理函数如代码 5-1 所示。

代码 5-1　HiBurn 与 loaderboot 的交互处理函数

```
hi_u32 download_image(hi_u32 addr, hi_u32 erase_size, hi_u32 flash_size, hi_u8 burn_efuse);
hi_u32 download_factory_image(hi_u32 addr, hi_u32 erase_size, hi_u32 flash_size, hi_u8 burn_
efuse);
hi_u32 loady_file(uintptr_t ram_addr);
hi_u32 loady_version_file(uintptr_t ram_addr);
hi_u32 upload_data(hi_u32 addr, hi_u32 length);
```

　　代码 5-1 包含一系列函数,这些函数可以根据指定的命令进行固件的烧写处理,其中download_image()就是下载烧录固件的函数。该函数最后调用 loader_serial_ymodem()函数实现固件下载,如代码 5-2 所示。

代码 5-2　固件下载函数 loader_serial_ymodem()

```
hi_u32 loader_serial_ymodem(hi_u32 offset, hi_u32 erased_size, hi_u32 min, hi_u32 max)
{
    hi_u32 size = 0;
    uintptr_t store_addr = offset;
    hi_u32 file_length, remain, read_len, ret, cs;
    ret = loader_ymodem_open();
    if (ret != HI_ERR_SUCCESS) {
        return ret;
    }
    file_length = ymodem_get_length();
    if (file_length <= min || file_length > max) {
        boot_msg1("file length err : ", file_length);
        return HI_ERR_FAILURE;
    }
}
```

　　从代码 5-2 中可以看到,串口通信采用的是 Ymodem 协议。

3) 固件烧写程序 HiBurn

　　HiBurn 程序是华为自己开发的固件烧写程序,图 5-10 所示为 HiBurn 软件烧写固件准备界面,用户可以设置 COM 端口号、固件的位置和要烧写的内容等。

　　在 HiBurn 程序的烧写文件窗口中可以看到镜像列表,用来显示可被烧写的镜像信息。各列含义如下。

　　(1) Name:名称。

　　(2) Path:路径。

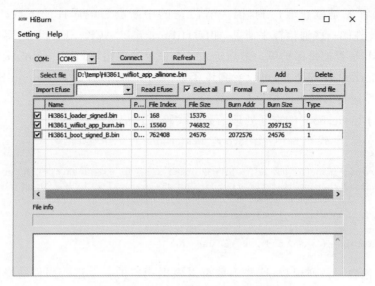

图 5-10　HiBurn 烧写固件准备界面

（3）File Index：镜像在文件中的起始索引。

（4）File Size：镜像大小。

（5）Burn Addr：烧写的镜像在 Flash 中的起始地址。

（6）Burn Size：擦除 Flash 的大小。

（7）Type：0 表示 Loader，1 表示一般镜像文件，2 表示参数文件，3 表示 EFUSE 文件。由图 5-10 可知 Hi3861_loader_singed. bin 类型是 0，表示是 Loader，也就是华为自研的 loaderboot；其他两个类型为 1，表示是一般镜像文件。

HiBurn 软件固件烧写过程如下。

（1）loaderboot 会被加载到 RAM 并开始执行，从图 5-10 以看到，loaderboot 在 Flash 中的大小是 0，也就是说 loaderboot 被直接加载到内存而不是 Flash，loaderboot 并没有被烧写到 Flash，仅仅是协助烧写作用。

（2）将整个 Flash 擦除，并将 Hi3861_wifiiot_app_burn 镜像（LiteOS-M 操作系统和应用软件）烧写到 Flash 的 0x000000 地址，大小为 2MB。

（3）从 0x1FA000（十进制为 2072536）地址开始擦除 0x6000 大小的 Flash，并将 flashboot 镜像写入，完成烧写。app 镜像最开始的地方已经存放了 flashboot，而 Hi3861_boot_signed_B 镜像仅仅为 flashboot 的备份。

（4）按下系统重启键，Hi3861 内部固化的 romboot 会从 Flash 的 0x00 地址引导启动 flashboot，然后引导启动 LiteOS-M 操作系统。Hi3861_wifiiot_app_burn. bin 中包括了 flashboot、LiteOS-M 系统等。启动时首先是从 Flash 的 0x000000 地址（存放的 flashboot 代码）开始引导执行，flashboot 进行了 I/O 口初始化、串口初始化、Flash 初始化等操作后，跳转到 Flash 存放 LiteOS-M 操作系统的地址，然后开始加载引导启动 LiteOS-M 操作系统。

图 5-11 所示为 HiBurn 固件烧写过程运行界面,从 loaderboot 启动地址 0x10A000 可以看到,loaderboot 在内存中的地址为 0x10A000,处于图 5-9 的系统内存空间(CPU_RAM,0x0D8000~0x11E000)中。

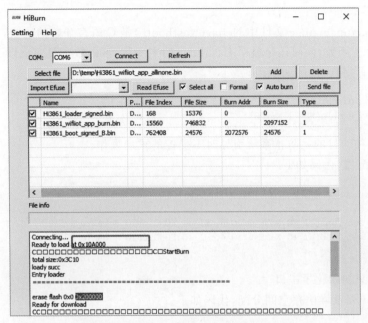

图 5-11 HiBurn 固件烧写过程运行界面

5.4.2 flashboot 功能及代码开发

目标开发板中已经有操作系统和应用程序后,romboot 会直接加载 flashboot 到内存;接着再由 flashboot 负责 LiteOS-M 操作系统的引导过程。flashboot 文件目录结构如表 5-4 所示。

表 5-4 flashboot 文件目录结构

目 录 名	路 径	说 明
flashboot	boot\flashboot\include	flashboot 头文件目录
	boot\flashboot\startup	启动汇编及主程序入口目录
	boot\flashboot\drivers	驱动源文件目录,包括 Flash、ADC、EFUSE 驱动等
	boot\flashboot\common	通用组件源文件目录,包括 NV 接口、分区表接口等
	boot\flashboot\upg	升级功能源文件目录
	boot\flashboot\lzmaram	flashboot 压缩文件目录
	boot\flashboot\secure	flashboot 加密文件目录
	boot\flashboot\lib	库文件目录
	Makefile	flashboot Makefile 编译脚本
	module_config.mk	flashboot 脚本配置文件
	SConscript	SCons 编译脚本

  flashboot 和 loaderboot 目录的基本功能都类似。flashboot 多了系统升级 upg 目录和对操作系统固件进行压缩的目录。其代码中的 stage1 代码和 loaderboot 几乎是一样的,都是进行 CPU 初始化并为进入 C 代码环境做准备。

1. stage1(main.c)

  device/startup/main.c 文件中的 start_fastboot()是 C 语言开始的函数,也是整个启动代码中 C 语言主函数,同时还是整个 flashboot 的主函数,该函数主要完成以下操作。

  (1) 禁止看门狗,代码如下。

```
hi_watchdog_disable();
hi_watchdog_enable(WDG_TIME_US)
```

  禁止看门狗的目的是防止系统引导时不受控的重启操作。

  (2) 串口配置,代码如下。

```
hi_void boot_io_init(hi_void)
{
    hi_io_set_func(HI_IO_NAME_GPIO_3, HI_IO_FUNC_GPIO_3_UART0_TXD);
    hi_io_set_func(HI_IO_NAME_GPIO_4, HI_IO_FUNC_GPIO_4_UART0_RXD);
}
```

  上述代码只初始化了串口。

  (3) romboot 及堆内存空间分配,代码如下。

```
malloc_funcs.init = rom_boot_malloc_init;
malloc_funcs.boot_malloc = rom_boot_malloc;
malloc_funcs.boot_free = rom_boot_free;
hi_register_malloc((uintptr_t)& __ heap_begin __, &malloc_funcs);
hi_u32 check_sum = ((uintptr_t)& __ heap_begin __) ^((uintptr_t)& __ heap_end __);
boot_malloc_init((uintptr_t)& __ heap_begin __, (uintptr_t)& __ heap_end __, check_sum);
```

  (4) 串口初始化,代码如下。

```
ret = serial_init(UART0, default_uart_param);
if (ret != HI_ERR_SUCCESS) {
    boot_msg0("uart err"); /* 使用串口输出错误信息 */
}
```

  (5) I/O 设备初始化,代码如下。

```
hi_u32 reg_val;
hi_reg_read(HI_IOCFG_REG_BASE + IO_CTRL_REG_BASE_ADDR, reg_val);
reg_val &= ~(MSK_2_B << OFFSET_4_B);      /* 最大化驱动能力 */
reg_val |= (MSK_2_B << OFFSET_22_B);      /* 外部晶体振荡器使能 */
reg_val &= ~(MSK_3_B << OFFSET_25_B);
reg_val |= XTAL_DS << OFFSET_25_B;        /* 1.6 微安电流大小 */
reg_val &= ~(MSK_2_B << OFFSET_28_B);
reg_val |= OSC_DRV_CTL << OFFSET_28_B;    /* 4 毫欧姆电阻大小 */
hi_reg_write(HI_IOCFG_REG_BASE + IO_CTRL_REG_BASE_ADDR, reg_val);
```

上述代码通过读取 I/O 控制寄存器的值,并对相应 I/O 设备的控制位进行设置后,再写回控制寄存器对相应 I/O 设备进行控制,这些 I/O 控制信息主要包括控制电压、电流和电阻,以及允许外部时钟等。

(6) Flash 初始化,代码如下。

```
hi_void boot_flash_init(hi_void)
{
    hi_flash_cmd_func flash_funcs = {0};
    flash_funcs.init = hi_flash_init;
    flash_funcs.read = hi_flash_read;
    flash_funcs.write = hi_flash_write;
    flash_funcs.erase = hi_flash_erase;
    hi_cmd_regist_flash_cmd(&flash_funcs);
    (hi_void) hi_flash_init();
}
    /* NV 存储器初始化 */
ret = hi_factory_nv_init(HI_FNV_DEFAULT_ADDR, HI_NV_DEFAULT_TOTAL_SIZE, HI_NV_DEFAULT_
BLOCK_SIZE);
if (ret != HI_ERR_SUCCESS) {
    boot_msg0("fnv err");
}
ret = hi_flash_partition_init();
if (ret != HI_ERR_SUCCESS) {
    boot_msg0("parti err");
}
```

此处 boot_flash_init()函数与 loadboot 中的 boot_flash_init()函数的差异有两点:一是多了 NV 存储器初始化(hi_factory_nv_init 函数),二是多了 Flash 分区初始化(hi_flash_partition_init 函数)。

(7) 内核启动跳转,代码如下。

```
execute_upg_boot();
```

该函数会跳转到 flashboot/upg 目录下的 boot_start.c 文件中执行。

2. stage2(boot_start.c)

boot_start.c 文件在 boot/upg 目录下,其入口函数为 execute_upg_boot(),该函数的主要功能是首先查看引导启动是普通启动还是系统升级启动;接着跳转到 boot_head()函数,该函数的功能是检查 NV 设备中存储的系统镜像的完整性(flashboot A 面或 B 面)、加密性、启动参数的配置、是否支持压缩在线升级等。做完这些检查工作后,接下来的主要步骤如下。

(1) 从 NV 设备中读取引导配置信息。

```
hi_void boot_upg_load_cfg_from_nv(hi_void)
{
    hi_bool set_default_nv_flag = HI_FALSE;
    hi_u32 cs;
```

```
    hi_nv_ftm_startup_cfg nv_cfg = { 0 };
    hi_nv_ftm_startup_cfg * cfg = boot_upg_get_cfg();
    hi_u32 ret = hi_factory_nv_read(HI_NV_FTM_STARTUP_CFG_ID, &nv_cfg, sizeof(hi_nv_ftm_
startup_cfg), 0);
    ret = boot_upg_check_start_addr(nv_cfg.addr_start);
    …
    if (set_default_nv_flag == HI_TRUE) {
        boot_upg_set_default_cfg();
        boot_upg_save_cfg_to_nv();
    }
    boot_upg_init_verify_addr(cfg);
}
```

上述代码主要是从 NV 设备的出厂配置中读取 NV 设备的启动配置信息到 nv_cfg 变量，并进行引导起始地址的检查。如果需要设置默认的 NV 设备的配置信息，则将正确的配置信息存储进 NV 设备。

在上述代码中，启动配置信息定义在一个特殊的启动配置结构体 hi_nv_ftm_startup_cfg 中，其定义如下。

```
typedef struct {
    uintptr_t addr_start;          /* 引导启动地址 */
    hi_u16 mode;                   /* 升级模式 */
    hi_u8 file_type;               /* 文件类型：引导文件或代码 + NV 设备配置信息 */
    hi_u8 refresh_nv;              /* 当标志位的值为 0x55 时刷新 NV 设备 */
    hi_u8 reset_cnt;               /* 在更新模式下的重启次数 */
    hi_u8 cnt_max;                 /* 最大重启次数，默认为 3 */
    hi_u16 reserved1;
    uintptr_t addr_write;          /* 存储核心升级文件的地址 */
    hi_u32 reserved2;              /* 保留字节 */
} hi_nv_ftm_startup_cfg;
```

这个结构体定义了引导启动地址、更新模式、文件类型、更新模式下的重启次数等，是引导时的关键信息，通常存储在 NV 设备中。

（2）查看引导方式，代码如下。

```
if ((cfg-> cnt_max > 0) && (cfg-> mode == HI_UPG_MODE_UPGRADE)) {
    cfg-> reset_cnt++;
    if (cfg-> reset_cnt >= cfg-> cnt_max) {
        change_area();
        cfg-> mode = HI_UPG_MODE_NORMAL;
        if (boot_upg_save_cfg_to_nv() != HI_ERR_SUCCESS) {
            boot_msg0("To do");
        }
        boot_msg0("!!!Upg verify fail.");
    } else {
        if (boot_upg_save_cfg_to_nv() != HI_ERR_SUCCESS) {
            boot_msg0("To do");
        }
```

```
      }
  }
```

根据启动配置结构变量 cfg 中的信息确定引导方式是升级模式还是常规模式,进而把引导方式写入 NV 设备。

(3) 获取内核启动地址的偏移量,代码如下。

```
hi_nv_ftm_startup_cfg * cfg = boot_upg_get_cfg();
boot_get_start_addr_offset(cfg->addr_start, &offset);
```

目前 Flash 中内核文件存储在两个分区:Kernel A(0 分区)和 Kernel B(1 分区),这两个分区互为备份。更新模式下,Kernel A 运行时,Kernel B 可以被更新;重启后,Kernel B 可以再更新到 Kernel A,接着再从 Kernel A 重启。

cfg 变量中内核引导文件的起始地址是一个相对值,一般把所在分区的起始地址默认为 0,因此要获取绝对地址,需要先获取所在分区的偏移量。所以,boot_get_start_addr_offset()函数首先获取引导程序起始地址所在的分区头部的信息,接着获取 0 分区的偏移量,将起始地址加上 0 分区的偏移量一起作为偏移量存入 offset 变量中。

(4) 引导内核,代码如下。

```
boot_kernel(BOOT LOADER_FLASH_HEAD_ADDR + offset);
```

该函数传入的是内核在 Flash 镜像中的起始地址,其中 BOOT LOADER_FLASH_HEAD_ADDR 的值为 0x400000,正好为 Flash 在内存中的重映射地址,如图 5-9 所示。该函数会跳转回 stage1 中的 main.c 函数。

(5) 正式启动内核,代码如下。

```
hi_void boot_kernel(uintptr_t kaddr)
{
    __asm__ __volatile__("ecall");   /* 从用户模式切换到机器模式 */
    hi_void ( * entry)(hi_void) = (hi_void * )(kaddr);
    entry();
}
```

boot_kernel()函数在 main 函数中,作用是从内核起始地址开始启动内核,上述代码中的第三行为一条汇编指令,作用是从用户模式切换到机器模式。因为 flashboot 和 kernel 是两套代码程序,它们之间没有依赖引用关系,但是它们在一个地址空间,所以可以进行直接地址跳转,这也是从引导程序跳转到内核程序的通用方式。

3. flashboot 开发

flashboot 作为源代码公开的引导程序,且需要适配不同的硬件平台,是可以也必须进行定制化开发的。

1) 修改内存分配

表 5-5 所示为使用 RSA 签名算法时 flashboot 在内存中的分布情况。

表 5-5　flashboot 在内存中的分布

名　称	读写权限	大　小	地　址	含　义
FLASH	rwx	32KB－0x5A0－0x3C0	0x400000＋0x5A0	flashboot 在 Flash 存储区中的位置
STACK	xrw	8KB	0x100000	运行时的栈空间配置,有栈溢出问题时修改此空间大小
SRAM	xrw	8KB	0x100000＋8KB	flashboot 独有数据段
ROM_BSS_DATA	rx	2KB	0x100000＋16KB	romboot 与 loaderboot 共同使用,内容不可修改
CODE_ROM_BSS_DATA	rx	2KB	0x100000＋18KB	romboot 与 loaderboot 共同使用,内容不可修改
SIGN	rx	0x5A0	0x100000＋40KB	flashboot 签名区,此区域长度与签名方式相关。对应关系如下。(1) SHA256 签名长度:0x40;(2) RSA_V15/RSA_PSS 签名长度:0x5A0;(3) ECC 签名长度:0x150
HEAP	xrw	20KB	0x100000＋20KB	运行时的堆空间,用于运行过程中动态申请使用
FLASH_BOOT	rx	80KB－0x5A0	0x100000＋40KB＋0x5A0	flashboot image 加载区,包括 flashboot 签名头,总共预留 24KB
FIXED_ROM	rx	21KB	0x00000000＋11KB	romboot 与 flashboot 共用代码段,内容不可修改
CODE_ROM	rx	10KB	0x003b8000＋278KB	romboot 与 flashboot 共用代码段,内容不可修改

　　flashboot 和 loaderboot 内存分布的差别在于 flashboot 需要从 Flash 中读取固件,因此需要访问处于内存地址 0x400000 处的 Flash。此外,还多了一个签名区 SIGN,其作用是给 flashboot 进行加密签名。

　　当用户开发 flashboot 代码后,编译过程有可能引起空间不足而出现链接错误。例如,错误打印如图 5-12 所示,该错误提示 FLASH_BOOT 区溢出了。

```
Compile /home/wifi/zhaoxg/proj/1224/code/boot/flashboot/arch/risc-v/hi1131h/riscv_init.S
/toolchain/hcc_riscv32_b023/bin/../lib/gcc/riscv32-unknown-elf/7.3.0/../../../../riscv32-unknown-el
f /bin/ld: out/hi1131_flash_boot.elf section '.text' will not fit in region 'FLASH_BOOT_ADDR'
/toolchain/hcc_riscv32_b023/bin/../lib/gcc/riscv32-unknown-elf/7.3.0/../../../../riscv32-unknown-el
f/bin/ld: region "FLASH_BOOT_ADDR" overflowed by 13072 bytes
collect2: error: ld returned 1 exit status
Makefile:146: recipe for target 'out/hi1131_flash_boot.elf' failed
Make:*** [out/hi1131_flash_boot.elf] Error 1
```

图 5-12　flashboot 固件编译错误

　　此时,可以先打开链接文件 build\scripts\flashboot_xxx.lds。其中 xxx 代表不同的签

名算法,然后根据打开文件中声明的内存分布情况调整报错段落的大小和上下相关区域起始地址,注意每个区域不能有重叠。

2) flashboot 编译

在 flashboot 根目录下执行 sh build.sh 命令可同时编译 Kernel 和 flashboot,flashboot 编译结果输出如下。

(1) output\bin\Hi3861_boot_signed.bin:写入 Flash 头部的 flashboot 镜像。

(2) output\bin\Hi3861_boot_signed_B.bin:写入 Flash 尾部的 flashboot 备份镜像。

flashboot 默认使用 SHA256 签名方式,可直接编译。

3) flashboot 安全启动配置

flashboot 支持三级安全保护,安全性能逐级递增,SDK 默认为最低安全级别(SHA256 签名),具体如下。

(1) flashboot 使用 SHA256 签名,romboot 通过校验 flashboot 镜像的 SHA256 值判断其完整性后引导启动 flashboot。

(2) flashboot 使用 RSA/ECC 签名,romboot 通过 EFUSE 中的根密钥 HASH 及 flashboot 的签名数据判断其合法性后引导启动 flashboot。

(3) flashboot 使用 RSA/ECC 签名,并且其代码段用 AES-CBC 方式加密,romboot 通过 EFUSE 中的根密钥盐值生成密钥后,配合 flashboot 签名对 flashboot 代码段进行解密,然后再进行 RSA/ECC 验签,判断其合法性后引导启动 flashboot。

用户可通过 Menuconfig→Security Settings 配置 flashboot 签名方式,支持的签名方式有 RSA_V15、RSA_PSS、ECC 和 SHA256,如图 5-13 所示。

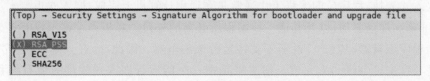

图 5-13　flashboot 签名方式配置

第6章

嵌入式软件开发环境

嵌入式软件开发与通用的软件开发有许多共同点。它的编程开发环境也同样包含项目管理、代码编辑、编译、调试和测试等工具。

与通用软件不同的是,大多数嵌入式系统都有专门的硬件,用来连接专用的传感器或驱动专用的设备。因此,作为控制这些硬件的嵌入式软件需要在专门的硬件上运行。另外,嵌入式系统常常以嵌入式微处理器作为工作的基础,而这些微处理器与通用计算机 CPU 的体系架构是不同的。如何让嵌入式软件采用目标嵌入式 CPU 上的指令集运行,如何将嵌入式软件复制到目标硬件的存储器中,是嵌入式软件开发的主要工作。

6.1 嵌入式软件的编译

第 20 集
微课视频

在嵌入式领域,程序员的编程工作通常是在通用计算机上完成,嵌入式板卡上可能也没有键盘、屏幕和硬盘驱动,以及其他一些编程所必需的外设。在板卡上甚至没有多余的存储空间存储程序编辑器,其 CPU 甚至不支持运行该编辑器。因此,为嵌入式系统开发程序的工作都是在宿主机(Host)上完成。宿主机是指一个能运行嵌入式软件的所有编程工具的计算机系统。程序编写完成,在宿主机上经过编译、汇编和链接后,才能下载到目标主机(Target)上运行。目标主机就是指嵌入式软件运行的嵌入式设备。

6.1.1 交叉编译概念

运行在宿主机上的编译器、汇编器、链接器等一系列用来建立在宿主机上运行程序的工具称为本地工具(Native Tool)。例如,运行于 x86 平台的 Linux 系统上的本地编译器 gcc 能够创建在 Core i7 系列 CPU 上运行的程序,如果目标主机也是 x86 平台,那么这个本地编译器还是有效的;但如果目标主机是其他平台的机器,如基于 RISC-V 架构的 Hi3861 处理器,那么这个编译器生成的二进制代码是不能运行在目标平台的。

能够在宿主机上运行,且能够生成被目标主机的微处理器识别的二进制指令的程序称为交叉编译器(Cross Compiler)。可以把从宿主机开发源代码,到经过交叉编译器编译生成目标主机可执行程序的过程称为交叉编译(Cross Compiling)过程。嵌入式软件开发环境如图 6-1 所示。开发系统是建立在软硬件资源均比较丰富的 PC,嵌入式软件在宿主机上经过交叉编译器的处理,生成的二进制代码运行在和宿主机有很大差别的嵌入式设备。宿主机与目标主机通过串口、以太网或 Wi-Fi 等无线通信端口相连。

串口等

宿主机(Host)　　　　　　　　目标主机(Target)

图 6-1　嵌入式软件开发环境

宿主机与目标主机的差别主要如下。

(1) 硬件的差别:最主要是两者的处理器不同。宿主机的 CPU 多数是 x86 系列处理器,而目标主机的 CPU 则是品种繁多的嵌入式处理器。因此,两者支持的指令集、地址空间都不同。

(2) 软件环境的差别:在宿主机上都有通用操作系统等系统软件提供软件开发支持,而目标主机上只有嵌入式操作系统可作为嵌入式软件运行时的支撑。

从 51 单片机开始一直到现在,交叉编译都是最重要的嵌入式软件开发方法。

6.1.2　交叉编译的难点

在理想情况下,如果用 C 或 C++ 语言写了一个可以在本地编译器编译并能够在宿主机上运行的程序,那么相同的源代码可以通过交叉编译器编译后生成能在目标主机上运行的程序。这种情况并没有考虑复杂的嵌入式硬软件环境。主要存在 3 种情况。

(1) 理论上,一个经过本地编译器编译正确的程序在交叉编译器编译时也应该正确。但实际上,可以被一种编译器接受的某种数据结构不一定能被另一种编译器接受。以 C 语言为例,在使用 if、switch 等语句时不会出现问题,但如果使用未经声明的函数,或者使用了旧的函数声明形式,那么就会产生问题。

(2) 某段程序能够在宿主机上运行并且能够通过交叉编译,但并不能保证该程序能在目标主机上运行。例如,一个 int 类型的变量在宿主机和目标主机上的字节长度不一样;或者 struct 类型的变量的存储组织方式不一致;以及对于变量的非对齐存储访问能力,等等。

(3) 将一台嵌入式设备上能正常运行的程序复制到另一台嵌入式设备上也会出现问题,即使两台嵌入式设备具有同架构的 CPU。一种可能的情况是两台嵌入式设备具有不同类型的外设。

此外,在交叉编译器上编译时产生的警告信息和本地编译不同的情况也会发生。当在代码中将一个空指针指向了一个 int 类型的变量时,本地编译器认为这两个变量的字节长度是一致的从而不会产生警告;但在交叉编译时,交叉编译器会认为 int 类型的变量和空指针在目标主机上具有不同长度,从而报错。

6.1.3　交叉汇编器和工具链

在嵌入式软件开发中,除了 C 和 C++ 语言外,很多情况下必须使用汇编语言,尤其是直接和 CPU 交互的代码,如访问寄存器等。当在嵌入式软件中使用汇编语言开发时,就需要交叉汇编器(Cross Assembler)。它的功能是运行在宿主机上产生适用于目标主机的二进制指令。交叉汇编器的输入是适用于目标机器的汇编语言代码,其输入与本地汇编器(Native Assembler)的输入没有相关性。

图 6-2 所示为嵌入式软件开发过程。可以看出,每个工具的输出都是下一个工具的输入,因此这些工具必须相互兼容,一组以这样互相调用生成目标主机可执行程序的工具的组合称为工具链(Tool Chain)。

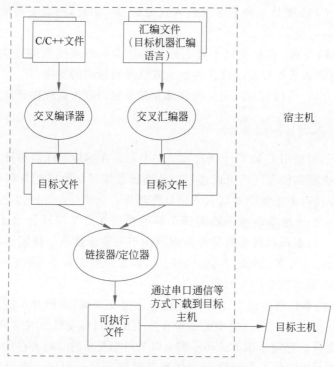

图 6-2　嵌入式软件开发过程

6.1.4　嵌入式系统的链接器/定位器

尽管一个交叉编译器的工作和本地编译器的工作很相似,都是读取源文件后生成目标文件,但一个嵌入式系统的链接器必须做许多与本地链接器不同的工作。由于它们工作的巨大差异,很多情况下把嵌入式系统中的链接器(Linker)称为定位器(Locator)或交叉链接器(Cross-Linker)。下面来分析一下本地链接器和定位器的不同。

1. 基本差异

本地链接器和定位器的主要区别是它们所生成的文件性质不同。当用户请求应用程序时，本地链接器首先在宿主机的硬盘上生成可执行文件，然后由操作系统中的加载器（Loader）程序来读取。加载器在内存中找到分配给待加载程序的位置，将程序从硬盘读取到内存中，启动运行程序。

定位器生成的文件是要被一些将输出复制到目标主机的程序所使用的。输出到目标主机的程序会立刻在目标主机上运行。在嵌入式系统中，应用程序和操作系统是紧耦合的。定位器会将应用程序代码添加到 RTOS 中，然后这个组合好的固件会一起烧写到目标主机上。

由于本地链接器和定位器在地址解析上存在着如此的差异，因此这两个程序生成的可执行文件在文件形式上存在不同，更重要的是文件中包含的地址信息也会不同。

2. 本地链接器工作方式

图 6-3 所示为本地工具建立应用软件的过程。工具链要解决的一个重要问题是指令操作数地址的确定。在图 6-3 中，move 指令需要将变量 itest 的值装入寄存器 r1，那么 move 指令中必须包含变量 itest 的地址。解决这个问题的办法叫作地址解析。

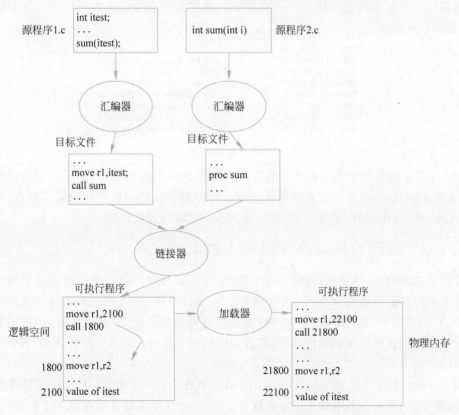

图 6-3 本地工具建立应用软件的过程

当编译器编译 C 代码源程序时,编译器并不知道 itest 变量的地址,同时也不知道 sum()
函数的地址,因为这只有在程序运行时才能分配。因此,它会在目标文件中给链接器留下一
些标记,表明 itest 变量的地址需要被附加到 move 指令中,sum() 函数的地址会附加到 call
指令中。当链接器链接目标文件生成在用户逻辑地址空间的可执行程序时,可以知道 itest
变量和 sum() 函数相对于可执行程序的起始地址的偏移量,并把这些信息写入可执行文件。

加载器将程序复制到内存后,就能准确知道 itest 变量在内存中的位置,并能够根据这
些地址处理 move 指令中变量的地址,sum() 函数也是一样。在许多系统中,微处理器中的
硬件会重新配置内存,使得程序从地址 0 开始装载。不管在什么系统中,加载器都必须把变
量或函数的地址确定下来。

3. 定位器工作方式

大多数嵌入式系统没有加载器。当定位器完成操作后,它的输出文件将被复制到目标
主机系统上。因此,交叉编译工具链中的装入程序必须知道程序在内存中的位置并且对所
有地址进行定位。定位器提供这样的功能,它允许程序员告诉它将要被放置在目标主机上
的位置。

定位器可以使用多种不同的输出文件格式,用来加载程序到目标主机上的工具必须要
能够理解定位器生成的文件格式。一种常见的格式是带有 ROM 中地址的二进制镜像文
件,如图 6-4 所示。

```
003b8004 <trap_downloadvector>:
    3b8004: 17e0006f                j 3b8182 <download_trap_entry>
    3b8008: 7fb3d06f                j 3f6002 <OsHwiDefaultHandler>
    3b800c: 7f73d06f                j 3f6002 <OsHwiDefaultHandler>
    3b8010: 7f33d06f                j 3f6002 <OsHwiDefaultHandler>
    3b8014: 7ef3d06f                j 3f6002 <OsHwiDefaultHandler>
    3b8018: 7eb3d06f                j 3f6002 <OsHwiDefaultHandler>
    3b801c: 7e73d06f                j 3f6002 <OsHwiDefaultHandler>
```

图 6-4 二进制镜像文件格式

图 6-4 展示的是在华为公司开发的嵌入式软件开发工具 DevEco Studio 中的定位器的
输出,它是汇编代码,产生于二进制镜像之前。可以看到这是一段中断向量下载程序,会下
载到 003b8004 这个位置,正好是 Hi3861 开发板 ROM 的起始位置。

6.1.5　合理安排程序在目标主机上的分布

在嵌入式环境中,必须解决的另一个问题是嵌入式程序在嵌入式存储设备中的分布问
题。嵌入式存储设备包括 ROM、RAM 和 Flash。ROM 和 Flash 都是可以持久化存储数据
的。ROM 容量较小,速度较快;Flash 容量大但速度较慢。RAM 速度最快,但掉电数据会
丢失。需要根据各种设备的特性,同时结合程序结构和运行特点进行综合评估,来确定嵌入
式程序的存储方式。

图 6-3 建立的嵌入式软件,其中 sum() 函数要在 ROM 中存储,因为它是程序的一部
分,不需要变更,并且在断电情况下也能保存;而 itest 变量需要存放在 RAM 中,因为它是
数据,有可能会被写入。

　　大多数工具链采用程序段的方式解决程序分布的问题。每段是程序的一部分,装入程序可以将每段单独进行放置。例如,把放置到 ROM 中的指令划分成一个段,而把放置到 RAM 中的数据划分成另一个段。

　　分段解决了嵌入式软件开发的另一个重要问题,就是特定程序的位置放置问题。例如,微处理器上电后,一般从一个特殊地址(这个地址依赖于微处理器的类型)开始执行指令;而嵌入式程序开发者需要保证程序的第一条指令就放在这个特殊的位置。一般来说,需要把操作系统引导代码 Boot Loader 放置在该位置,而这个位置也一般处于存储器的 0 地址,这个内容在第 5 章已经介绍过了。为了实现这一点,开发者将引导程序的启动部分,通常是一些汇编指令放置在一个特定段中,然后告诉定位器将这个特定段放到特定的位置。

　　图 6-5 描述了一个由 3 个源程序(a.c、b.c 和 c.asm)构成的嵌入式软件中,一个交叉工具链工作后程序可能的分布方式。假定 a.c 中除了指令外,还有未初始化的数据和常量字符串;b.c 中包含代码、未初始化的数据和已初始化数据;c.asm 中包含一些启动代码、未初始化的数据和一般代码。

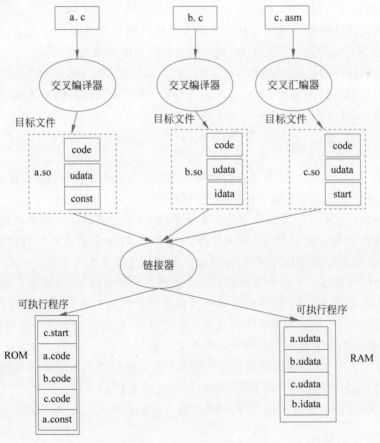

图 6-5　嵌入式软件的分布

交叉编译器将 a.c 在目标文件中分为 3 段：一个指令段、一个未初始化数据段和一个常量数据段；b.c 在目标文件中分为指令段、未初始化数据段和已初始化数据段。交叉汇编器将汇编代码 c.asm 也分为代码段、数据段和起始代码段。

定位器则依据这些段的不同功能将其分布到不同存储器的不同位置：将起始代码放到微处理器开始执行程序的起始地址；将每个模块的代码段放到 ROM 中；将数据段放到 RAM 中。

大多数交叉编译器自动地将它们所编译的目标文件模块划分成两段或多段，包括指令、未初始化数据或初始化为 0 的数据、已初始化的数据、常量。

6.2 嵌入式软件的调试

嵌入式软件的编译环境构建完成并顺利完成交叉编译后，接下来就是复制（下载）到目标主机进行调试运行。嵌入式软件的调试技术和通用应用软件非常相似，但也有其自身的显著特点，主要体现在以下两点。

（1）嵌入式软件的调试困难且耗时。嵌入式软件的运行环境十分复杂，对软件运行的所有可能情况进行详尽测试十分困难，对系统意外情况的捕捉很耗时。

（2）嵌入式软件的错误会产生严重后果。在个人计算机上，偶尔出现死机或警告，客户可以容忍；但在嵌入式系统中，客户无法容忍异常，如在结账时扫码枪无法工作、出地铁时闸机无法打开、做手术时医疗设备出现故障等。

6.2.1 调试的准则

嵌入式软件的调试准则和普通软件的调试准则十分相似，但由于嵌入式硬件的工作环境复杂，相关准则要求会更严格一些，主要包括以下几点。

（1）在开发过程中尽早发现错误。在很多情况下，通过测试尽可能早地发现错误，会大大减少后期维护时间和维护费用。但对于嵌入式系统，目标主机在开发过程的早期无法使用，或硬件本身存在较多不稳定问题，所以难以在开发过程中发现错误。

（2）运行所有代码。要尽可能地运行软件代码中的所有分支，考虑所有异常情况，即使认为它们根本不会发生。但是，不太可能在目标主机上执行所有代码。因为在嵌入式系统中，很大一部分代码用于处理那些不太可能发生的情况，这些情况可能会与特定的时序和事件有关，而这些相关性事件在实验测试时根本碰不到。

（3）开发可重用、可重现的测试。这是软件工程对软件测试用例的基本要求，但在嵌入式系统中有时难以实现。因为嵌入式系统难以创建可重现的测试。例如，用户在刷地铁卡时闸机报错，无法打开，但再次刷卡后，闸机开放了，这种错误就是很难重新创建、发现并确定的错误。

（4）在宿主机上做尽可能多的测试。除非万不得已，请不要在目标主机上做测试。这是对前 3 点的总结。但如何在宿主机上完成一个包含硬件操作的嵌入式软件的测试过程，请参考 6.3 节。

6.2.2　基本技术

图 6-6 展示了在宿主机上的开发工具中进行嵌入式软件调试的基本方法。图中的"硬件无关"代码由相同的源代码编译产生。目标主机的硬件和硬件相关代码已经被宿主机的测试支架代码所取代。测试支架代码提供与"硬件相关"代码相同的函数给上层"硬件无关"代码进行调用。测试支架代码的输入可以来自键盘或文件,输出可以是显示器。

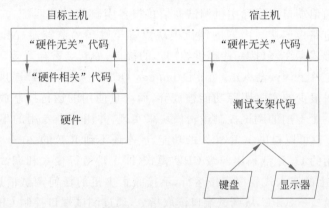

图 6-6　嵌入式软件调试的基本方法

使用该调试方法时,最关键的步骤是在测试支架代码和"硬件无关"代码之间设计一个清晰的接口。设计好相关接口后,"硬件无关"代码基本上可以得到充分调试。

6.2.3　输入电路仿真器

"硬件无关"代码测试完成后,还必须测试"硬件相关"代码,这部分代码需要直接待用硬件,因此"硬件相关"代码必须下载到目标主机上调用相关硬件来完成调试。常见的有 ROM Monitor(存储器监控)和 OCD 方式。

输入电路仿真器(In Circuit Emulator,ICE)可以在目标主机上替代微处理器,方法是从电路中拿走微处理器,然后在微处理器的位置上放入 ICE。对于目标主机的其他芯片,ICE 是透明的,它作为微处理器出现;它会链接所有微处理器要链接的信号,并且用同样的方式进行驱动。ICE 可以提供与桌面软件类似的功能:设置断点,到达断点后查看寄存器的内容,查看源代码或单步执行代码。

此外,ICE 有一个特点,称为覆盖内存。也就是被仿真的微处理器可以直接使用 ICE 内部的内存,而不使用目标主机中的内存。可以定义覆盖内存的范围,如在哪些范围内程序是只读的(对应于目标主机的 ROM 和 Flash),在哪些范围内是可读可写的(对应于目标主机的 RAM)。每当仿真的微处理器从定义好的覆盖内存范围读写数据时,就会使用 ICE 的内存替代目标主机的内存。

运行在宿主机上的 ICE 支持软件方式读取定位器输出文件,并把软件下载到覆盖内存中,这个功能很有利于多版本的嵌入式软件调试。

6.2.4 OCD方式

随着硬件技术的发展,一种新的调试方式被广泛采用。在嵌入式CPU芯片内部内嵌一个调试模块,当满足一定的触发条件时CPU进入某种特殊状态,如后台调试模式(Background Debug Mode)。在该状态下,被调试程序停止运行,宿主机的调试器可以通过处理器外部特设的通信接口(如JTAG)访问各种资源(如寄存器、存储器等)并执行指令。为了实现宿主机通信端口与目标主机调试通信接口各引脚信号的匹配,二者往往通过一块简单的信号转换电路板连接。内嵌的调试模块以基于微码的监控器(Microcode Monitor)或纯硬件资源的形式存在,包括一些提供给用户的接口,如断点寄存器等。

这种方式就是片上调试器(On Chip Debugger,OCD)。它将ICE提供的实时跟踪和运行控制分开;使用很少的实时跟踪功能被放弃,而大量使用的运行控制放到目标主机系统的CPU核内,由一个专门的调试控制逻辑模块来实现,并用一个专用的串行信号接口开放给用户。这样,OCD可以提供ICE 80%的功能,成本还不到ICE的20%。

目前大量使用的OCD都采用两级CPU模式,即正常运行模式和调试模式。正常运行模式下,目标主机上的嵌入式程序直接运行,不接收宿主机的任何调试信息,即不干扰程序执行。而在调试模式下,CPU从调试端口读取指令,通过调试端口控制CPU进入和退出调试模式。此时,宿主机的调试器可以直接向目标主机发送要执行的指令,通过这种形式,调试器可以读写目标主机的内存和各种寄存器,控制目标程序的运行以及完成各种复杂的调试功能。

6.2.5 嵌入式软件调试环境搭建

随着嵌入式系统复杂度的不断增加,对开发时间、开发成本和开发质量的要求越来越高。为了规范嵌入式软件开发过程,提高嵌入式软件开发效率,保证嵌入式软件质量,一些面向嵌入式系统的软件开发环境逐渐出现。由于嵌入式软件开发的特点,它提供的是一套嵌入式软件编码阶段的交叉开发工具,包括交叉编译环境、交叉调试环境、嵌入式开发支持环境以及其他辅助工具。

早期的嵌入式开发环境是一些嵌入式开发工具的简单组合,各种工具以独立的应用程序形式提供,并以命令行的方式启动和控制,工具之间通过共享临时文件的方式实现通信,这一类开发环境通常称为字符界面的开发环境。自由软件基金会组织的GNU系列嵌入式开发工具多数属于这一类。

随着技术的进步,逐渐出现了图形界面的嵌入式软件开发环境。它提供了一个统一的图形界面,用户通过界面上的菜单就可以启动和控制各种开发工具,这一类开发环境通常称为图形界面的开发环境。目前很多嵌入式开发环境多属于这一类,如华为公司自研的DevEco Studio等。

DevEco Studio中包含了很多的第三方交叉编译工具链及项目代码管理功能,以插件形式集成到 Visual Studio Code 之中,如图 6-7 所示。

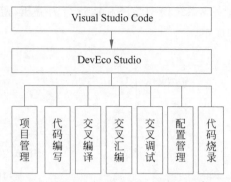

图 6-7 DevEco Studio 嵌入式软件开发环境

常用交叉开发环境搭建的方法基本类似。但由于具体方法不同,具体步骤也有所差异。采用 DevEco Studio 交叉开发环境搭建的使用步骤如下。

(1) 安装宿主机开发环境,如 Visual Studio Code+DevEco Studio。

(2) 准备目标主机(开发板)及通信连接线。

(3) 连接目标主机和宿主机。

(4) 启动目标主机和宿主机,测试通信连接,若正常,则交叉开发环境搭建完成。

(5) 创建项目,设置配置参数,编写源代码。

(6) 编译源代码,生成调试版本目标文件。

(7) 下载目标文件到目标主机,进行调试。

(8) 调试完成后,生成固化版本目标文件,固化并测试,若正常,则开发完成。

第 21 集
微课视频

根据完成情况,以上步骤可能出现反复;而且软件的设计、实现和调试的每个阶段都伴随着软件测试的工作,根据测试结果,上述步骤也可能出现反复。

6.3 仿真开发技术

嵌入式软件开发过程需要建立一个交叉编译环境,在开发环境写好代码后,将软件下载到目标主机等硬件环境,然后启动调试,最后在目标主机上运行正确的软件。这种方法存在一个明显的缺陷——开发过程严重依赖宿主机和目标主机协作。也就是说,一方面,只有在目标硬件系统准备完成之后,才能进行软件系统的调试和运行;另一方面,软件和硬件开发进度相互制约,硬件引起的异常行为严重影响软件的调试,导致开发进度延误,软件质量难以保证。

目前市场上迅速发展的嵌入式产品,除了需要越来越强的功能外,还有一个显著的特点,即产品更新特别快,往往一种新产品的生命期就只有一两年,甚至几个月。因此,要求目标主机或评估板完成后再开发嵌入式软件已越来越无法满足需要。

仿真开发是解决上述问题的有效途径之一。该方法利用计算机仿真技术模拟嵌入式硬件系统的真实运行,如图 6-8 所示。仿真开发使得软件开发、编译和调试运行都在宿主机上进行,在硬件原型制造前就完成系统模型验证和运行行为分析,避免软硬件开发相互等待,提高开发效率,降低风险和成本。

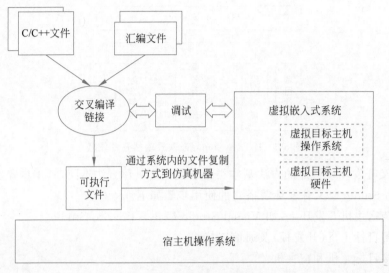

图 6-8　嵌入式软件仿真开发过程

在原理上,仿真开发可看作一种特殊的交叉开发方式:宿主机和目标主机在同一个物理平台上,但其运行环境(包括硬件、操作系统和设备驱动等)各不相同;仿真开发交叉在两个环境之间进行。

6.3.1　仿真开发的分类

按照仿真过程中所使用物理环境的差别,嵌入式软件的仿真开发可分为基于仿真硬件的开发和纯软件仿真开发两大类。

6.2.3 节介绍了 ICE 等嵌入式软件硬件调试方法。这些方法中采用了专门的硬件设备替代目标环境的相关硬件,仿真这些硬件的行为,如 CPU 等,因此这些开发方法可以看作基于仿真硬件的开发方法。采用这些方法,不可避免地需要宿主设备与仿真设备构成的开发环境,即嵌入式软件开发必须在物理环境搭建完成后进行,无法做到真正同时进行软硬件开发。

纯软件仿真开发是软硬件同时开发的唯一选择。它利用宿主机上的资源模拟目标主机的实际硬件电路的运行(包括外设模拟),构建应用软件运行所需的虚拟硬件环境,提供嵌入式软件开发和调试的全部软件平台,从而在宿主机上完成整个应用软件的仿真开发和执行。

按照使用目的的差异,纯软件仿真开发技术又可分为编程接口级仿真开发和硬件级仿真开发两类。下面主要介绍这两种仿真开发技术。

1. 编程接口级仿真开发

编程接口级仿真开发是嵌入式软件仿真开发中最常采用的技术。它关注的是所开发的嵌入式软件在功能上是否满足需要,所以也可以称为功能级仿真开发技术。其主要利用宿主机资源从功能上模拟嵌入式应用软件开发所需要编程接口函数,并保证接口与实际函数的一致。利用这些接口一致的仿真函数,编写需要的嵌入式软件并运行,从而在功能上进行验证。其实整个过程就是6.2.2节中的硬件无关部分软件的测试支架代码。

2. 硬件级仿真开发

硬件级仿真开发主要对物理硬件的功能进行仿真,其基本元素是硬件指令的操作,通过硬件指令操作完成整个嵌入式软件的功能。因此,该方法也可称为指令级仿真开发。

如图6-9所示,首先是构造仿真硬件,使用宿主机上的软件语言,如C、C++、汇编语言,对硬件指令进行描述,使得仿真环境中的硬件指令执行可以使用宿主机资源完成。其次,使用这些仿真硬件仿真实际的物理环境,即配置仿真的CPU、主板和外设类型、工作方式等。最后,直接使用目标系统的程序设计语言编程并链接生成可执行汇编程序,下载到仿真环境中。利用前面定义的指令描述解释执行,验证相关嵌入式应用软件的功能。

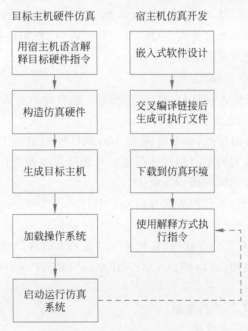

图6-9 硬件仿真级开发过程

指令级仿真由于所实现的代码都是最终目标所需要的,因此一旦仿真环境下代码的正确性得到验证,那么调试成功的代码基本可直接应用于最终目标环境中。当然,仿真硬件和仿真目标环境的构造相当困难。

6.3.2 仿真开发环境的特点

虽然硬件仿真可以使开发者在缺乏硬件设备的情况下编写和调试嵌入式软件,提高了开发的便捷性,但嵌入式软件仿真开发的缺点也很明显。一是高质量的仿真开发环境需要模拟目标主机的所有设备和器件组件,工作量巨大,单独某个企业或机构难以完成。二是在大多数环境下,仿真环境的性能还不能达到目标主机的实际要求,因此在仿真调试完成后,有必要移植到实际目标硬件,做进一步调试和测试验证。也就是说,在嵌入式软件开发过程中,仿真开发可看作交叉开发的补充。

事实上,在一个完整的嵌入式开发环境中,基本上是既提供交叉开发环境,又提供仿真开发环境,以适应不同应用在不同开发阶段的需要。DevEco Studio 中提供的目标主机仿真器 QEMU,使开发者可独立于硬件环境而先行开发应用程序,从而节约了新产品的研发时间和硬件方面的开销。

6.3.3　仿真开发工具 QEMU

QEMU 是一套以 GPL 许可证分发源码的模拟处理器软件,在 GNU/Linux 平台上使用广泛。通过 KQEMU 这个闭源的加速器,QEMU 能模拟至接近真实计算机的速度,同时提供高速度及跨平台的特性。0.9.1 及之前版本的 QEMU 可以使用 KQEMU 加速器。在 QEMU 1.0 之后的版本,都无法使用 KQEMU,主要利用 QEMU-KVM 加速模块,并且加速效果以及稳定性明显比 KQEMU 好。

QEMU 有两种主要运作模式。

(1) User Mode 模拟模式,即用户模式。QEMU 能启动那些为不同 CPU 编译的 Linux 程序,而 Wine 及 Dosemu 是其主要目标。

(2) System Mode 模拟模式,即系统模式。QEMU 能模拟整个计算机系统,包括 CPU 及其他周边设备。它使得为跨平台编写的程序进行测试及改错工作变得容易。其能用来在一部物理主机上部署数台不同的虚拟主机。

本节从软件优势和工作原理两方面介绍 QEMU。

1. 软件优势

QEMU 是市场上的主流仿真软件,其相较于其他仿真软件的优势如下。

(1) 默认支持多种架构,可以模拟 x86、MIPS、SPARC、PowerPC、ARM 和 RISC-V 等主流 CPU 架构。

(2) 可扩展,可自定义新的指令集。

(3) 开源,可移植,仿真速度快。

(4) 在支持硬件虚拟化的 x86 构架上可以使用 KVM 加速,配合内核 KSM 大页面备份内存,速度稳定远超过 VMware ESX。

(5) 提高了模拟速度,某些程序甚至可以实时运行。

(6) 可以在其他平台上运行 Linux 的程序。

(7) 可以存储及还原运行状态(如运行中的程序)。

(8) 可以虚拟网络卡。

基于内核的虚拟机(Kernel-based Virtual Machine,**KVM**)是 FreeBSD 和 Linux 的内核模块,它允许用户空间程序运用各种处理器的虚拟化硬件特性,这个特点使得 QEMU 可以为 x86、S/390、ARM 以及 MIPS32 主机提供虚拟化支持。当目标体系结构与宿主机相同时,QEMU 可以使用 KVM 进行加速。

2. QEMU 工作原理及架构

因为 KVM 是硬件辅助的虚拟化技术,主要负责比较烦琐的 CPU 和内存虚拟化,而 QEMU 则负责 I/O 虚拟化,两者合作各自发挥自身的优势,QEMU 系统架构如图 6-10 所示。

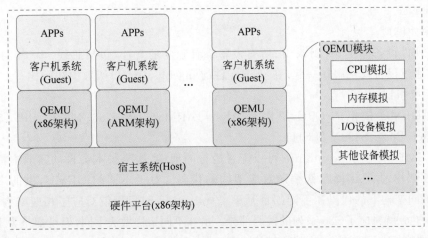

图 6-10　QEMU 系统架构

QEMU 软件虚拟化实现的思路是采用二进制指令翻译技术,其工作原理如图 6-11 所示。主要是提取目标主机代码,然后将其翻译成 TCG 中间代码,最后再将中间代码翻译成宿主机指定架构的代码,如 x86 体系就翻译成其支持的代码形式,ARM 架构同理。QEMU 模拟的架构叫目标架构,运行 QEMU 的系统架构叫主机架构,QEMU 中有一个模块叫作微代码生成器(Tiny Code Generator,TCG),它用来将目标代码翻译成主机代码。

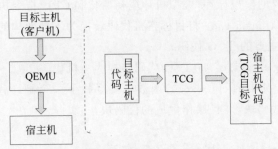

图 6-11　QEMU 工作原理

也可以将运行在虚拟 CPU 上的代码称为目标主机代码,QEMU 的主要功能就是不断提取目标主机代码并且转换成宿主机指定架构的代码。整个翻译任务分为两部分:第一部分是将目标代码(Target Byte)转换为 TCG 中间代码,第二部分是将中间代码转换为主机代码。

QEMU 的代码结构非常清晰,但是内容非常复杂,这里先简单分析一下总体的结构。

1)开始执行

QEMU 源代码中比较重要的 C 文件有 cpus. c、vl. c、exec. c、exec-all. c 和 cpu-exec. c 等。

QEMU 的 main 函数定义在 vl. c 文件中,它也是执行的起点,这个函数的功能主要是建立一个虚拟的硬件环境。它通过参数的解析,进行内存、需要模拟的设备、CPU 参数和 KVM 初始化等。接着代码就跳转到其他的分支文件开始执行,如 exec-all. c、cpus. c、cpu-exec. c 和 exec. c 等。

2)硬件模拟

所有硬件设备都在 hw 目录下,所有设备都有独立的文件,包括总线、串口、网卡、鼠标等。它们通过设备模块串在一起,在 vl. c 文件的 machine_init()函数中初始化。

3)目标机器

现在 QEMU 模拟的 CPU 架构有 Alpha、ARM、CRIS、i386、M68K、PPC、SPARC、MIOS、MicroBlaze、S390X 和 SH4。

在 QEMU 中使用. /configure 可以配置运行的架构,这个脚本会自动读取本机真实机器的 CPU 架构,并且编译时就编译对应架构的代码。对于不同的 QEMU,做的事情都不同,所以不同架构下的代码在不同的目录下。/target-arch/目录就对应了相应架构的代码,如/target-i386/就对应了 x86 系列的代码部分。虽然不同架构做法不同,但是都是为了实现将对应目标主机 CPU 架构的目标代码转换为 TCG 中间代码。这就是 TCG 的前半部分。

4)主机

第 22 集
微课视频

使用 TCG 代码生成主机代码,这部分代码在/tcg/目录下,在这个目录的不同的子目录下也对应了不同的架构,如 i386 就在/tcg/i386 目录下。整个生成主机代码的过程也可以称为 TCG 的后半部分。

5)文件总结和补充

(1)/vl. c:最主要的模拟循环,虚拟机环境初始化和 CPU 指令执行。

(2)/target-arch/translate. c:将目标主机代码转换为不同架构的 TCG 中间代码。

(3)/tcg/tcg. c:主要的 TCG 代码。

(4)/tcg/arch/tcg-target. c:将 TCG 代码转换为主机代码。

(5)/cpu-exec. c:其中的 cpu-exec()函数主要寻找下一个翻译代码块,如果没找到就请求得到下一个翻译代码块,并且操作生成的代码块。

6.4 OpenHarmony 编译系统构建

Linux 系统已经成为大多数嵌入式操作系统的首选,因此 Linux 系统桌面程序中使用的 C 编译器 GCC(GNU C Compiler)和项目管理工具 GNU make 也成为嵌入式领域的主流开发工具。这些工具不但功能强大,而且它们都是按 GPL 版权声明发布,不需要任何的使用费用。随着嵌入式系统功能的日趋复杂及完善,编译器和项目管理工具都发生了显著变化。本章介绍 OpenHarmony 编译系统的构建,编译器是核心,但变化不大,重点是项目管理工具的描述。

6.4.1　GCC 编译器

GCC 是 GNU 推出的完全免费、功能强大、性能优越的多平台编译器工具集,包括 cpp、ccl、g++、as、g77 和 ld 等,它的前端支持 C、C++、Objective C、Ada、FORTRAN、Java 等高级语言,后端支持多种平台,包括 34 家公司的 29 种 CPU 上的 53 种不同版本。GCC 生成的代码的执行效率比一般的编译器平均要高 20%～30%。同时,GCC 是一个交叉编译器,它可以把源代码编译成在其他硬件平台上运行的二进制代码。

1. 编译过程

GCC 在编译源程序时会将整个开发过程划分为预处理(Preprocess)、编译(Compiling)、汇编(Assemble)和链接(Link)4 个步骤。每个步骤只完成特定的工作,图 6-12 给出了一个 C 语言程序用 GCC 完成编译过程的示例。

1）预处理

预处理用于将所有 #include 头文件以及宏定义替换成其真正的内容,预处理之后得到的仍然是文本文件,但文件体积会大很多。GCC 的预处理是由预处理器完成的,这种处理方式使得用户能够在整个源文件中使用符号常量指代一些特定值。如果符号常量的值发生了变化,则重新预编译后,所有使用符号常量的地方都能自动更新。

2）编译

预处理完成之后,GCC 调用 ccl 编译程序,将预处理后生成的源代码编译为扩展名为.s 的汇编文件。如果代码中有语法错误,则编译器会停止编译,给出错误信息。程序员通过分析的出错原因可以进行修改。

3）汇编

汇编过程将上一步的汇编代码转换为机器码(Machine Code),这一步产生的文件叫作目标文件,是二进制格式。GCC 汇编过程通过 as 命令完成,将汇编语言代码转换为以.o 为扩展名的目标文件,它接近于最后的可执行代码。

4）链接

GCC 出现的最后阶段是链接阶段。它调用 ld 链接程序,将多个目标文件以及所需的库文件(.so 等)链接成最终的可执行文件。Linux 可执行程序的文件名默认为 a.out,用户可以在编译参数中指定生成的可执行文件名、目标代码类型。

2. 交叉 GCC 的生成

如前所述,嵌入式软件开发在大多数情况采用交叉编译,即在宿主机上编译目标主机目标代码。但 GCC 的默认配置是本地应用,即仅能生成在宿主机上运行的目标代码。因此,当需要交叉 GCC 时,可以根据实际的宿主机/目标主机组合,利用 Linux 环境下提供的一些交叉 GCC 生成工具重新配置。生成目标主机为 ARM CPU 的交叉 GCC 编译过程如图 6-13 所示,图中构建主机和宿主机是相同的。

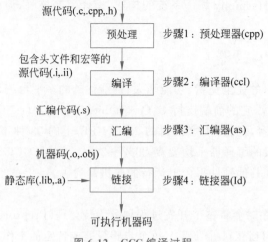

图 6-12　GCC 编译过程

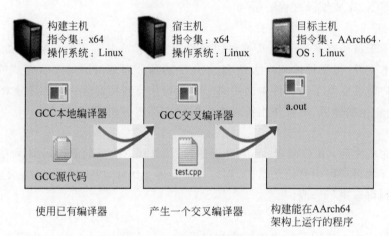

图 6-13　交叉 GCC 编译过程

生成交叉 GCC 的过程主要包括以下 4 步。

（1）重新生成 binutils 库，该工具包括交叉汇编器、交叉链接器和其他工具。

（2）生成 Linux Headers，这个步骤将 Linux 内核头文件安装到/opt/cross/aarch64-linux/include，这将允许使用新工具链构建的程序在目标环境中对 AArch64 内核进行系统调用。

（3）生成目标主机的 Glibc。Glibc 包含标准的 C 语言库的头文件和实现文件。

（4）生成交叉 GCC。

3. OpenHarmony 采用的交叉编译器

OpenHarmony 系统目前支持两大主流的嵌入式处理器：RISC-V 和 ARM，因此交叉编译器 GCC 也要有对应的交叉处理器版本。OpenHarmony 的编译工具链目前以 GNU 为主，类型是 gnu-arm-gcc 和 gnu-risc-v-gcc。基于本书中使用的 32 位 RISC-V 架构 CPU，最后编译生成的交叉编译工具为 riscv32-unknown-elf-gcc。此外，OpenHarmony 目前还支持

Clang＋LLVM 模式的编译工具链，OpenHarmony LiteOS-A 的内核态编译均使用 LLVM 编译器。

6.4.2 项目构建工具

越来越复杂的硬件环境和软件功能使得原有的项目构建工具 make 越来越难以适应复杂的情况。构建工具都是一种将源代码生成可执行应用程序的自动化过程工具，构建过程包括编译链接和将代码打包为可执行文件。OpenHarmony 的整套系统也是需要进行构建，而且是被划分为一个一个子系统进行编译的，而更具体到代码则是通过 gn 脚本对应模块来实现的。

OpenHarmony 编译构建子系统除了编译工具链，环境搭建还依赖 **Python** 完成各种编译文件的组织（辅助 **Gn** 和 **Ninja**），通过 **Node.js** 提供 npm 环境，需要 **npm** 提供包管理。

在使用编译构建子系统前，应了解以下基本概念。

（1）平台。开发板和内核的组合，不同平台支持的子系统和部件不同。

（2）产品。包含一系列部件的集合，编译后产品的镜像包可以运行在不同的开发板上。

（3）子系统。子系统是一个逻辑概念，它由一个或多个具体的组件组成。OpenHarmony 操作系统整体遵从分层设计，从下向上依次为内核层、系统服务层、框架层和应用层。系统功能按照"系统→ 子系统→ 组件"逐级展开，在多设备部署场景下，支持根据实际需求裁剪某些非必要的子系统或组件。

（4）组件。系统最小的可复用、可配置、可裁剪的功能单元。组件具备目录独立可并行开发、可独立编译、可独立测试的特征。

（5）**Gn**。Generate Ninja 的缩写，用于产生 Ninja 文件。

（6）**Ninja**。Ninja 是一个专注于速度的小型构建系统。Ninja 是直接接触到工程文件的部分，Gn 是用来描述并生成 Ninja 文件的方式。

（7）**hb**。OpenHarmony 的命令行工具，用来执行编译命令。

编译构建子系统在 OpenHarmony 源代码中的目录结构如图 6-14 所示。

由于存在两种编译方式，即内核的编译和用户态程序的编译，编译过程比较复杂。将 OpenHarmony 编译拆分成了 3 部分，即通过 Python 脚本分解为编译前环境配置、**Gn** 编译构建和 **Ninja** 构建环境编译。

Gn 用于生成 Ninja 文件且可以在全局目录下递归查找子 gn 文件进行联合构建，最终通过 ohos 的 hb 编译脚本 ohos.build 进行总体解释，再将生成的动态链接库或动态依赖库绑定在全局（通过 harmonyos\build\subsystem_config.json 添加模组进行绑定）。

6.4.3 项目构建流程

在 OpenHarmony 操作系统中编写完一个嵌入式软件源代码后，嵌入式项目编译构建流程如图 6-15 所示，主要分为设置和编译两步。

（1）设置（命令为 hb set）：设置 OpenHarmony 源码目录和要编译的产品。

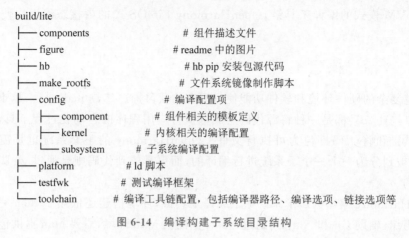

图 6-14　编译构建子系统目录结构

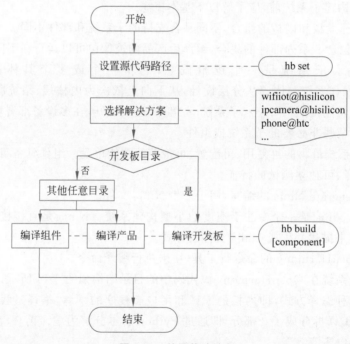

图 6-15　编译构建流程

（2）编译（命令为 hb build）：编译产品、开发板或组件。编译主要过程如下。

① 读取编译配置：根据产品选择的开发板，读取开发板 config.gni 文件内容，主要包括编译工具链、编译链接命令和选项等。

② 执行 gn gen 命令，读取产品配置生成产品解决方案 out 目录和 Ninja 文件。

③ 执行 ninja -C out/board/product 命令启动编译。

④ 系统镜像打包：将组件编译产物打包，设置文件属性和权限，制作文件系统镜像。

从嵌入式项目的整个编译构建流程可以看出，编译过程不仅是嵌入式软件源代码的编译,也包括整个嵌入式操作系统的编译,这也是普通嵌入式软件与通用软件不同的地方。

6.4.4 GDB 调试器

类似于传统的桌面软件开发,嵌入式程序在编译和链接过程中会检查出源程序的一些语法错误,但这些仅仅是比较简单、易排除的静态错误,而更为复杂的错误,特别是一些动态错误,有必要依赖良好调试工具来排除。这种情况在多任务、实时处理的软件中更为突出。

GDB 全称为 GNU Symbolic Debugger,它诞生于 GNU 计划(同时诞生的还有 GCC、Emacs 等),是 Linux 常用的程序调试器。GDB 发展至今,已经迭代了多个版本,当下的 GDB 支持调试多种编程语言编写的程序,包括 C、C++、Go、Objective-C、OpenCL、Ada 等。实际场景中,GDB 更常用来调试 C 和 C++ 程序。

总的来说,借助 GDB 调试器可以实现以下几个功能。

(1) 程序启动时,可以按照自定义的要求运行程序,如设置参数和环境变量。

(2) 可使被调试程序在指定代码处暂停运行,并查看当前程序的运行状态(如当前变量的值、函数的执行结果等),即支持断点调试。

(3) 程序执行过程中,可以改变某个变量的值,还可以改变代码的执行顺序,从而尝试修改程序中出现的逻辑错误。

6.5 开发环境 DevEco Device Tool

第 23 集
微课视频

开发者可以快速熟悉 OpenHarmony 轻量和小型系统的软件开发环境搭建、软件编译、烧录、调试以及运行等过程。因为华为公司为开发者提供了完全采用 IDE(DevEco Device Tool)进行一站式嵌入式软件开发的方法,嵌入式软件交叉编译工具的安装及代码的编译、烧录和运行都可以通过 IDE 完成。

6.5.1 环境搭建

嵌入式开发环境中最核心的部分就是交叉编译(汇编)工具链的构建。由于 Linux 系统在嵌入式设备上的广泛使用,使得大多数交叉编译工具链都是基于 Linux 系统设计的,因此需要宿主机和目标主机都采用 Linux 操作系统。但在日常工作中,开发者已习惯在 Windows 系统进行代码开发。因此,一个合适的解决方案就是在宿主机中构建 Windows+Ubuntu 混合开发的环境。开发者可以在 Windows 进行代码的编辑,如使用 Windows 的 Visual Studio Code 进行 OpenHarmony 代码的开发,但需要使用 Ubuntu 的编译环境对源代码进行编译。

本节介绍使用 Windows 平台的 DevEco Device Tool 可视化界面进行源代码开发的相关操作,包括 Ubuntu 和 Windows 环境搭建,以及通过远程连接的方式对接 Ubuntu 的 DevEco Device Tool(可以不安装 Visual Studio Code)等,如图 6-16 右侧所示。

此外,为了进一步降低交叉编译环境搭建的难度,让开发者专注于嵌入式代码业务逻辑的实现,华为海思将 Hi3861 芯片的交叉编译工具链移植到了 Windows 平台,因此可以完全脱离 Linux 系统,直接在 Windows 环境下进行源代码开发、编译、调试及烧录工作,只需搭建 Windows 开发环境即可,如图 6-16 左侧所示。

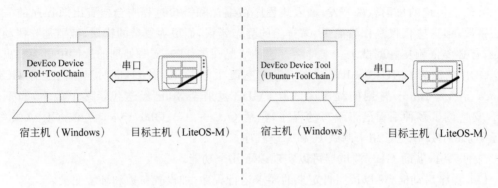

图 6-16　开发环境搭建

1. 搭建 Ubuntu 环境

（1）将 Ubuntu Shell 环境修改为 bash。

（2）下载 DevEco Device Tool 3.1 Release Linux 版本。

（3）安装 DevEco Device Tool,如图 6-17 所示。

```
[INFO   ] Creating launch script...
[INFO   ] Creating setenv.sh script...
[INFO   ] Updating settings...
[INFO   ] Updating permissions...
[INFO   ] Updating u-dev rules...
[INFO   ] Installing mtd-utils...
Deveco Device Tool successfully installed.
```

图 6-17　在 Ubuntu 环境安装 DevEco Device Tool

2. 搭建 Windows 开发环境

通过 Windows 系统远程访问 Ubuntu 环境,需要先在 Windows 系统中安装 DevEco Device Tool,以便使用 Windows 平台的 DevEco Device Tool 可视化界面进行相关操作。

（1）下载 DevEco Device Tool 3.1 Release Windows 版本。

（2）解压 DevEco Device Tool 压缩包,双击安装包程序进行安装。

（3）设置 DevEco Device Tool 的安装路径,建议安装到非系统盘。

（4）根据安装向导提示,勾选要自动安装的软件。

（5）继续等待 DevEco Device Tool 安装向导自动安装 DevEco Device Tool 插件,直至安装完成,关闭 DevEco Device Tool 安装向导。安装好的界面如图 6-18 所示。

3. 配置 Windows 远程访问 Ubuntu 环境

Windows 下的 DevEco Device Tool 工具安装好以后,还需要经历 Linux 端 SSH 服务安装、Windows 端 Remote SSH 安装和 Windows 远程连接 Ubuntu 的过程。

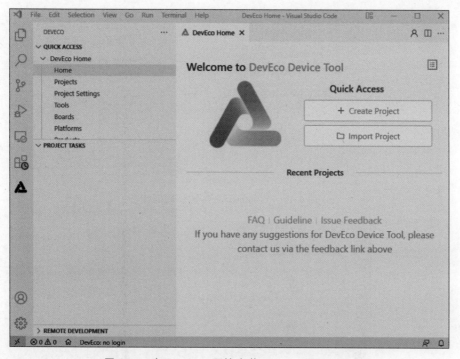

图 6-18 在 Windows 环境安装 DevEco Device Tool

1）Linux 端安装 SSH 服务

（1）在 Ubuntu 系统中，打开终端工具，执行以下命令安装 SSH 服务。

```
sudo apt-get install openssh-server
```

（2）执行以下命令，启动 SSH 服务。

```
sudo systemctl start ssh
```

（3）执行 ifconfig 命令，获取当前用户的 IP 地址，用于 Windows 系统远程访问 Ubuntu 环境。

2）Windows 端安装 Remote SSH

（1）打开 Windows 系统的 Visual Studio Code，单击 按钮，在插件市场的搜索框中输入 remote-ssh，如图 6-19 所示。

（2）单击 Remote-SSH 的 Install 按钮，安装 Remote-SSH。安装成功后，在 INSTALLED 列表下可以看到已安装的 Remote-SSH，如图 6-20 所示。

3）SSH 远程连接 Ubuntu 环境

（1）打开 Windows 系统的 Visual Studio Code，单击 按钮，在 REMOTE EXPLORER 界面单击＋按钮，如图 6-21 所示。

图 6-19　Windows 端安装 SSH 插件

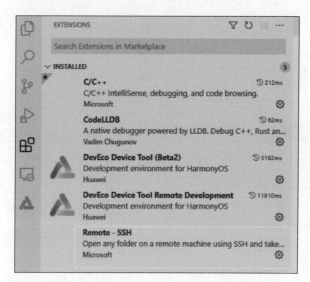

图 6-20　Windows 端 SSH 插件安装完成

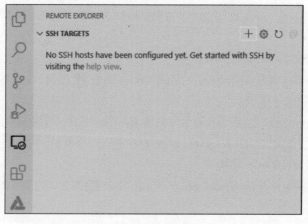

图 6-21　添加远程服务器

（2）在弹出的 SSH 连接命令输入框中输入 ssh username@ip_address 并按 Enter 键，其中 ip_address 为要连接的远程计算机的 IP 地址，username 为登录远程计算机的账号，如图 6-22 所示。

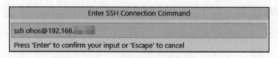

图 6-22　输入 SSH 连接命令

（3）选择要更新的 SSH 配置文件，默认选择第一项即可，如图 6-23 所示。

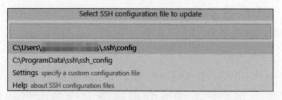

图 6-23　选择要更新的 SSH 配置文件

（4）在 SSH TARGETS 列表中找到远程计算机，单击 按钮，如图 6-24 所示，打开远程计算机。

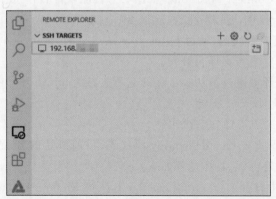

图 6-24　打开远程计算机

（5）首先选择 Linux 选项，接着再选择 Continue 选项，然后输入登录远程计算机的密码，按 Enter 键后会连接远程计算机，如图 6-25 所示。

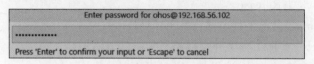

图 6-25　连接远程计算机

连接成功后，等待在远程计算机 .vscode-server 文件夹下自动安装插件，安装完成后，根据界面提示在 Windows 端重新加载 Visual Studio Code，便可以在 Windows 的 DevEco Device Tool 中进行源代码开发、编译、烧录等操作。

6.5.2　工程管理

通过 DevEco Device Tool 可以创建 OpenHarmony 工程,并根据需要自动下载不同版本的 OpenHarmony 源代码,源代码类型包括 OpenHarmony 稳定版、OpenHarmony Sample 和 HarmonyOS Connect Solution。根据开发需求,用户可以选择任意一种类型进行下载。

(1) OpenHarmony 稳定版。OpenHarmony 稳定版本的源代码,可以通过镜像站点下载,目前有 1.1.4-LTS、3.0.3-LTS 和 3.1-Release 版本。镜像站点的源代码,一般取自该稳定版本的发布时间点。因此,通过镜像站点获取的源代码可能不是该版本最新源代码。如果需要获取对应版本的最新源代码,可以从码云仓库获取并在 DevEco Device Tool 中导入源代码。

(2) OpenHarmony Sample。针对不同 SoC 和开发板进行适配后的 OpenHarmony 发行版示例源代码,可根据用户已有的开发板选择对应的示例开源发行版,快速体验 OpenHarmony 设备开发。关于支持的发行版示例源代码及介绍,请访问 DevEco Marketplace。

(3) HarmonyOS Connect Solution。根据华为智能硬件合作伙伴网站中定义的鸿蒙智联解决方案的配置信息,创建鸿蒙智联解决方案工程。该工程使用已评估的 OpenHarmony 稳定版本源代码,通过 Gitee 开源站点下载,配合 DevEco Device Tool 的支持,快速完成鸿蒙智联解决方案项目开发。

只有在 Windows 环境通过 Remote SSH 远程连接 Ubuntu 环境的情况下,才可以创建 OpenHarmony 新工程。

1. 创建新工程并获取镜像站点源代码

可以通过新建工程获取 OpenHarmony 源代码,目前可用的有 1.1.4 和 3.0.3 长期支持版(LTS),以及 3.1 发行版,具体过程如下。

(1) 在 VS Code 中打开 DevEco Device Tool,执行 Menu→Home 菜单命令,接着单击 New Project 按钮,创建新工程,如图 6-26 所示。

(2) 弹出 New Project 对话框,配置工程相关信息,如图 6-27 所示。

① OpenHarmony Source Code:选择需要下载的 OpenHarmony 源代码版本,这里选择 OpenHarmony-v3.1-Release。

② Project Name:设置工程名称,如 Hi3516DV300。

③ Project Path:选择工程文件存储路径。

④ SOC:选择支持的芯片,这里是 Hi3516DV300 芯片。

⑤ Board:选择支持的开发板。

⑥ Product:选择产品。

(3) 工程配置完成后,单击 Confirm 按钮,DevEco Device Tool 会自动启动 OpenHarmony 发行版源代码的下载,如图 6-28 所示。

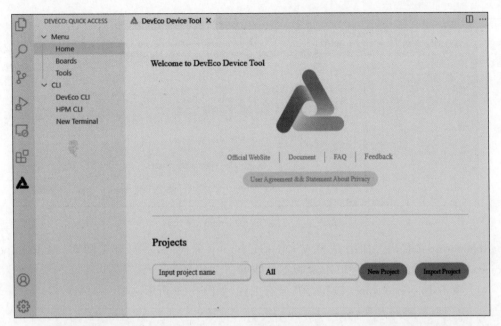

图 6-26 新建工程

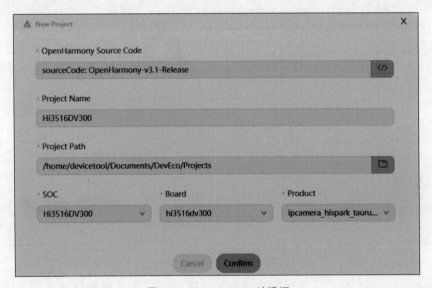

图 6-27 New Project 对话框

（4）如果需要使用本书使用的华为 HiSpark T1 智能小车开发板匹配的工程，则需要从 https://gitee.com/HiSpark/hi3861_hdu_iot_application 下载小车配套源代码，解压后放在本地目录中供后续使用。

2. 导入 OpenHarmony 源代码

Import Project 按钮适用于打开 DevEco Device Tool 创建的工程和导入获取的

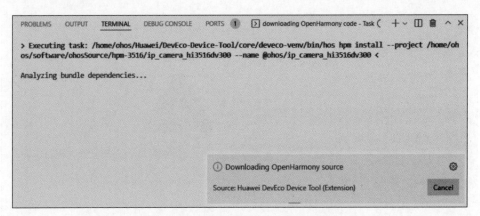

图 6-28　下载 OpenHarmony 源代码

OpenHarmony 源代码。如果是导入 OpenHarmony 源代码，在打开工程时，单击 Import Project 按钮，然后配置产品和 Ohos 版本号即可。

（1）单击 Import Project 按钮打开已有工程，如图 6-29 所示。

图 6-29　打开已有工程

（2）弹出 Import Project 对话框，选择 OpenHarmony 源代码根目录路径，勾选 Import OpenHarmony Source 选项，单击 Import 按钮进行导入。这里已经登录到虚拟的本地 Ubuntu 服务器，所以项目路径为 Ubuntu 系统路径，如图 6-30 所示。

（3）选择相应的 Product（产品）后，会自动填充对应的 SOC、Board、Company 和 Kernel 信息，然后在 Ohos Ver 下拉列表中选择对应的 OpenHarmony 源代码版本，如图 6-31 所示。OpenHarmony 源代码支持的 Product 详细信息，请参考 OpenHarmony 支持的产品列表。

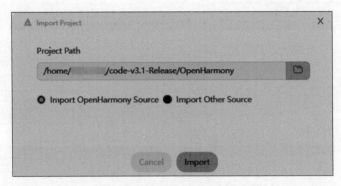

图 6-30 选择导入工程的路径

图 6-31 配置开发板信息和操作系统

（4）单击 Open 按钮打开工程或源代码。

6.5.3 HDF 驱动管理

开发者可以通过 DevEco Device Tool 的 HDF 功能管理添加设备的驱动。添加驱动时，工具会自动生成相应的驱动目录结构、初始化驱动模板、代码及头文件等信息。操作步骤如下。

（1）单击界面左侧 ▲ 图标，在工具控制区单击 QUICK ACCESS→Menu→HDF 进入驱动添加页面，如图 6-32 所示。

（2）在 Project List 下拉列表中选择要添加驱动的产品，然后单击 Driver Module 旁的＋按钮，弹出 Add Driver Module 对话框。

（3）在 Add Driver Module 对话框中，填写 Module 名称，选择 Board，然后单击 Add 按钮。

只有标准系统的产品，在添加驱动时需要选择 RunMode，如图 6-33 所示；小型系统的产品只需要填写 Module 名称即可。

添加后，可以在 Driver Module 列表中看到已添加的模块，如图 6-34 所示。单击 Action 列的删除按钮可删除已添加的模块。

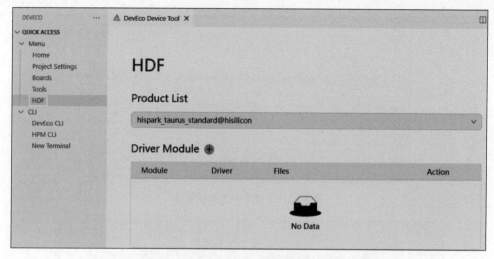

图 6-32　添加 HDF 驱动

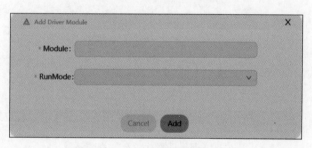

图 6-33　选择驱动运行模式

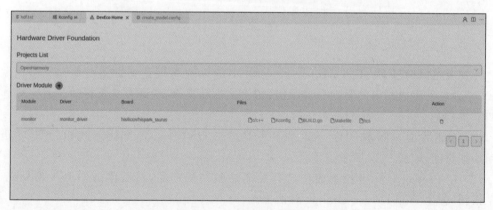

图 6-34　已有驱动模块

（4）单击模块 Files 列的文件图标，可以打开相应文件，进行驱动开发，如图 6-35 所示。

6.5.4　代码编辑

DevEco Device Tool 支持 C/C++代码编辑，基于 C/C++插件，支持代码查找、关键字高亮、代码自动补齐、代码输入提示和代码检查等功能。源代码编辑窗口如图 6-35 所示。

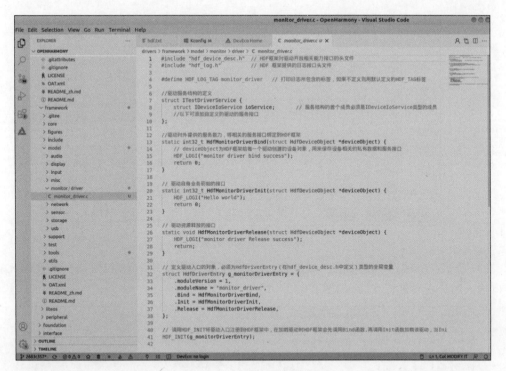

图 6-35　源代码编辑窗口

6.5.5　目标代码编译运行

本节以 Hi3861V100 开发板为例,介绍目标代码编译运行的全过程。DevEco Device Tool 支持 Hi3861V100 开发板的源代码一键编译功能,提供编译工具链和编译环境依赖的检测及一键安装,简化复杂编译环境的同时,提升了编译效率。

1. Ubuntu 系统下工具链安装和编译

如 6.5.1 节所述,Hi3861V100 编译环境为 Ubuntu 和 Windows 两种。Ubuntu 系统下工具链安装和编译过程如下。

(1) 单击 QUICK ACCESS → Menu → Project Settings,进入 Hi3861 工程配置界面,如图 6-36 所示。

(2) 在 Tool Chain 标签页中,DevEco Device Tool 会自动检测依赖的编译工具链是否完备,如果提示部分工具缺失,可单击 Install 按钮,系统会自动安装所需工具链,如图 6-37 所示。

图 6-36　嵌入式工程配置

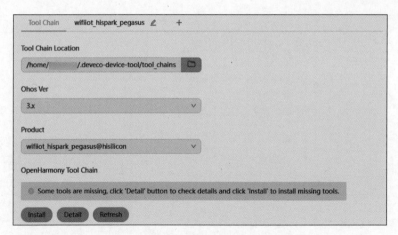

图 6-37　工具链配置

（3）安装 Hi3861V100 相关工具链，部分工具安装需要使用 root 权限，在 TERMINAL 窗口输入用户密码进行安装，如图 6-38 所示。

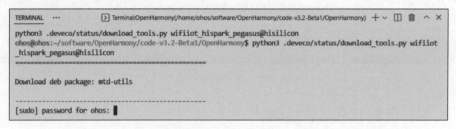

图 6-38　安装工具链

工具链自动安装完成，如图 6-39 所示。

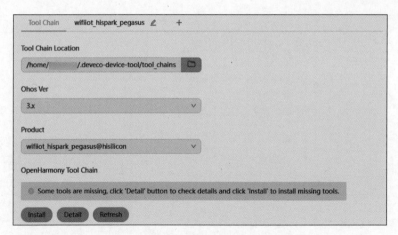

图 6-39　工具链安装完成

步骤（1）～步骤（3）实现的是在 Windows 系统下通过远程连接的方式控制工具链在 Ubuntu 系统下的安装，这更符合开发者的习惯。当然，资深程序员也可以直接在 Ubuntu

系统下通过命令行的方式安装工具链。

（4）在 wifiiot_hispark_pegasus 标签页中，设置源代码的编译类型（build_type），默认为 debug 类型，请根据需要进行修改，如图 6-40 所示。

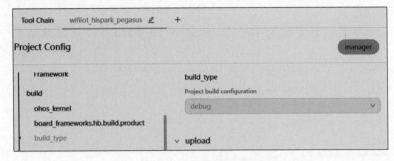

图 6-40 选择编译类型

（5）返回 DevEco Device Tool 主界面，在 PROJECT TASKS 下单击对应开发板的 Build 选项，执行编译，如图 6-41 所示。

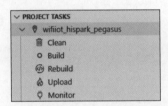

图 6-41 执行编译操作

（6）TERMINAL 窗口输出 SUCCESS，表示编译完成，如图 6-42 所示。

```
PROBLEMS   OUTPUT   TERMINAL   DEBUG CONSOLE   PORTS  3          [>] deveco: build - hi3861 - Task  ✓  +  ∨  [][  🗑  ^  ×
[OHOS INFO] subsystem          files NO.      percentage      builds NO.      percentage      overlap rate
[OHOS INFO] communication          159          39.3%          159          39.3%          1.00
[OHOS INFO] distributeddatamgr       2           0.5%            2           0.5%           1.00
[OHOS INFO] distributedschedule     15           3.7%           15           3.7%           1.00
[OHOS INFO] hiviewdfx              15           3.7%           15           3.7%           1.00
[OHOS INFO] security              179          44.2%          179          44.2%          1.00
[OHOS INFO] startup                5           1.2%            5           1.2%           1.00
[OHOS INFO] third_party            2           0.5%            2           0.5%           1.00
[OHOS INFO] thirdparty             2           0.5%            2           0.5%           1.00
[OHOS INFO] updater                4           1.0%            4           1.0%           1.00
[OHOS INFO] utils                  2           0.5%            2           0.5%           1.00
[OHOS INFO]
[OHOS INFO] c overall build overlap rate: 1.00
[OHOS INFO]
[OHOS INFO]
[OHOS INFO] wifiiot_hispark_pegasus build success
[OHOS INFO] cost time: 0:00:15
========================================= [SUCCESS] Took 15.81 seconds =========================================
```

图 6-42 完成编译操作

编译完成后，可以在工程的 out 目录下查看编译生成的文件，用于后续的 Hi3861V100 开发板烧录。

2. Windows 系统下工具链安装和编译

Windows 系统下的工具链安装过程与 Ubuntu 十分相似,华为海思提供了两种方式进行工具链的安装。

1）全自动方式

当在 Windows 系统下安装完 DevEco Device Tool 后,直接单击菜单栏中的 Project Settings,默认显示的工具链标签页如图 6-43 所示。

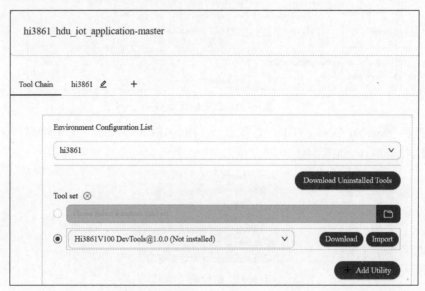

图 6-43　Windows 系统下工具链配置

DevEco Device Tool 会自动检查工具链是否安装。如果没有安装,直接单击 Download 按钮,会自动下载所需工具链,如图 6-44 所示。

图 6-44　Windows 系统下工具链下载

整个过程和 Ubuntu 工具链安装步骤基本相似,安装完成后就可以进行源代码编译工作。

2）手动方式

在手动方式中,第一步是手动下载开发板对应的编译工具链,工具链下载网址为 https://hispark-obs.obs.cn-east-3.myhuaweicloud.com/DevTools_Hi3861V100_v1.0. zip。下载完成后将其解压到硬盘根目录。解压完成后的目录结果如图 6-45 所示。

实际的工具链在 hcc_risc32_win 目录中,其他平级目录包含烧写工具、第三方工具、驱动和命令行环境等。

名称	修改日期	类型	大小
burntool	2022/12/9 17:15	文件夹	
hcc_riscv32_win	2023/12/5 8:39	文件夹	
thirdparty	2023/12/5 8:39	文件夹	
usb_serial_driver	2022/12/26 14:13	文件夹	
env_set.py	2022/12/20 10:41	Python File	5 KB
env_start.bat	2022/12/20 11:06	Windows 批处理...	1 KB

图 6-45　工具链目录结构

第二步就是工具链位置的配置。以华为 HiSpark T1 智能小车开发板为例,单击 hi3861 标签页,找到 compiler_bin_path 配置项,选择解压后的工具链目录,如图 6-46 所示。

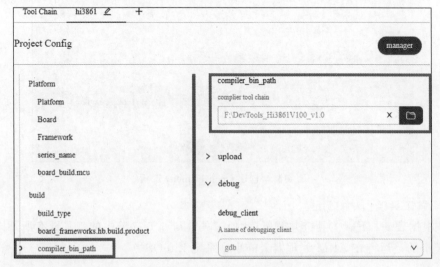

图 6-46　工具链目录配置

工具链配置完成后,就可以进行源代码编译工作。

6.5.6　使用仿真器运行

在设备开发过程中,由于缺少物理开发板,开发者时常面临无法验证编译生成的镜像文件是否正常运行等问题。对此,DevEco Device Tool 基于 QEMU,提供开发板的模拟仿真能力,使源代码编译后的镜像文件能直接运行在仿真器上。

由于需要对源代码进行编译,编译环境需要为 Linux 系统,因此使用仿真器只能在 Windows＋Ubuntu 混合开发环境下运行。

1. 创建工程

创建 OpenHarmony 工程,如图 6-47 所示。

(1) OpenHarmony Source Code:仿真只支持 OpenHarmony v3.1 Release 源代码,请选择 OpenHarmony Stable Version 下的 v3.1 Release 版本。

(2) Project Name:设置工程名称。

(3) Project Path:选择工程文件存储路径。

（4）SOC：选择 qemu。

（5）Board：选择 arm-virt，这是使用 QEMU 仿真的虚拟 ARM 处理器开发板。

（6）Product：选择 qemu_small_system_demo 或 qemu_mini_system_demo，支持小型系统和轻量级系统。

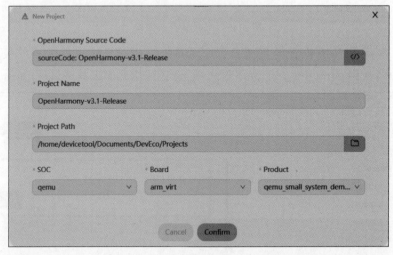

图 6-47　创建 OpenHarmony 工程

2. 配置工具链

（1）根据表 6-1 下载工具链并解压，此处工具链与 6.5.5 节中的工具链有所不同，因为仿真器模拟的是运行在 ARM 处理器上的小型系统 LiteOS-A。

表 6-1　工具链中的工具包

工具包名称	下载链接	设置的路径
gn	https://repo. huaweicloud. com/harmonyos/compiler/gn/1717/linux/gn-linux-X86-1717. tar. gz	gn 执行文件所在文件夹
ninja	https://repo. huaweicloud. com/harmonyos/compiler/ninja/1. 9. 0/linux/ninja. 1. 9. 0. tar	ninja 执行文件所在文件夹
llvm	https://repo. huaweicloud. com/harmonyos/compiler/clang/10. 0. 1-62608/linux/llvm. tar. gz	llvm\bin 文件夹
hc_gen	https://repo. huaweicloud. com/harmonyos/compiler/hc-gen/0. 65/linux/hc-gen-0. 65-linux. tar	hc-gen 执行文件所在文件夹
arm_noneeabi_gcc	https://repo. huaweicloud. com/harmonyos/compiler/gcc-arm-none-eabi/10. 3/linux/gcc-arm-none-eabi-10. 3-2021. 10-X86_64-linux. tar. bz2	gcc-arm-none-eabi 解压后的根目录

（2）在 DevEco Device Tool 中单击 QUICK ACCESS→Menu→Tools→Add user component 选项，分别配置 gn、ninja、llvm、hc_gen 和 arm_noneeabi_gcc 工具链，如图 6-48 所示。

		arm_noneeabi_gcc	10.3		
		hc_gen	0.65		
		llvm	10.0.1		
		gn	1717		
		ninja	1.9.0		

图 6-48　配置仿真编译工具链

3. 编译运行

（1）在 DevEco Device Tool 中单击 QUICK ACCESS→Project Settings 选项，检查工具链是否完备。如果提示部分工具缺失，可单击 Install 按钮，自动安装所需工具链。此处编译运行的过程与 6.5.5 节基本一致，除了 Product 参数设置为 QEMU 仿真的小型系统。由于需要仿真运行，工具链需要下载一些辅助工具，如图 6-49 所示。

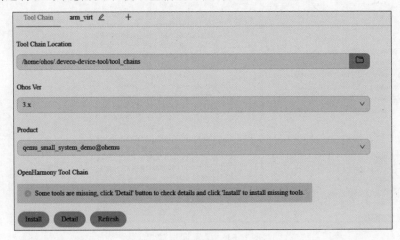

图 6-49　查看仿真编译工具链

工具链自动安装完成，如图 6-50 所示。

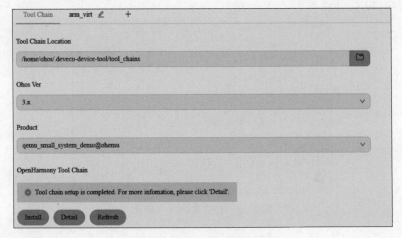

图 6-50　编译工具链安装完成

（2）打开 OpenHarmony 源代码目录下的 vendor\ohemu\{product Name}\kernel_configs\ debug.config 文件，添加配置，使编译的镜像带调试信息，如图 6-51 所示。

```
LOSCFG_COMPILE_DEBUG = y
```

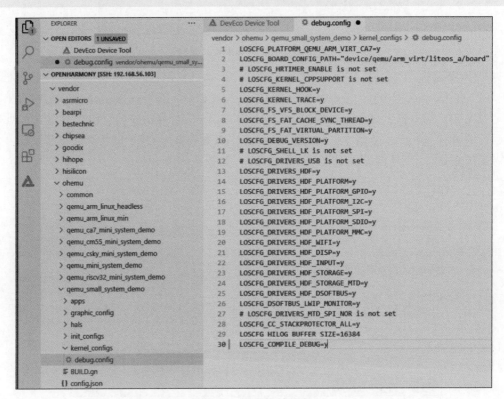

图 6-51　配置调试信息

（3）进入项目任务菜单，单击 PROJECT TASKS→arm_virt→Build 选项，在对应开发板上开始编译，如图 6-52 所示。

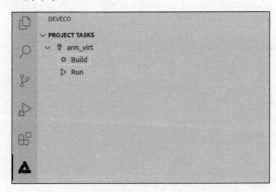

图 6-52　在仿真条件下编译

（4）等待源代码编译完成，根据提示输入管理员权限密码，这里输入的是 Ubuntu 系统管理员的信息。当输出 SUCCESS 时，表示编译成功，如图 6-53 所示。

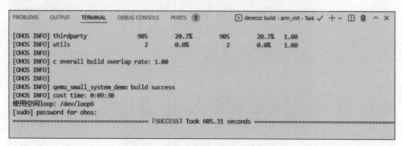

图 6-53　完成仿真条件下的编译

编译完成后会在源代码根目录下生成 flash.img 和 smallmmc.img 两个镜像文件，如图 6-54 所示。

（5）在 DevEco Device Tool 中，选择 REMOTE DEVELOPMENT→Local PC，查看远程计算机（Ubuntu 开发环境）与本地计算机（Windows 开发环境）的连接状态，如图 6-55 所示。

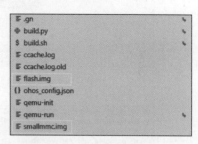

图 6-54　生成固件镜像文件

如果 Local PC 右侧连接按钮为 ■，则远程计算机与本地计算机为已连接状态，不需要执行其他操作。

如果 Local PC 右侧连接按钮为 ▶，则单击连接按钮进行连接。连接时 DevEco Device Tool 会重启服务，因此不要在下载源代码或源代码编译过程中进行连接，否则会中断任务。

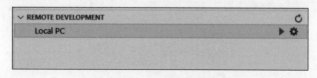

图 6-55　查看连接状态

（6）单击 PROJECT TASKS→arm_virt→Run 选项，开始下载仿真器组件和进行镜像传输，如图 6-56 所示，这个过程是指传输编译好的操作系统固件到仿真硬件中。

```
Transferring files...
%100, Transferring file: smallmmc.img
%100, Transferring file: flash.img
%100, Transferring file: deveco.ini
Files transfer completed
```

图 6-56　下载仿真器组件和
进行镜像传输

镜像传输完成后，仿真器成功运行，如图 6-57 所示。可以看到，仿真的带屏开发板已经启动。

（7）仿真器运行成功后便进入 LiteOS-A 系统，开发者便可以执行相关 Shell 指令运行程序。例如，输入 help 可以查看支持的指令集，如图 6-58 所示。

输入以下命令，可以运行仿真器图形 Demo。

```
bin/sample_ui
```

运行结果如图 6-59 所示。

图 6-57　在 QEMU 虚拟板卡上运行仿真器

```
01-01 00:00:19.412 2 8 W 02500/HDF_WIFI_CORE: HdfWlanPowerOnProcess:Chip power on!
01-01 00:00:19.468 2 8 W 02500/HDF_WIFI_CORE: HdfWlanResetProcess:Chip reset success!
01-01 00:00:19.469 2 8 D 02500/mmc_if_c: MmcCntlrObjGetByNumber: success
01-01 00:00:19.469 2 8 I 02500/HDF_LOG_TAG: HdfGetDevHandle: sdio card detected!
01-01 00:00:19.470 2 8 I 02500/HDF_LOG_TAG: HdfSdioInit: sdio bus init success!
01-01 00:00:19.470 2 8 I 02500/HDF_WIFI_CORE: HdfWlanBusInit: driver name = fakewifi
01-01 00:00:19.470 2 8 E 02500/devmgr_service: device fakewifi not in configed device list
01-01 00:00:19.470 2 8 E 02500/HDF_WIFI_CORE: HdfWifiInitDevice: get chipDriverFact failed! driverName=fakewifi
01-01 00:00:19.470 2 8 D 02500/HDF_WIFI_CORE: HdfWlanInitThread:finished.

OHOS:/$ help
******************shell commands:*************************

cat          cd           chgrp        chmod        chown        cp
cpup         date         dhclient     format       free         help
ifconfig     kill         ls           mkdir        mount        netstat
ping         pmm          pwd          reset        rm           rmdir
shm          sync         systeminfo   task         trace_dump   trace_mask
trace_reset  trace_start  trace_stop   umount       uname
```

图 6-58　查看支持的指令集

Test Demo
Clip
Rotate_Input
View_Scale_Rotate
Vector_Font
Input_Event
Button

图 6-59　运行仿真器图形 Demo

6.5.7　代码烧录

Hi3861V100 开发板通过 Window 环境进行镜像烧录,开发者启动烧录操作后,DevEco Device Tool 通过 Remote 模式将 Ubuntu 环境下编译生成的待烧录程序文件复制到 Windows 目录下,然后通过 Windows 的烧录工具将程序文件烧录至开发板中。具体步骤如下。

(1) 连接好计算机和待烧录开发板,需要连接 USB 口,具体可参考 Hi3861V100 开发板介绍。

(2) 在 DevEco Device Tool 通过 Local PC 选项查看本机与远程 Ubuntu 服务器的连接状态,保障两个主机的连通性良好,因为在操作过程中连接可能会丢失。

(3) 进入 Hi3861V100 工程配置界面对工具链进行设置。

(4) 在 Tool Chain 标签页设置 Uploader(烧录器)工具,可以通过单击 Install 按钮在线安装。若烧录器存在新版本或需要使用其他烧录器,可以设置 Uploader→Use Custom Burn Tool 指定本地的烧录器,如图 6-60 所示。

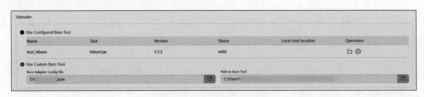

图 6-60　指定烧录器

(5) 在 hi3861 标签页设置烧录选项,包括 upload_port、upload_protocol 和 upload_partitions。配置完成后工程将自动保存,如图 6-61 所示。

① upload_port:选择已查询的串口号。

② upload_protocol:烧录协议,这里选择 hiburn-serial。

③ upload_partitions:待烧录的文件名称。DevEco Device Tool 已预置默认的烧录文件信息,如果需要修改待烧录文件地址,可单击每个待烧录文件后的按钮进行修改。

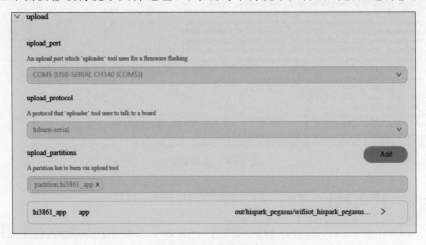

图 6-61　配置烧录选项

（6）单击 PROJECT TASKS→OpenHarmony→hi3861→Upload 选项，启动烧录，如图 6-62 所示。

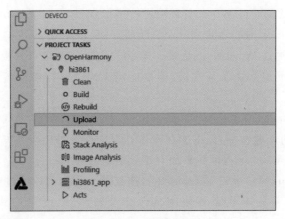

图 6-62 启动烧录

（7）启动烧录后，显示如图 6-63 所示提示信息时，在 15s 内按下开发板上的 RST 按钮重启开发板。

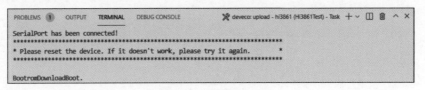

图 6-63 重启开发板

（8）重启上电后，界面提示如图 6-64 所示信息时，表示烧录成功。

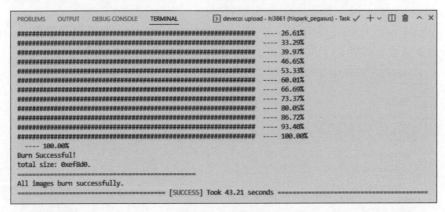

图 6-64 完成烧录

6.5.8 代码调试

DevEco Device Tool 支持常用的调试能力，开发者如果使用调试能力，首先要保证编译出来的二进制文件含有调试信息。以下内容主要针对 DevEco Device Tool 的调试能力进行描述。

调试界面如图 6-65 所示,主要分为调试功能区、调试侧边栏和调试控制台。

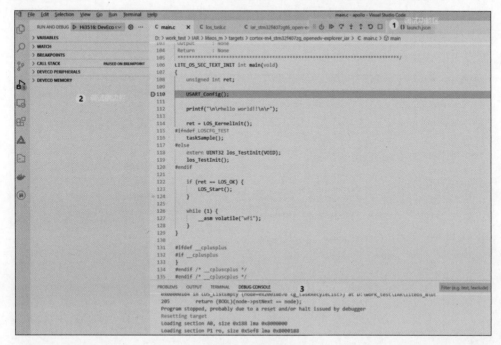

图 6-65　调试界面

1. 调试功能区

启动调试功能后,当代码执行到设置的断点时,程序会暂停,可以使用调试功能区的按钮进行代码的调试,如图 6-66 所示。

各按钮功能如下。

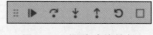

图 6-66　调试功能按钮

(1) Continue/Pause(F5) ：当程序执行到断点时停止执行,单击此按钮程序继续执行。

(2) Step Over(F10) ：在单步调试时,直接前进到下一行(如果在函数中存在子函数,不会进入子函数内单步执行,而是将整个子函数当作一步执行)。

(3) Step Into(F11) ：在单步调试时,遇到子函数后,进入子函数并继续单步执行。

(4) Step Out(Shift＋F11) ：在单步调试执行到子函数内时,单击该按钮会执行完子函数剩余部分,并跳出返回到上一层函数。

(5) Restart(Ctrl＋Shift＋F5) ：重新启动调试。

(6) Stop(Shift＋F5) ：停止调试任务。

2. 断点管理

断点管理主要分为函数断点、条件断点和内联断点。

1）函数断点

在 Visual Studio Code 中插入函数断点的方式有多种。

（1）单击代码行最左侧的位置。

（2）在侧边栏的 BREAKPOINTS 中手动添加断点函数。

（3）使用快捷键 F9。

断点设置成功后，如图 6-67 所示。

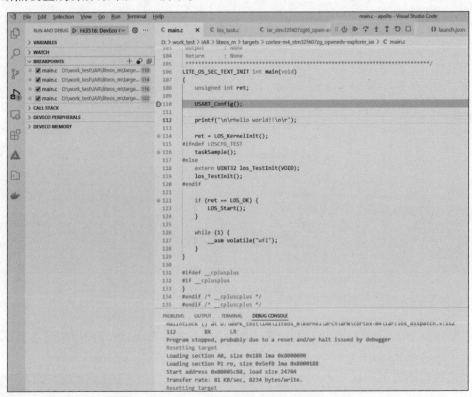

图 6-67　调试断点设置

2）条件断点

在代码函数所在行的最左侧右击，在弹出的快捷菜单中选择 Add Conditional Breakpoint，然后输入断点的条件和进入次数即可。

3）内联断点

右击要设置断点的函数，在弹出的快捷菜单中选择 Add Inline Breakpoint，或者按快捷键 Shift+F9，如图 6-68 所示。

3. 查看和修改变量

在调试过程中，可以通过 VARIABLES 查看变量（包括局部变量、全局变量以及静态变量）的取值判断程序的计算结果是否有误，从而快速进行代码检查。如果需要对变量值进行修改，可以双击对应的变量值，输入修改值，如图 6-69 所示。

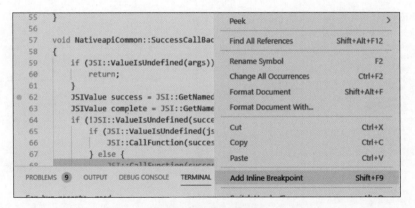

图 6-68　设置内联断点

同时,也可以通过 WATCH 功能监控指定的变量信息。

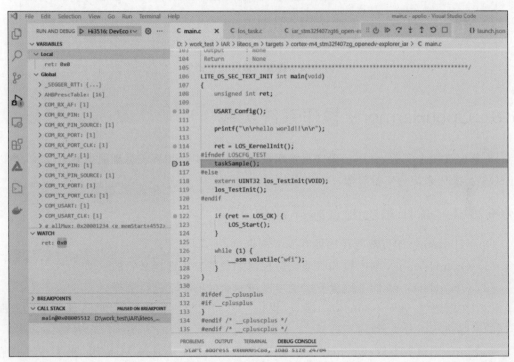

图 6-69　查看和修改变量值

4. 查看和修改寄存器

在调试过程中,可以通过查看相关寄存器的值确定各参数值是否有误以及代码执行的位置,从而快速进行代码检查,如图 6-70 所示。如果需要对寄存器值进行修改,可以双击寄存器值,然后输入修改值。

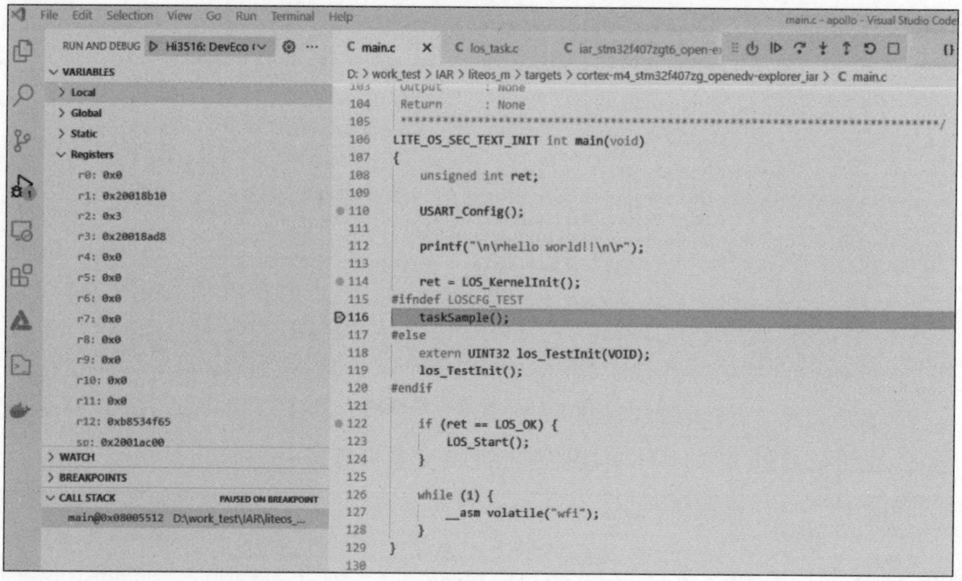

图 6-70 查看和修改寄存器值

6.6 OpenHarmony 操作系统实验

本节包含两个实验,分别是操作系统配置编译裁剪实验和系统基础服务裁剪实验,均以 LiteOS-A 操作系统为实验对象。

6.6.1 操作系统配置编译裁剪实验

OpenHarmony 的可裁剪设计具有以下特点。

(1) OpenHarmony 的内核和驱动支持按需加载的方式选择必要的驱动。

(2) OpenHarmony 的基础服务层也可以按照产品的要求进行选择。

(3) 在框架层,针对不同的应用场景,提供了不同的模块化的框架单元,这些单元按照不同的产品进行了分类,可进行选择。

与 Linux 的裁剪类似,OpenHarmony 内核的裁剪主要是通过 Makefile 来实现。我们以 LiteOS-A 为例,LiteOS-A 同样也支持 menuconfig 的裁剪方式。

在 OpenHarmony 3.1 源代码 kernel/LiteOS-A 的目录下执行以下命令。

```
make menuconfig
```

运行结果如图 6-71 所示。

可以通过该界面对编译器、平台和内核等进行配置。如果选择内核配置,则选择内核选项后,就可以看见内核的详细编译配置项,如图 6-72 所示。

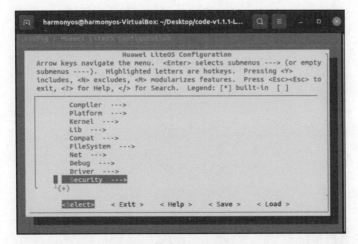

图 6-71　选择操作系统组件

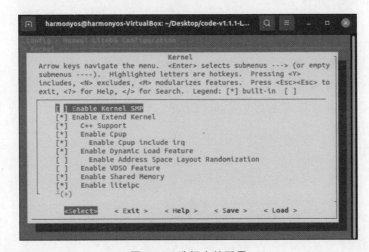

图 6-72　选择内核配置

6.6.2　系统基础服务裁剪实验

本节介绍如何在 LiteOS-A 系统中新增一个组件。首先确定组件归属的子系统和组件名称,接着完成源代码开发,然后按如下步骤新增组件。

1. 添加组件编译脚本

以编译 hello_world 组件可执行文件为例,applications/sample/hello_world/BUILD.gn 可以写为

```
executable("hello_world") {
  include_dirs = [
    "include",
  ]
```

```
    sources = [
      "src/hello_world.c"
    ]
}
```

以上编译脚本可编译出一个可在 OpenHarmony 上运行的名为 hello_world 的可执行文件。

单独编译该组件,执行 hb set 命令任意选择一款产品,然后使用-T 选项单独编译组件。

```
hb build − f − T //applications/sample/hello_world
```

2. 添加组件描述

组件描述位于 build/lite/components 下,新增的组件需加入对应子系统的 JSON 文件中。组件描述必选的字段如下。

(1) component:组件名称。

(2) description:组件的一句话功能描述。

(3) optional:组件是否为系统可选。

(4) dirs:组件源代码路径。

(5) targets:组件编译入口。

以将 hello_world 组件加入应用子系统为例,在 applications.json 文件中添加 hello_world 对象的代码如下。

```
{
  "components": [
    {
      "component": "hello_world",
      "description": "Hello world.",
      "optional": "true",
      "dirs": [
        "applications/sample/hello_world"
      ],
      "targets": [
        "//applications/sample/hello_world"
      ]
    },
    ...
  ]
}
```

3. 将组件配置到产品

产品的配置文件 config.json 位于 vendor/company/product/目录下,产品配置文件需包含产品名称、OpenHarmony 版本号、设备厂商、开发板、内核类型、内核版本号,以及配置的子系统和组件。以将 hello_world 组件加入产品为例,在配置文件 my_product.json 中加入 hello_world 对象的代码如下。

```
{
    "product_name": "hello_world_test",
    "ohos_version": "OpenHarmony 1.0",
    "device_company": "hisilicon",
    "board": "hispark_taurus",
    "kernel_type": "liteos_a",
    "kernel_version": "1.0.0",
    "subsystems": [
      {
        "subsystem": "applications",
        "components": [
          { "component": "hello_world", "features":[] }
        ]
      },
      ...
    ]
}
```

4. 编译产品

（1）在代码根目录执行 hb set 命令，选择对应产品。

（2）执行 hb build 命令。

第 7 章　嵌入式操作系统移植及驱动开发

　　嵌入式操作系统与通用操作系统的最显著区别之一就是它的可移植性。一款嵌入式操作系统通常可以运行在不同体系结构的处理器和开发板上。为了使嵌入式操作系统可以在某款具体的目标设备上运行,嵌入式操作系统的编写者通常无法一次性完成整个操作系统的代码,而必须把一部分与具体硬件设备相关的代码作为抽象的接口保留出来,让提供硬件的原始设备制造商(Original Equipment Manufacturer,OEM)来完成,这样才可以保证整个操作系统的可移植性。这些代码通常是板级支持包的一部分。例如,不同处理器和开发板通常都会提供实时时钟支持,用来得到当前的时间日期,但是实时时钟的实现方式却不胜枚举。如何告诉嵌入式操作系统当前的时间,就是操作系统移植者要完成的任务了。

　　系统移植人员不但要对嵌入式操作系统提供的接口了如指掌,还要对操作系统运行的硬件有极为深入的了解,此类开发人员可能会身兼软件工程师和硬件工程师的双重身份——让嵌入式操作系统在自己设计的硬件平台上运行起来。

7.1　嵌入式操作系统移植概述

　　嵌入式系统的特点是针对不同的使用场景进行硬件的定制化开发,因此在嵌入式市场上存在千差万别的嵌入式产品和开发板。这些开发板往往具有不同能力的嵌入式微处理器,即使微处理器相同,也会装备有不同功能的外设。因此,需要操作系统对这些硬件进行适配后,才能运行到对应的目标系统中。

　　在第 6 章讲过,嵌入式软件即使在宿主机上交叉编译通过,也不一定能在目标设备上运行;即使在设备 A 上能运行,也不能保障在设备 B 上能运行。其实第二点就是程序的移植性问题,嵌入式操作系统属于一种特定的嵌入式软件,业务要针对特异性较大的目标设备进行定制化开发,有时也叫适配。当然,嵌入式操作系统的移植难度更大,因为对嵌入式软件而言,适配解决的是不同操作系统中数据类型等的软件差异;而嵌入式操作系统面对的是硬件,适配要解决的是不同硬件(如 CPU 内寄存器数量、大小和主频等)的访问问题,还有不同外设的驱动移植适配问题。

　　本节以 Linux 系统为例,介绍嵌入式操作系统移植的一般过程。

7.1.1 嵌入式操作系统移植通用流程

对于目前主流的嵌入式操作系统移植,绝大部分使用的是 Linux 系统,或者是类 Linux 系统。首先分析一下 Linux 系统的移植方法及过程。Linux 系统实际上由两个比较独立的部分组成,即内核部分和系统部分。内核部分中的一小部分直接与硬件打交道,是硬件相关的,而另一部分是硬件无关的;系统部分则主要是一些服务扩展功能,也是与硬件无关的。嵌入式系统移植的重点是硬件相关功能的定制。通常启动一个 Linux 系统的过程如下。

(1) 一个不隶属于任何操作系统的加载程序(BSP)将 Linux 部分内核调入内存,并将控制权交给内存中 Linux 内核的第一行代码。加载程序的工作就完成了。

(2) Linux 内核将剩余部分全部加载到内存(如果有的话,视硬件平台的不同而不同),初始化所有设备,在内存中建立好所需的数据结构(有关进程、设备、内存等)。至此 Linux 内核的工作告一段落,内核已经控制了所有硬件设备。

(3) 至于操作和使用这些硬件设备,则轮到系统部分上场了。内核加载根设备并启动 init 守护进程,init 守护进程会根据配置文件加载文件系统、配置网络、服务进程、终端等。一旦终端初始化完毕,就会看到系统的欢迎界面了。

综上所述,嵌入式操作系统移植过程分为以下两个基本步骤。

(1) 内核移植。内核部分初始化和控制所有硬件设备(严格来说不是所有,而是绝大部分),为内存管理、进程管理、设备读写等工作做好一切准备。

(2) 系统移植。系统部分加载必需的设备,配置各种环境以便用户可以使用整个系统。

7.1.2 系统移植所必需的环境

首先,需要一个适配目标硬件的交叉编译 GCC。进行跨平台编译,GCC 几乎是最好的选择。另外,Linux 内核依赖许多 GCC 独有的特性,当用户移植好一个嵌入式 Linux 系统后,编译该 Linux 系统必须使用 GCC。

如果用户已经掌握 GCC 使用方法并且反复使用后,那么只需要再进一步巩固一下交叉编译的操作即可。两种编译环境是必需的,包括宿主机平台上的 Linux 系统和目标主机平台上的 Linux 系统。用户可以自行构建目标主机上的 GCC,也可以直接从网站上下载已经编译好的 GCC。除非开发平台过于特殊,否则一定能够找到能用的交叉编译 GCC。

其次,编译链接库是必需的,而且必须是目标平台的编译链接库。有时会有现成的链接库可以用。否则,就需要自己用 GCC 建立它,通常这是一个枯燥且烦琐的过程。

7.1.3 内核移植

接下来从内核着手分析移植中的关键问题。Linux 系统采用了单一内核机制,但这没有影响 Linux 系统的平台无关性和可扩展性。Linux 使用两种途径分别解决这些问题:分离硬件相关代码和硬件无关代码,使上层代码永远不必关心底层换用了什么代码,如何完成操作。不论在 x86 还是在 ARM 平台上分配一块内存,对上层代码而言没什么不同。硬件相关部分的代码不多,占总代码量的很少一部分,所以对于更换硬件平台没有什么真正的负担。另外,Linux使用内核机制很好地解决了扩展的问题,系统服务可以在需要时轻松地加载或卸下。

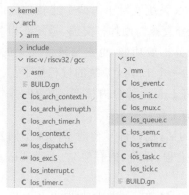

图7-1 LiteOS中的硬件相关和硬件无关代码

Linux内核主要由5个功能部分组成:进程管理(包括调度和通信)、内存管理、设备管理、虚拟文件系统、网络。它们之间有着复杂的调用关系,但幸运的是,在移植中不会触及太多,因为Linux内核良好的分层结构将硬件相关的代码独立出来。以进程管理为例,对进程的时间片轮转调度算法在所有平台的Linux中都是一样的,它是与平台无关的;而用来在进程中切换的时间片时长在不同的CPU上是不同的,因此需要针对该平台编写代码,这就是平台相关的。在LiteOS-M中也是如此,如图7-1所示,左侧为内核中的硬件相关代码,包括进程上下文切换、时钟计时,处于arch目录下;右侧为内核中的硬件无关代码,包括进程调度和系统计时等。

Linux内核的5个功能部分的顺序不是随便排的,从前到后分别代表着它们与硬件设备的相关程度越来越低,后面的虚拟文件系统和网络则几乎与平台无关,它们由设备管理中所支持的驱动程序提供底层支持。因此,在做系统移植时,需要改动的就是进程管理、内存管理和设备管理中被独立出来的那部分,即硬件相关部分的代码。在Linux代码树下,这部分代码也全部在arch目录下。

如果目标平台已经被Linux核心所支持,那么已经没有太多的工作去做。只要交叉编译环境是正确的,简单地配置、编译就可以得到目标代码。否则,需要用户编写或修改一些代码,修改平台相关部分的代码即可,但需要对目标平台(主要是对CPU)的透彻理解。在Linux的代码树下可以看到这部分的典型代码量:约20000行C代码和约2000行汇编代码(C代码中通常包含许多伪汇编指令,因此实际上纯C代码要少很多)。这部分工作量是不可小看的,它包含了对绝大多数硬件的底层操作,涉及IRQ、内存页表、快表、浮点处理、时钟、多处理器同步等问题,频繁的端口编程意味着需要用户将目标平台的文档用C语言重写一遍。这就是目标平台的文档极其重要的原因。

代码量最大的部分是被内核直接调用的底层支持部分,这部分代码在arch/xxx/kernel目录下(xxx是平台名称,如arm、risc-v等)。这些代码重写了内核所需调用的所有函数。因为接口函数是固定的,所以这里是为硬件平台编写API。不同的系统平台,主要有以下几方面的不同。

(1)进程管理底层代码。从硬件系统的角度来看,进程管理就是CPU的管理,在不同的硬件平台上有很大的不同。CPU中用的寄存器结构不同,上下文切换的方式、现场的保存和恢复、栈的处理都不同。当LiteOS-M系统运行在RISC-V处理器时,主要体现在los_ arch_context. h(上下文)和 los_dispatch. S(任务分发)文件。

（2）**BSP 接口代码**。在通用平台上，通常有基本输入输出系统供操作系统使用，在 PC 上是 BIOS，在 Hi3861 上是 Boot Loader，在很多非通用系统上甚至没有这样的东西。多数情况下，Linux 不依赖基本输入输出系统，但在某些场景中，Linux 需要通过基本输入输出系统得到重要的设备参数。移植时，这部分代码通常需要完全改写。

（3）时钟、中断等片内设备支持代码。即使在同一种 CPU 平台上，也会存在不同的片内外设，不同 CPU 平台上更是如此。不同的系统组态需要不同的初始化代码。很典型的例子就是 ARM 平台，仔细分析 arch/arm/ 目录下的代码就能发现，在 LiteOS-M 中支持的有 Cortex-M3、Cortex-M4、Cortex-M7 等多种 ARM 内核。因为 ARM 平台在嵌入式领域应用得最多，甚至同一种 ARM 芯片会被不同厂家封装后再配上不同的芯片组来使用，所以要为这些不同的 ARM 平台分别编写不同的代码。

（4）特殊结构代码，如多处理器支持等。其实每种 CPU 都是十分特殊的，x86 系列 CPU 运行时存在实模式与虚模式的区别，而在 RISC-V 平台上根本就没有这个概念。这就导致了很大的不同——PC 上的 Linux 在获得控制权后不久就开始切换到虚模式，RISC-V 机器上则没有这段代码。又如，电源管理的支持更是多种多样，不同的 CPU 有着不同的实现方式（特殊的电源管理方式甚至被厂商标榜）。在这种情况下，除非放弃对电源管理的支持，否则必须重写代码。

还有一个代码量不多但不能忽视的部分，是在 arch/xxx/mm/ 目录下的内存管理部分。所有与平台相关的内存管理代码全部在这里。这部分代码完成内存的初始化和各种与内存管理相关的数据结构的建立。Linux 使用了基于页式管理的虚拟存储技术。为了提高性能，实现内存管理的功能单元统统被集成到 CPU 中。因此，内存管理成为一项与 CPU 十分相关的工作。同时，内存管理的效率也是影响系统性能的关键因素之一。

内存可以说是计算机系统中最被频繁访问的设备，如果每次访问内存时多占用一个时钟周期，就有可能将系统性能降低到不可忍受。在 Linux 系统中，不同平台的内存管理代码的差异程度较大。不同的 CPU 有不同的内存管理方式，同一种 CPU 还会有不同的内存管理模式。在 LiteOS-M 系统中，内存管理（动态内存和静态内存）是与 CPU 无关的，内存管理代码在 kernel/mm 目录下。

除了上面所讲的之外，还有一些代码需要考虑，但相对来说次要一些。例如浮点运算的支持，较完美的做法是对浮点处理单元（Floating-point Processing Unit，FPU）编程，由硬件完成浮点运算。但在某些时候，浮点并不重要，甚至 CPU 根本就不支持浮点，这时就可以根据需求来取舍。实际上，还有一些移植工作需要同时考虑，但很难说这是属于内核范畴还是驱动程序范畴。例如，显示设备的支持和内核十分相关，但在逻辑上又不属于内核，并且在移植上也更像是驱动程序的开发。

7.1.4　系统移植

内核移植完毕后，可以说移植工作已经完成大半了。也就是说，当内核在交叉编译成功后,加载到目标平台上正常启动,并出现类似 VFS：Can't mount root file system 的提示时,则表示可以开始系统移植方面的工作了。系统移植实际上是一个最小系统的重建过程。整个过程与建立 Linux 系统应急启动盘类似;不同的是,用户需要使用目标平台上的二进制代码生成这个最小系统,包括 init、libc 库(标准 C 语言库)、驱动模块、必需的应用程序和系统配置脚本等。一旦这些工作完成,移植工作就进入联调阶段了。

Linux 系统移植工作至少要包括上述内容,除此之外,有一些看不见的开发工作也是不可忽视的,如某个特殊设备的驱动程序、为调试内核而做的远程调试工作等。另外,同样的一次移植工作,符合最小功能集的移植和全系统移植是不一样的;向 16 位 CPU 移植和向 64 位 CPU 移植也是不一样的。

在移植中通常会遇到的问题是移植系统试运行时的死锁或崩溃,在系统部分移植时要相对简单,因为可以容易地定位错误根源;而在内核移植时定位十分困难。虽然可以通过串口对正在运行的内核进行调试,但是在多任务情况下,有很多现象是不可重现的(第 6 章已经介绍)。又如,在板级初始化的开始,很多设备还没法确定状态,甚至串口还没有初始化。对于这种情况没有什么很好的解决办法,所以好的仿真平台很重要。另外,要多增加反映系统运行状态的调试代码。再者,要掌握硬件平台的文档,硬件平台厂商的专业支持也是很重要的。

7.2　OpenHarmony 移植准备

本节主要介绍 OpenHarmony 操作系统的基础开发移植方法,与 7.1 节介绍的 Linux 系统移植过程类似。不同的地方在于系统移植过程比较简单,在下面的介绍过程中进行了忽略,添加的是外设驱动的开发和移植。典型的芯片架构(如 Cortex-M 系列、RISC-V 系列等)都可以按照本节介绍进行移植,暂时不支持蓝牙服务。本节重点未放在基本的 OS 基础介绍,而是更多地描述 OpenHarmony 平台移植过程中的主要操作和需要关注的方面。

7.2.1　移植目录

OpenHarmony 整体工程较为复杂,工程目录及实现包括系统所有功能,如果不涉及复杂的特性增强,不需要关注每层实现,移植过程中重点关注如表 7-1 所示目录即可。

表 7-1　OpenHarmony 移植目录

目 录 名 称	描 述
/build/lite	OpenHarmony 基础编译构建框架
/kernel/liteos_m	基础内核,其中芯片架构相关实现在 arch 目录下
/device	板级相关实现,各个第三方厂商按照 OpenHarmony 规范适配实现,device 下具体目录结构及移植过程参见板级系统移植
/vendor	产品级相关实现,主要由华为或产品厂商贡献

device 目录规则:device/{芯片解决方案厂商}/{开发板}。以 hisilicon 的 hispark_

taurus 为例,其结构如图 7-2 所示。

vendor 目录规则:vendor/{产品解决方案厂商}/{产品名称}。以华为的 wifiiot 产品为例,其结构如图 7-3 所示。

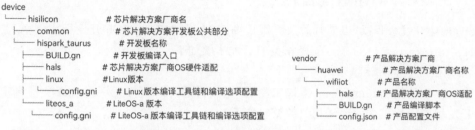

图 7-2 OpenHarmony 系统中 device 目录结构   图 7-3 OpenHarmony 系统中 vendor 目录结构

7.2.2 移植流程

OpenHarmony 的 device 目录是基础芯片的适配目录,如果在第三方芯片应用过程中发现此目录下已经有完整的芯片适配,则不需要再额外移植,直接跳过移植过程进行系统应用开发即可,如果该目录下无对应的芯片移植实现,则根据本节完成移植过程。OpenHarmony 第三方芯片移植主要流程如图 7-4 所示。

图 7-4 OpenHarmony 第三方芯片移植主要流程

从图 7-4 可以看到,移植主要步骤分为内核移植和板级系统移植。内核移植包括芯片架构适配和内核基础适配;板级系统移植则包括板级驱动适配和 HAL 接口实现。前面也提到过,硬件抽象层(HAL)对上层内核屏蔽底层硬件的特性,只需定义函数接口,具体函数实现由不同硬件通过不同方式来完成,在内核层看到的都是一样的。当两个移植步骤完成后,均需要进行移植测试保障移植的正确性。

开始移植操作之前,需要构建编译环境保障后续移植操作过程中代码的编译和运行。

7.2.3 编译构建适配流程

首先,创建开发板目录,以芯片解决方案厂商 Realtek 的 RTL8720 开发板为例,需要创建 device/realtek/rtl8720 目录。编译相关的适配步骤如下。

1. 编译工具链和编译选项配置

构建系统默认使用 ohos-clang 编译工具链,也支持芯片解决方案厂商按开发板自定义配置。开发板编译配置文件编译相关的变量如下。

(1) kernel_type:开发板使用的内核类型,如 liteos_a、liteos_m、linux。

(2) kernel_version:开发使用的内核版本,如 4.19。

(3) board_cpu:开发板 **CPU** 类型,如 cortex-a7、riscv32。

(4) board_arch:开发板芯片架构,如 armv7-a、rv32imac。

(5) board_toolchain:开发板自定义的编译工具链名称,如 gcc-arm-none-eabi。若为空,则默认为 ohos-clang。

(6) board_toolchain_prefix:编译工具链前缀,如 gcc-arm-none-eabi。

(7) board_toolchain_type:编译工具链类型,目前支持 gcc 和 clang。

(8) board_cflags:开发板配置的 **C** 文件编译选项。

(9) board_cxx_flags:开发板配置的 **cpp** 文件编译选项。

(10) board_ld_flags:开发板配置的链接选项。

编译构建系统会按产品选择的开发板加载对应的 config. gni 文件,该文件中变量对系统组件全局可见。

以芯片解决方案厂商 Realtek 的 RTL8720 开发板为例,device/realtek/rtl8720/liteos_m/config. gni 文件的内容如下。

```
# Kernel type, e.g. "linux", "liteos_a", "liteos_m".
kernel_type = "liteos_m"
# Kernel version.
kernel_version = "3.0.0"
# Board CPU type, e.g. "cortex-a7", "riscv32".
board_cpu = "real-m300"
# Board arch, e.g. "armv7-a", "rv32imac".
board_arch = "armv7-m"
# Toolchain name used for system compiling.
# E.g. gcc-arm-none-eabi, arm-linux-harmonyeabi-gcc, ohos-clang, riscv32-unknown-elf-gcc.
# Note: The default toolchain is "ohos-clang". It's not mandatory if you use the default toolchain.
board_toolchain = "gcc-arm-none-eabi"
# The toolchain path installed, it's not mandatory if you have added toolchain path to your ~/.bashrc.
```

```
board_toolchain_path = rebase_path("//prebuilts/gcc/linux-X86/arm/gcc-arm-none-eabi/
bin",root_build_dir)
# Compiler prefix.
board_toolchain_prefix = "gcc-arm-none-eabi-"
# Compiler type, "gcc" or "clang".
board_toolchain_type = "gcc"
# Board related common compile flags.
board_cflags = []
board_cxx_flags = []
board_ld_flags = []
```

2. 开发板编译脚本

新增的开发板,对应目录下需要新增 BUILD.gn 文件作为开发板编译的总入口。以芯片解决方案厂商 Realtek 的 RTL8720 开发板为例,对应的 device/realtek/rtl8720/BUILD.gn 文件内容为

```
group("rtl8720") {
    …
}
```

3. 编译调试开发板

(1) 在终端命令行任意目录下执行 hb set 命令,按提示设置源代码路径和要编译的产品。

(2) 在开发板目录下执行 hb build 命令,即可启动开发板的编译。

4. 编译调试产品

将开发板和组件信息写入产品配置文件,该配置文件字段说明如下。

(1) product_name:产品名称,支持自定义,建议与 vendor 目录下的三级目录名称一致。

(2) ohos_version:**OpenHarmony** 版本号,应与实际下载的版本一致。

(3) device_company:芯片解决方案厂商名称,建议与 device 目录下的二级目录名称一致。

(4) board:开发板名称,建议与 device 目录下的三级目录名称一致。

(5) kernel_type:内核类型,应与开发板支持的内核类型匹配。

(6) kernel_version:内核版本号,应与开发板支持的内核版本匹配。

(7) subsystem:产品选择的子系统,应为 OS 支持的子系统(请见 build/lite/components 目录下的各子系统描述文件)。

(8) components:产品选择的某个子系统下的组件,应为某个子系统支持的组件(请见 build/lite/components/子系统.json 文件)。

(9) features:产品配置的某个组件特性(请见 build/lite/components/子系统.json 中对应组件的 features 字段)。

以基于 RTL8720 开发板的 wifiiot 模组为例，vendor/realtek/wifiiot/config. json 文件内容如下。

```
{
    "product_name": "wifiiot",                              # 产品名称
    "ohos_version": "OpenHarmony 1.0",                      # 使用的 OS 版本
    "device_company": "realtek",                            # 芯片解决方案厂商名称
    "board": "rtl8720",                                     # 开发板名称
    "kernel_type": "liteos_m",                              # 选择的内核类型
    "kernel_version": "3.0.0",                              # 选择的内核版本
    "subsystems": [
      {
        "subsystem": "kernel",                              # 选择的子系统
        "components": [
          { "component": "liteos_m", "features":[] }        # 选择的组件和组件特性
        ]
      },
      …
      {
          更多子系统和组件
      }
    ]
}
```

第 24 集
微课视频

7.3　OpenHarmony 内核移植

内核移植是指将 OpenHarmony 内核在不同的芯片架构、不同的板卡上运行起来，能够具备线程管理和调度、内存管理、线程间同步和通信、定时器管理等功能。内核移植可分为 CPU(芯片)架构移植和基础内核移植两部分。以模组芯片使用的 LiteOS-M 内核为例，LiteOS-M 内核主要分为 **KAL**(内核抽象层)、**Components**(组件)、**Kernel**(内核)和 **Utils**(工具)4 个模块，如图 7-5 所示。可以将这些模块分成两大部分。

(1) 硬件相关层。在 Kernel 模块中，硬件相关的代码放在 Kernel 的 arch 目录中。arch 向上提供统一的 HAL 接口，以及 HAL 硬件及平台相关接口的实现。

(2) 硬件无关层。

① Kernel 模块中其余为硬件无关的代码。内核功能集(任务调度、任务交互等)的实现依赖于硬件相关的 arch 代码，如任务上下文切换、原子操作等。

② Components 模块可插拔，依赖 Kernel 模块。

③ Utils 模块作为基础代码块，被其他模块依赖。

④ KAL 模块作为内核对外的接口，依赖于 Components 模块和 Kernel 模块。

LiteOS-M 内核目录结构如图 7-6 所示。

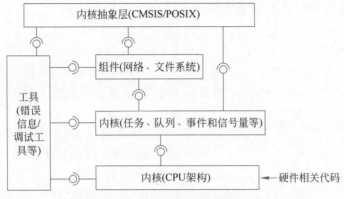

图 7-5　LiteOS-M 内核模块

图 7-6　LiteOS-M 内核目录结构

7.3.1　芯片架构适配

内核移植的第一步是芯片架构适配,需要让内核底层代码中与芯片有关的函数对特定芯片进行定制开发。在嵌入式领域有多种不同 CPU 架构,如 Cortex-M、ARM920T、MIPS32、RISC-V 等,不同操作系统厂商对芯片架构适配有不同的解决方案,但总体来说都需要降低开发者移植的难度。芯片架构适配的主要区别在于内核指令集及编译平台。

以国产 RT-Thread 操作系统为例,为了使其能够在不同 CPU 架构的芯片上运行,RT-Thread 提供了一个 libcpu 抽象层适配不同的 CPU 架构。libcpu 层向上对内核提供统一的接口,包括全局中断的开关、线程栈的初始化、上下文切换等。

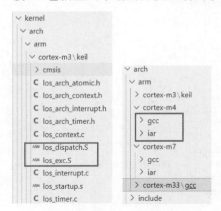

图 7-7　LiteOS-M 芯片架构适配目录结构

1. 适配要点

在 LiteOS-M 操作系统中,存在如图 7-7 所示的内核目录结构,芯片架构相关的代码会因不同芯片架构存在部分差异,因此会存放在不同的以芯片架构命名的子目录中,如 arm/cortex-m3。而且,在有些架构下会有部分的汇编代码,如图 7-7 左侧部分;而汇编代码会因编译工具链的不同而不同,因此在具体的芯片架构目录下还包含不同工具链(iar、keil、gcc 等)的子目录的实现,如图 7-7 右侧部分。

arch/include 目录定义通用的文件以及函数列表,可以称为通用体系架构层。该目录下的所有函数在新增 arch 组件时都需要适配。该目录下具体头文件的说明如下。

(1) los_arch.h:定义芯片架构初始化所需要的函数。

(2) los_atomic.h:定义芯片架构所需要实现的原子操作函数。

(3) los_context.h:定义芯片架构所需要实现的任务上下文相关函数。

(4) los_interrupt.h:定义芯片架构所需要实现的中断和异常相关函数。

(5) los_timer.h:定义芯片架构所需要实现的系统时钟相关函数。

2. 适配过程(以 Cortex-M3 为例)

LiteOS-M 的芯片适配主要是实现与硬件相关的 HAL 接口,本节以 ARM 芯片适配为例进行分析。总体思路,让操作系统在一个芯片上跑起来,关键需要实现以下功能。

(1) SystemTick 的实现,给操作系统提供时钟节拍。

(2) PendSV 的中断处理,用于任务间的切换。

(3) 其他中断异常、堆栈保护、中断开关等的实现。

适配流程如图 7-8 所示。

以 Cortex-M3 处理器适配 LiteOS-M 系统为例,先在对应的内核平台上创建如图 7-9 所示的文件,这些文件称为特定架构适配层,仅针对 Cortex-M3 处理器和 Keil 编译器。

具体的汇编功能实现可以参考其他操作系统,如 ThreadX。接下来是对硬件相关文件进行实现,主要文件如下。

1) los_arch.h

该文件为 arch 初始化入口,对应的实现文件为 los_context.c,核心函数为

```
VOID ArchInit(VOID);    //arch初始化
```

2) los_timer.h

该文件与系统时钟节拍定时器相关,对应的实现文件为 los_timer.c、los_arch_timer.h。重要的定时器接口描述如代码 7-1 所示。

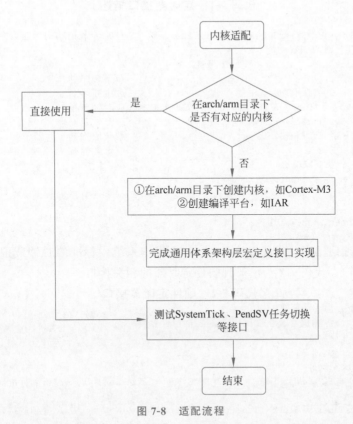

图 7-8 适配流程

图 7-9 Cortex-M3 芯片适配 LiteOS-M 系统核心文件

代码 7-1 定时器接口描述

```
#define LOS_SysTickTimerGet ArchSysTickTimerGet        //时钟节拍结构体获取
//关键实现以下回调函数功能
STATIC ArchTickTimer g_archTickTimer = {
    .freq = 0,                                          //系统时钟
    .irqNum = SysTick_IRQn,                             //中断号
    .periodMax = LOSCFG_BASE_CORE_TICK_RESPONSE_MAX,//时钟节拍
    .init = SysTickStart,                              //开始定时器
    .getCycle = SysTickCycleGet,                       //获取当前定时器值
    .reload = SysTickReload,                            //重新加载
    .lock = SysTickLock,                               //使能
    .unlock = SysTickUnlock,                            //禁止
    .tickHandler = NULL,                                //时钟节拍中断实现
};
UINT32 ArchEnterSleep(VOID)                             //进入休眠
```

关于时钟节拍适配方法,是修改 LiteOS-M 操作系统中标准的时钟节拍中断处理函数 OsTickHandler()。代码 7-2 为注册到硬件定时器的相关接口。

代码 7-2 硬件定时器接口

```
LITE_OS_SEC_TEXT_INIT UINT32 OsTickTimerInit(VOID)
{
    UINT32 ret;
    UINT32 intSave;
    HWI_PROC_FUNC tickHandler = (HWI_PROC_FUNC)OsTickHandler;  //得到标准时钟节拍中断

    g_sysTickTimer = LOS_SysTickTimerGet();                    //得到底层定时器结构体
    if ((g_sysTickTimer -> init == NULL) || (g_sysTickTimer -> reload == NULL) ||
        (g_sysTickTimer -> lock == NULL) || (g_sysTickTimer -> unlock == NULL) ||
        (g_sysTickTimer -> getCycle == NULL)) {
        return LOS_ERRNO_SYS_HOOK_IS_NULL;
    }

    if (g_sysTickTimer -> tickHandler != NULL) {     //判断是否需要接管定时中断
        tickHandler = g_sysTickTimer -> tickHandler;
    }
    intSave = LOS_IntLock();
    ret = g_sysTickTimer -> init(tickHandler);
                                //赋值时钟节拍中断,初始化 tick、freq 等信息
    ...

    return LOS_OK;
}
```

3）los_interrupt. h

该文件定义中断处理函数,对应的实现文件有 los_interrupt. c、los_arch_interrupt. h、los_dispatch. S、los_exc. S。具体中断处理函数如代码 7-3 所示。

代码 7-3　中断处理函数

```
#define OS_INT_ACTIVE    (ArchIsIntActive())
#define LOS_HwiCreate ArchHwiCreate              //注册中断服务函数
#define LOS_HwiDelete ArchHwiDelete              //删除中断服务函数
#define LOS_HwiTrigger ArchIntTrigger            //挂起中断
#define LOS_IntRestore ArchIntRestore            //恢复中断
#define LOS_HwiEnable ArchIntEnable              //中断使能
#define LOS_HwiDisable ArchIntDisable            //中断禁止
#define LOS_HwiClear ArchIntClear                //中断标志清除
#define LOS_HwiSetPriority ArchIntSetPriority    //设置中断优先级
#define LOS_HwiCurIrqNum ArchIntCurIrqNum        //得到当前中断号
#define LOS_IntLock ArchIntLock                  //打开 IRQ 中断
#define LOS_IntUnLock ArchIntUnLock              //关闭 IRQ 中断
#define LOS_HwiOpsGet ArchIntOpsGet              //得到中断结构体


//中断处理结构体
HwiControllerOps g_archHwiOps = {
    .enableIrq      = HwiUnmask,
    .disableIrq     = HwiMask,
    .setIrqPriority = HwiSetPriority,
    .getCurIrqNum   = HwiNumGet,
    .triggerIrq     = HwiPending,
    .clearIrq       = HwiClear,
};
```

在 LiteOS-M 中实现外部中断包括以下 3 个主要步骤。

(1) 实现 HalHwiInit()函数。

PendSV_Handler 和 SysTick_Handler 应分别重新定义为 HalPendSV 和 OsTickHandler。PendSV(可挂起的系统调用)是 ARM 处理器独有的一种 CPU 系统级别的异常,可以像普通外设中断一样被挂起。SysTick 为系统时钟中断。

定义 HalPendSV 和 OsTickHandler 这两个中断处理函数依赖于硬件中断初始化函数 HalHwiInit(),调用顺序为 main(VOID)→LOS_KernelInit()→ArchInit()→HalHwiInit()。

也就是系统启动主函数去调用内核初始化函数,内核初始化函数去调用体系结构初始化函数,体系结构初始化函数去调用硬件中断初始化函数。HalHwiInit()函数的定义如代码 7-4 所示。

代码 7-4　硬件中断初始化函数

```
#define LOSCFG_USE_SYSTEM_DEFINED_INTERRUPT      1      //0 代表使用默认
                                                        //1 代表重定义中断向量表地址

LITE_OS_SEC_TEXT_INIT VOID HalHwiInit()
{
#if (LOSCFG_USE_SYSTEM_DEFINED_INTERRUPT == 1)
    UINT32 index;
```

```
    g_hwiForm[0] = 0;                                    //取值为0代表堆栈栈顶
    g_hwiForm[1] = 0;                                    //取值为1代表变量
    for (index = 2; index < OS_VECTOR_CNT; index++) {
        g_hwiForm[index] = (HWI_PROC_FUNC)HalHwiDefaultHandler;
    }
    /* 中断处理寄存器 */
    g_hwiForm[NonMaskableInt_IRQn + OS_SYS_VECTOR_CNT]   = HalExcNMI;
    g_hwiForm[HARDFAULT_IRQN + OS_SYS_VECTOR_CNT]        = HalExcHardFault;
    g_hwiForm[MemoryManagement_IRQn + OS_SYS_VECTOR_CNT] = HalExcMemFault;
    g_hwiForm[BusFault_IRQn + OS_SYS_VECTOR_CNT]         = HalExcBusFault;
    g_hwiForm[UsageFault_IRQn + OS_SYS_VECTOR_CNT]       = HalExcUsageFault;
    g_hwiForm[SVCall_IRQn + OS_SYS_VECTOR_CNT]           = HalSVCHandler;
    g_hwiForm[PendSV_IRQn + OS_SYS_VECTOR_CNT]           = HalPendSV;
    g_hwiForm[SysTick_IRQn + OS_SYS_VECTOR_CNT]          = OsTickHandler;

    /* 中断向量表位置 */
    SCB->VTOR = (UINT32)(UINTPTR)g_hwiForm;   //中断向量重映射
#endif
    …
}
```

（2）实现 ArchHwiCreate() 函数。

ArchHwiCreate() 函数的作用是创建硬件中断，具体定义如下，包含中断注册、设置中断号、优先级、回调函数等参数。

```
LITE_OS_SEC_TEXT_INIT UINT32 ArchHwiCreate(HWI_HANDLE_T hwiNum,
HWI_PRIOR_T hwiPrio,
HWI_MODE_T hwiMode,
HWI_PROC_FUNC hwiHandler,
HwiIrqParam * irqParam)
```

（3）选择中断处理方式。

LiteOS-M 执行外部中断有以下两种方式。

① 响应 IRQ 异常，根据中断号执行中断服务函数，如代码 7-5 所示。

代码 7-5　根据中断号执行中断服务函数

```
//1. 注册中断服务函数,所有异常使用统一入口
ArchHwiCreate->
OsSetVector(hwiNum, hwiHandler)->
g_hwiForm[num + OS_SYS_VECTOR_CNT] = HalInterrupt;
//2. IRQ异常中断响应入口
HalExceptIrqHdl:
SUB   LR, LR, #4
SAVE_CONTEXT
BLX   HalInterrupt
RETSORE_CONTEXT
//3. 根据中断号执行中断服务函数
LITE_OS_SEC_TEXT VOID HalInterrupt(VOID)
```

```
{
    …
    hwiIndex = HwiNumGet();                 //读取中断号
    …
    if (g_hwiHandlerForm[hwiIndex] != 0) { //执行中断服务函数
        g_hwiHandlerForm[hwiIndex]();
    }
    …
}
```

② 根据中断向量表,硬件直接执行对应的中断服务函数,如代码 7-6 所示。

代码 7-6　根据中断向量表执行中断服务函数

```
ArchHwiCreate - >
OsSetVector(hwiNum, hwiHandler) - >
g_hwiForm[num + OS_SYS_VECTOR_CNT] = hwiHandler;
```

由于 Cortex-M3 不支持 IRQ,因此会使用方式②。

4) los_context. h

该头文件为任务调度接口文件,对应的实现文件有 los_context. c、los_arch_context. h、los_dispatch. S。核心接口函数如代码 7-7 所示。

代码 7-7　任务调度接口函数

```
LITE_OS_SEC_TEXT_INIT VOID ArchInit(VOID)              //硬件接口初始化
VOID * ArchTskStackInit(UINT32 taskID, UINT32 stackSize, VOID * topStack);  //任务栈初始化
LITE_OS_SEC_TEXT_MINOR NORETURN VOID ArchSysExit(VOID);  //退出处理
VOID ArchTaskSchedule(VOID);                           //设置软件中断标记
UINT32 ArchStartSchedule(VOID);                        //启动任务调度
VOID * ArchSignalContextInit ( VOID * stackPointer, VOID * stackTop, UINTPTR sigHandler,
UINT32 param);
```

7.3.2　内核基础适配

芯片架构适配完成后,LiteOS-M 提供系统运行所需的系统初始化流程和定制化配置选项。其实这部分的功能,在本书第 5 章已经有详细介绍,就是板级支持包提供的 CPU 初始化、板级初始化和系统引导过程。移植过程中,需要关注初始化流程中与硬件配置相关的函数;了解内核配置选项,才能裁剪出适合单板的最小内核。

1. 基础适配流程

如图 7-10 所示,LiteOS-M 内核基础适配流程主要分为以下两步。

(1) 启动文件 startup. S 和相应链接配置文件的适配。

(2) main. c 中的串口初始化和 Tick 中断注册的适配。

下面对内核基础适配的两个步骤进行详细分解。

(1) 启动文件 startup. S 需要确保中断向量表的入口函数(如 reset_vector())放在 RAM 的首地址,它由链接配置文件来指定。其中,iar、keil 和 gcc 工程的链接配置文件分别

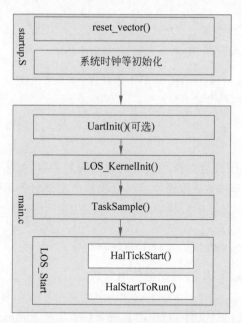

图 7-10　LiteOS-M 内核基础适配流程

为 xxx. icf、xxx. sct 和 xxx. ld,如果 startup. S 文件已经完成系统时钟初始化,并且能够引导到 main 函数,则启动文件不需要进行修改,采用厂商自带的 startup. S 文件即可,否则需要实现以上功能。

(2) 在 main. c 文件中,需要关注串口初始化 UartInit()函数和系统 Tick 的中断处理函数注册。

UartInit()函数表示单板串口的初始化,具体的函数名根据单板自行定义,如代码 7-8 所示。这个函数是可选的,用户可以根据硬件单板是否支持串口自行选择调用该函数。如果硬件单板支持串口,则该函数需要完成使能串口 TXD 和 RXD 通道,设置波特率。

代码 7-8　串口初始化函数

```
hi_void boot_io_init(hi_void)
{
    hi_io_set_func(HI_IO_NAME_GPIO_3, HI_IO_FUNC_GPIO_3_UART0_TXD); /* UART0 TX */
    hi_io_set_func(HI_IO_NAME_GPIO_4, HI_IO_FUNC_GPIO_4_UART0_RXD); /* UART0 RX */
}
```

HalTickStart()函数设置 Tick 中断处理函数,如代码 7-9 所示。这段代码定义在与芯片架构相关的 arch\xxx\gcc\los_timer. c 文件中。

代码 7-9　设置 Tick 中断处理函数

```
WEAK UINT32 HalTickStart(OS_TICK_HANDLER handler)
{
    g_sysClock = OS_SYS_CLOCK;
```

```
    g_cyclesPerTick = g_sysClock / LOSCFG_BASE_CORE_TICK_PER_SECOND;
    g_intCount = 0;
    HalClockInit(handler, g_cyclesPerTick);
    return LOS_OK;
}
```

对于中断向量表不可重定向的芯片,需要关闭 LOSCFG_PLATFORM_HWI 宏,并且在 startup.S 文件中新增 Tick 中断处理函数。

2. 特征配置项配置

LiteOS-M 的完整配置能力及默认配置在 los_config.h 文件中定义,该头文件中的配置项可以根据不同的单板进行裁剪配置。

如果针对这些配置项需要进行不同的板级配置,则可将对应的配置项直接定义到对应单板的 device/xxxx/target_config.h 文件中,其他未定义的配置项,采用 los_config.h 文件中的默认值。

一份典型的 LiteOS-M 系统特征配置项如表 7-2 所示。

表 7-2　LiteOS-M 系统特征配置项

配　置　项	说　　明
LOSCFG_BASE_CORE_SWTMR	软件定时器特性开关,1 表示打开,0 表示关闭
LOSCFG_BASE_CORE_SWTMR_ALIGN	对齐软件定时器特性开关,1 表示打开,依赖软件定时器特性打开,0 表示关闭
LOSCFG_BASE_IPC_MUX	mux 功能开关,1 表示打开,0 表示关闭
LOSCFG_BASE_IPC_QUEUE	队列功能开关,1 表示打开,0 表示关闭
LOSCFG_BASE_CORE_TSK_LIMIT	除空闲任务之外,总的可用任务个数限制,可以根据业务使用的任务个数来配置,也可以设置一个较大的值,待业务稳定了,查看运行任务个数进行配置
LOSCFG_BASE_IPC_SEM	信号量功能开关,1 表示打开,0 表示关闭
LOSCFG_PLATFORM_EXC	异常特性开关,1 表示打开,0 表示关闭
LOSCFG_KERNEL_PRINTF	打印特性开关,1 表示打开,0 表示关闭

7.3.3　内核移植调试

在工程 device 目录下添加编译 main.c 示例程序文件,此示例程序的主要目的是在内核初始化完成之后,创建两个任务,循环调度延时并打印日志信息,通过此方法可以验证系统是否可正常调度以及时钟是否正常。核心函数如代码 7-10 所示。

代码 7-10　内核移植调试

```
VOID TaskSampleEntry2(VOID)
{
    while(1) {
      LOS_TaskDelay(10000);
      printf("taskSampleEntry2 running...\n");
```

```
        }
    }
    VOID TaskSampleEntry1(VOID)
    {
        while(1) {
            LOS_TaskDelay(2000);
            printf("taskSampleEntry1 running...\n");
        }
    }
    UINT32 TaskSample(VOID)
    {
        UINT32 uwRet;
        UINT32 taskID1,taskID2;
        TSK_INIT_PARAM_S stTask1 = {0};
        stTask1.pfnTaskEntry = (TSK_ENTRY_FUNC)TaskSampleEntry1;
        stTask1.uwStackSize = 0X1000;
        stTask1.pcName      = "taskSampleEntry1";
        stTask1.usTaskPrio  = 6; //stTask1 的任务优先级设定,不同于 stTask2
        uwRet = LOS_TaskCreate(&taskID1, &stTask1);
        stTask1.pfnTaskEntry = (TSK_ENTRY_FUNC)TaskSampleEntry2;
        stTask1.uwStackSize = 0X1000;
        stTask1.pcName      = "taskSampleEntry2";
        stTask1.usTaskPrio  = 7;
        uwRet = LOS_TaskCreate(&taskID2, &stTask1);
        return LOS_OK;
    }
    LITE_OS_SEC_TEXT_INIT int main(void)
    {
        UINT32 ret;
        UartInit();        //硬件串口配置,通过串口输出调试日志,实际函数名因具体单板实现不同
        printf("\n\rhello world!!\n\r");
        ret = LOS_KernelInit();
        TaskSample();
        if (ret == LOS_OK) {
            LOS_Start(); //开始系统调度,循环执行 stTask1 和 stTask2 任务,串口输出任务日志
        }
        while (1) {
            __asm volatile("wfi");
        }
    }
```

第 25 集
微课视频

7.4　OpenHarmony 板级支持包移植

在实际嵌入式项目的开发过程中,不同公司可能会使用不同的板卡,这些板卡上可能使用相同或不同的 CPU 架构,搭载不同的外设资源完成不同的产品。所以移植也需要针对板卡做适配工作。如果希望在一个板卡上使用 LiteOS-M 内核,除了需要有相应的芯片架构的移植,还需要有针对板卡的移植,也就是实现一个基本的 BSP。

7.3 节已经实现了部分 BSP 的功能,本节主要内容是针对板级支持包中硬件驱动的移植工作。

7.4.1　板级支持包适配流程

最小系统移植完成后,下一步进行板级支持包的移植,板级支持包适配流程包含以下几步操作,如图 7-11 所示。

（1）板级驱动适配。

（2）HAL 实现。

（3）XTS 测试套件。

（4）业务功能验证。

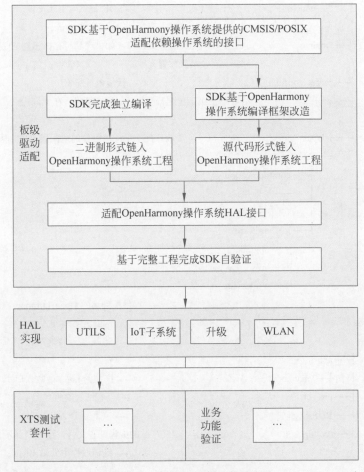

图 7-11　板级支持包适配流程

为了完成板级驱动适配,首先要将 SDK 基于 **OpenHarmony** 操作系统编译框架进行改造,因此需要构建板级支持包的编译环境。这里 SDK 的意思是开发板厂商基于 CPU 芯片、外设和操作系统打造的一体化解决方案。板级系统编译适配参考 7.2.3 节编译系统搭建，板级相关的驱动、SDK、目录、HAL 实现存放在 device 目录下，目录结构如图 7-12 所示。

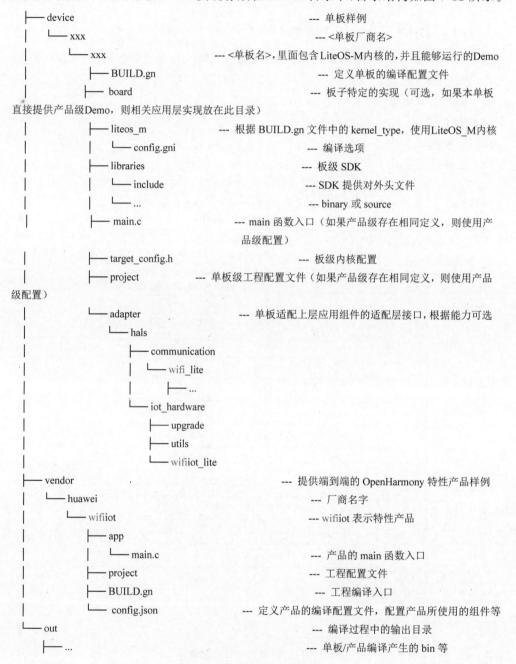

```
├── device                                    --- 单板样例
│   └── xxx                                    --- <单板厂商名>
│       └── xxx                                --- <单板名>，里面包含LiteOS-M内核的，并且能够运行的Demo
│           ├── BUILD.gn                       --- 定义单板的编译配置文件
│           ├── board                          --- 板子特定的实现（可选，如果本单板
直接提供产品级Demo，则相关应用层实现放在此目录）
│           ├── liteos_m                       --- 根据 BUILD.gn 文件中的 kernel_type，使用LiteOS_M内核
│           │   └── config.gni                 --- 编译选项
│           ├── libraries                      --- 板级 SDK
│           │   └── include                    --- SDK 提供对外头文件
│           │       └── ...                    --- binary 或 source
│           ├── main.c                         --- main 函数入口（如果产品级存在相同定义，则使用产
                                                   品级配置）
│           ├── target_config.h                --- 板级内核配置
│           ├── project                        --- 单板级工程配置文件（如果产品级存在相同定义，则使用产品
级配置）
│           └── adapter                        --- 单板适配上层应用组件的适配层接口，根据能力可选
│               └── hals
│                   ├── communication
│                   │   └── wifi_lite
│                   │       ├── ...
│                   └── iot_hardware
│                       ├── upgrade
│                       ├── utils
│                       └── wifiiot_lite
├── vendor                                     --- 提供端到端的 OpenHarmony 特性产品样例
│   └── huawei                                 --- 厂商名字
│       └── wifiiot                            --- wifiiot 表示特性产品
│           ├── app
│           │   └── main.c                     --- 产品的 main 函数入口
│           ├── project                        --- 工程配置文件
│           ├── BUILD.gn                       --- 工程编译入口
│           └── config.json                    --- 定义产品的编译配置文件，配置产品所使用的组件等
└── out                                        --- 编译过程中的输出目录
    ├── ...                                    --- 单板/产品编译产生的 bin 等
```

图 7-12 板级支持包目录结构

7.4.2　CMSIS 和 POSIX

在进一步介绍板级驱动适配之前,先介绍两个在嵌入式操作系统领域很重要的概念:CMSIS 和 POSIX。它们的作用是让嵌入式系统的硬件和软件进行解耦,有助于嵌入式操作系统的移植工作。

1. CMSIS

ARM Cortex 系列微控制器软件接口标准(Cortex Microcontroller Software Interface Standard,**CMSIS**)是 Cortex-M 处理器系列的与供应商无关的硬件抽象层。使用 CMSIS,可以为处理器和外设实现一致且简单的软件接口,从而简化软件的重用,缩短微控制器新开发人员的学习过程,并缩短新设备的上市时间。简单来说,就是 ARM 公司制定标准,芯片厂商按照此标准编写相应的程序,实现统一的接口,方便开发人员的使用。

CMSIS 是 ARM 公司与多家不同的芯片和软件供应商一起紧密合作定义的,提供了内核与外设、实时操作系统和中间设备之间的通用接口。CMSIS 功能结构可以分为多个软件层次,分别由 ARM 公司和芯片供应商提供。其中 ARM 公司提供了如图 7-13 所示的功能,可用于多种编译器。

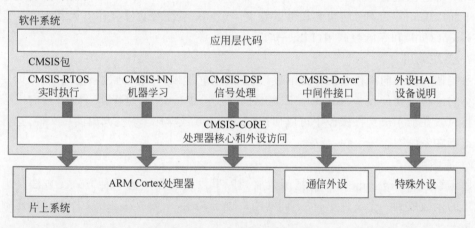

图 7-13　CMSIS 功能结构

CMSIS 分为 3 个基本功能层。

(1) 处理器内核访问层:包含了用来访问 CPU 寄存器的名称定义、地址定义和帮助函数,同时也为 RTOS 定义了独立于微控制器的接口,允许上层软件在多个 RTOS 中运行。

(2) 中间件访问层:为中间件软件提供了访问外设的通用方法。芯片供应商应当修改中间件访问层,以适应中间件用到的微控制器上的外设。这里的中间件是指通信堆栈、文件系统或图形界面。

(3) 外设访问层:定义外设寄存器的地址以及外设的访问函数。

从图 7-13 中可以看出,CMSIS 层在整个系统中是处于中间层,向下负责与内核和各个外设直接打交道,向上提供实时操作系统用户程序调用的函数接口。如果没有 CMSIS 标准,那么各个芯片公司就会设计自己风格的库函数,应用移植难度加大;而 CMSIS 标准就是统一规定,芯片生产公司设计的库函数必须按照 CMSIS 这套规范来设计。

一个简单的例子如下。在使用 STM32 芯片时首先要进行系统初始化,CMSIS 规范就规定系统初始化函数名称必须为 SystemInit,所以各个芯片公司写自己的库函数时就必须用 SystemInit 对系统进行初始化。CMSIS 还对各个外设驱动文件的文件名称规范化进行了一系列规定。

2. POSIX

POSIX 全称为可移植操作系统接口(Portable Operating System Interface of UNIX),是 IEEE 为要在各种 UNIX 操作系统上运行的软件而定义的一系列 API 标准的总称,其正式称呼为 IEEE 1003,国际标准名称为 ISO/IEC 9945。

POSIX 的发明源于 UNIX 操作系统的发展,它的目的是让程序员可以在不同的 UNIX 系统上编写可移植的程序,而不必考虑操作系统的差异性。POSIX 的实现使得程序在不同的系统上都能够正常运行,从而极大地提高了开发效率。这套标准涵盖了很多方面,如 UNIX 系统调用的 C 语言接口、shell 程序和工具、线程及网络编程等。目前 UNIX、macOS 和 Linux 都遵循这套标准。

下面以 Linux 为例分析可移植性的意义。Linux 系统对文件操作有两种方式:系统调用(System Call)和库函数调用(Library Functions)。

1)系统调用

系统调用是通向操作系统本身的接口,是面向底层硬件的。通过系统调用,可以使用户态运行的进程与硬件设备(如 CPU、磁盘、打印机等)进行交互,是操作系统留给应用程序的一个接口。在 Linux 文件操作中可以使用 open、read 或 write 系统调用读写文件,这些系统调用运行在系统态。

2)库函数

库函数(Library Function)是把函数放到库里供用户使用的一种方式。方法是编写一些常用的函数放到一个文件里,供不同的用户进行调用,一般放在.lib 文件中。库函数运行在用户态。

库函数调用则是面向应用开发的,库函数可分为两类:一类是 C 语言标准规定的库函数;另一类是编译器特定的库函数。

glibc 是 Linux 使用的开源标准 C 库,它是 GNU 发布的 libc 库,即运行时库。这些基本函数都是被标准化了的,而且这些函数通常都是用汇编语言直接实现的。

glibc 为程序员提供丰富的 API,这些 API 都是遵循 POSIX 标准的,API 的函数名、返回值、参数类型等都必须按照 POSIX 标准来定义。POSIX 兼容也就指定这些接口函数兼容,但是并不管 API 具体如何实现。

3)库函数与系统调用的区别

文件访问中的库函数 API 与系统调用的区别如图 7-14 所示。

(1)库函数是语言或应用程序的一部分,而系统调用是内核提供给应用程序的接口,属于系统的一部分。

（2）库函数在用户地址空间执行，系统调用是在内核地址空间执行；库函数运行时间属于用户时间，系统调用属于系统时间；库函数开销较小，系统调用开销较大。

（3）系统调用依赖于平台，库函数并不依赖。

因此，系统调用是为了方便使用操作系统的接口，而库函数则是为了编程的方便。库函数调用与系统无关，不同的系统调用库函数，库函数会调用不同的底层函数实现，因此可移植性好。

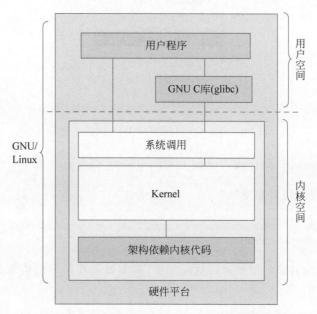

图 7-14　文件访问中的库函数 API 与系统调用的区别

7.4.3　板级驱动适配

板级驱动适配的主要步骤如下。

（1）SDK 基于 OpenHarmony 提供的 CMSIS/POSIX 接口适配依赖操作系统的接口。

板级 **SDK** 适配操作系统接口有两种选择：CMSIS、POSIX，如图 7-15 所示。当前 LiteOS-M 已经适配 CMSIS 大部分接口（覆盖基础内核管理、线程管理、定时器、事件、互斥锁、信号量、队列等），基本可以满足直接移植，体现在 cmsis_liteos.h 文件中。POSIX 接口当前具备初步的移植能力，接口正在补全中。如果 SDK 原本基于 CMSIS 或 POSIX 接口实现，理论上可以直接适配到 LiteOS_M 系统。

如果 SDK 原本基于 FreeRTOS 等其他嵌入式操作系统，或者该 SDK 本身包含一层操作系统接口的抽象层，建议将其依赖的操作系统接口直接适配到 CMSIS 接口。

例如，某 SDK 产品定义的操作系统接口抽象层中，创建队列的接口原型函数如下。

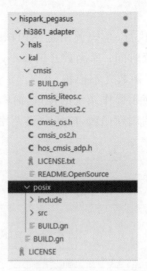

图 7-15　LiteOS-M 中的 CMSIS/POSIX 接口

```
bool osif_msg_queue_create(void ** pp_handle, uint32_t msg_num, uint32_t msg_size)
```

而 CMSIS 提供的接口原型如下。

```
osMessageQueueId_t osMessageQueueNew (uint32_t msg_count, uint32_t msg_size, const
osMessageQueueAttr_t * attr);
```

对应的操作系统接口的原型可以适配如下,其实就是在用户已实现的队列原型函数上
再加一层 CMSIS 壳。

```
#include "CMSIS_os2.h"
osMessageQueueId_t osMessageQueueNew (uint32_t msg_count, uint32_t msg_size, const
osMessageQueueAttr_t * attr);
bool osif_msg_queue_create(void ** pp_handle, uint32_t msg_num, uint32_t msg_size)
{
    (* pp_handle) = osMessageQueueNew (msg_num, msg_size, NULL);
    if((* pp_handle) == NULL){
        return FALSE;
    }
    return TRUE;
}
```

（2）基于 OpenHarmony 编译框架改造 SDK,将 SDK 按照目录结构要求并入
OpenHarmony 的 device 目录中。

OS 接口适配后,板级驱动集成到 OpenHarmony 也有两种选择。

① SDK 独立编译,通过二进制形式直接链入 OpenHarmony。

② SDK 基于 OpenHarmony 改造编译框架,从长期演进及后期联调便利性角度考虑,
建议基于 GN 编译框架（OpenHarmony 使用的）直接改造 SDK 编译框架,通过源代码形式

链入 OpenHarmony 工程,优选选择该方式。

（3）验证 SDK 基本功能。

7.4.4　HAL 实现

HAL 主要功能是实现 OpenHarmony 与芯片的解耦,以下模块描述的是 LiteOS-M 系统对芯片接口的依赖情况。

1. Utils

公共基础提供通用的基础组件,这些基础组件可被各业务子系统及上层应用所使用。基础组件依赖芯片文件系统实现,需要芯片平台提供实现文件的打开、关闭、读写、获取大小等功能,其目录结构如图 7-16 所示。需要芯片适配相关接口的实现,对芯片文件操作接口依赖请参考 Utils 的 HAL 头文件(halfile.h)。

图 7-16　Utils 中文件操作接口目录

Utils 模块文件操作接口头文件 halfile.h 的内容如代码 7-11 所示。

代码 7-11　文件操作接口头文件

```
# ifndef HAL_FILE_SYSTEM_API_H
# define HAL_FILE_SYSTEM_API_H
# ifdef __cplusplus
# if __cplusplus
extern "C" {
# endif
# endif /* __cplusplus */
    int HalFileOpen(const char * path, int oflag, int mode);
    int HalFileClose(int fd);
    int HalFileRead(int fd, char * buf, unsigned int len);
    int HalFileWrite(int fd, const char * buf, unsigned int len);
    int HalFileDelete(const char * path);
    int HalFileStat(const char * path, unsigned int * fileSize);
    int HalFileSeek(int fd, int offset, unsigned int whence);

# ifdef __cplusplus
# if __cplusplus
}
# endif
# endif /* __cplusplus */

# endif //HAL_FILE_SYSTEM_API_H
```

代码 7-11 提供文件的打开、关闭、读写和定位等函数的定义。

2. IoT 外设子系统

IoT 外设子系统提供 LiteOS-M 专有的外部设备操作接口,该接口定义在 hals/iot_hardware 目录下,如图 7-17 所示。本模块提供设备操作接口有 Flash、GPIO、I2C、PWM、

UART、WatchDog 等。

图 7-17　IoT 外设子系统接口目录

需要芯片适配相关接口的实现，对芯片设备外设接口依赖请参考 IoT 外设子系统的 HAL 头文件，以 I2C 为例（iot_i2c. h），如代码 7-12 所示。

代码 7-12　I2C 接口头文件

```
# ifndef IOT_I2C_H
# define IOT_I2C_H
unsigned int IoTI2cInit(unsigned int id, unsigned int baudrate);
unsigned int IoTI2cDeinit(unsigned int id);
unsigned int IoTI2cWrite(unsigned int id, unsigned short deviceAddr, const unsigned char *
data, unsigned int dataLen);
unsigned int IoTI2cRead(unsigned int id, unsigned short deviceAddr, unsigned char * data,
unsigned int dataLen);
unsigned int IoTI2cSetBaudrate(unsigned int id, unsigned int baudrate);
# endif //IOT_I2C_H
```

3. WLAN 服务

WLAN 服务适用于设备接入无线局域网（Wireless Local Area Network，WLAN）场景，包括：

（1）使用 STA 模式，作为接入方接入其他设备、路由器开启的 WLAN 接入点；

（2）使用 AP 模式，开启无线局域网接入点，允许其他设备连接。

借助 WLAN 服务，开发者可以实现对系统中 WLAN 的控制，包括开启关闭、扫描发现、连接断开等功能。此外，WLAN 服务还包括事件监听功能，开发者可以监听 WLAN 的状态，并在状态发生变化时立刻感知。

WLAN 服务 HAL 代码路径及接口定义如图 7-18 所示。

各厂家需要按照定义的接口在 device/ *** / *** / *** _adapter 中具体实现，如 Hi3861 具体实现在如图 7-19 所示的目录。

需要芯片适配相关接口的实现，对芯片设备外设接口依赖请参考 WLAN 服务头文件 wifi_device. h，如代码 7-13 所示。

```
foundation/communication/interfaces/kits/wifi_lite/wifiservice/
├── station_info.h
├── wifi_device_config.h
├── wifi_device.h
├── wifi_error_code.h
├── wifi_event.h
├── wifi_hotspot_config.h
├── wifi_hotspot.h
├── wifi_linked_info.h
└── wifi_scan_info.h
```

图 7-18 WLAN 服务的 HAL 接口目录

```
device/hisilicon/hispark_pegasis/hi3861_adapter/hals/communication/wifi_lite/wifiservice/
├── BUILD.gn
└── source
├── wifi_device.c
├── wifi_device_util.c
├── wifi_device_util.h
└── wifi_hotspot.c
```

图 7-19 Hi3861 WLAN 服务的 HAL 实现目录

代码 7-13 WLAN 服务头文件

```c
# include "wifi_event.h"
# include "station_info.h"
# include "wifi_scan_info.h"
# include "wifi_error_code.h"
# include "wifi_linked_info.h"
# include "wifi_device_config.h"


# ifdef __cplusplus
extern "C" {
# endif
    WifiErrorCode EnableWifi(void);
    WifiErrorCode DisableWifi(void);
    int IsWifiActive(void);
    WifiErrorCode Scan(void);
    WifiErrorCode GetScanInfoList(WifiScanInfo * result, unsigned int * size);
    WifiErrorCode AddDeviceConfig(const WifiDeviceConfig * config, int * result);
    WifiErrorCode GetDeviceConfigs(WifiDeviceConfig * result, unsigned int * size);
    WifiErrorCode RemoveDevice(int networkId);
    WifiErrorCode DisableDeviceConfig(int networkId);
    WifiErrorCode EnableDeviceConfig(int networkId);
    WifiErrorCode ConnectTo(int networkId);
    WifiErrorCode ConnectToDevice(const WifiDeviceConfig * config);
    WifiErrorCode Disconnect(void);
    WifiErrorCode GetLinkedInfo(WifiLinkedInfo * result);
    WifiErrorCode GetDeviceMacAddress(unsigned char * result);
    WifiErrorCode AdvanceScan(WifiScanParams * params);
```

```
    WifiErrorCode GetIpInfo(IpInfo * info);
    int GetSignalLevel(int rssi, int band);
    WifiErrorCode RegisterWifiEvent(WifiEvent * event);
    WifiErrorCode UnRegisterWifiEvent(const WifiEvent * event);
# ifdef __cplusplus
}
# endif
# endif //WIFI_DEVICE_C_H
```

代码 7-13 定义了 Wi-Fi 的使能和禁止、扫描、添加设备配置、连接网络、连接设备等函数接口。

7.4.5　板级适配 XTS 测试

板级适配完成后,需要测试板级适配过程是否成功。由于板级适配是决定移植后的嵌入式系统硬件功能是否正常工作的手段,因此需要通过 XTS 测试硬件功能。XTS 是 OpenHarmony 生态认证测试套件的集合,当前包括 acts(application compatibility test suite,应用兼容性测试套件)。test/xts 目录当前包括 acts 和 tools 软件包。

(1) acts 软件包存放 acts 相关测试用例源码与配置文件,其目的是帮助终端设备厂商尽早发现上层软件与 OpenHarmony 的不兼容性,确保软件在整个开发过程中满足 OpenHarmony 的兼容性要求。

(2) tools 软件包存放 acts 相关测试用例开发框架。

XTS 测试过程分为以下两步。

(1) 将 XTS 认证子系统加入编译组件中。

(2) 执行联接类模组(Wi-Fi 功能)acts 测试用例。

第 26 集
微课视频

7.5　OpenHarmony 系统驱动程序开发

硬件驱动程序的作用是让操作系统知道硬件的地址、中断和操作方法,直接通过调用相关方法操作硬件进行读写。一般硬件驱动的编写方法在第 2 章 Hi3861 芯片外设介绍时已经介绍过,主要是通过分析硬件的工作原理,根据硬件工作方式设置和读取寄存器。在 OpenHarmony 中,为了方便驱动程序的移植工作,提供了基于 HDF(硬件驱动框架)的驱动开发方法。本节主要介绍基于 HDF 框架的驱动开发方式。

OpenHarmony 内核中 LiteOS-A 和标准系统适合 HDF 框架驱动开发,LiteOS-M 内核比较轻量化,采用的还是传统的驱动开发方法。因此,在开始介绍 HDF 之前,本节以 LiteOS-M 中的 UART 驱动开发为例,介绍传统的驱动开发,也方便与后续的 HDF 驱动开发进行对比分析。

7.5.1　LiteOS-M 中的传统驱动开发

以 UART 串口驱动开发为例介绍 LiteOS-M 中的驱动开发。基本过程是首先定义一个 UART 各种属性设置的结构,如代码 7-14 所示。

代码 7-14　UART 属性设置结构体

```
static uart_driver_data_t g_uart_0 = {
    .num = UART0,
    .phys_base = HI_UART0_REG_BASE,
    .irq_num = UART_0_IRQ,
    .rx_transfer = HI_NULL,
    .tx_transfer = HI_NULL,
    .rx_recv = uart_write_circ_buf,
    .tx_send = uart_read_circ_buf,
    .count = 0,
    .state = UART_STATE_NOT_OPENED,
    .receive_tx_int = HI_FALSE,
    .ops = &g_uart_driver_uops,
    .tx_use_int = HI_FALSE,
    .attr = UART_ATTR_DEFAULT,
    .act = UART_ACT_DEFAULT,
};
```

代码 7-14 中定义了一个类型为 uart_driver_data_t 的结构体,在该结构体中定义了 Hi3861 芯片中 UART0 端口的控制寄存器基地址 phys_base,该基地址定义如下。

```
# define HI_UART0_REG_BASE    0x40008000
# define HI_UART1_REG_BASE    0x40009000
# define HI_UART2_REG_BASE    0x4000a000
```

这里的地址与 2.5.6 节中描述的地址是一致的。此外,该结构还定义了串口收发数据对应的中断号、接收数据操作 uart_write_circ_buf、发送数据操作 uart_read_circ_buf。还有 UART0 端口的一些控制操作,定义在 g_uart_driver_uops 类型的结构体中,如代码 7-15 所示。

代码 7-15　UART 控制操作结构体

```
typedef g_uart_driver_uops = {
    .startup = uart_drv_startup,
    hi_void( * shutdown) (uart_driver_data_t * udd);
    hi_s32( * start_tx) (uart_driver_data_t * udd, const hi_char * buf, hi_u32 count);
    hi_u32( * ioctl) (uart_driver_data_t * udd);
} uart_ops;
```

代码 7-15 中包含的串口操作为串口启动和关闭、开始数据收发和端口控制操作。剩下的过程就是把这两个结构体中定义的串口操作实现出来,这些操作是硬件驱动开发过程中的核心业务逻辑,其实现算法要体现硬件的工作逻辑。对于本节,就是要求实现代码要与 UART 串口工作方式一致。

7.5.2　HDF 的特点

HDF 驱动框架为驱动开发者提供驱动框架能力,包括驱动加载、驱动服务管理和驱动消息机制,旨在构建统一的驱动架构平台,为驱动开发者提供更精准、更高效的开发环境,力求做到一次开发,多系统部署。

1. 驱动加载

HDF 驱动加载包括按需加载和按序加载。

(1) 按需加载:HDF 框架支持驱动在系统启动过程中默认加载,或者在系统启动之后动态加载。

(2) 按序加载:HDF 框架支持驱动在系统启动的过程中按照驱动的优先级进行加载。

2. 驱动服务管理

HDF 可以集中管理驱动服务,开发者可直接通过 HDF 对外提供的能力接口获取驱动相关的服务。

3. 驱动消息机制

HDF 提供统一的驱动消息机制,支持用户态应用向内核态驱动发送消息,也支持内核态驱动向用户态应用发送消息。

7.5.3 HDF 驱动开发

基于 HDF 框架进行驱动开发的过程也与传统驱动开发过程类似,核心业务功能也需要用户自己开发,只是通过驱动服务管理和配置等方式进行了有效的封装,更容易进行跨平台驱动的移植,也方便对同类型多设备进行管理。下面就从驱动模型、服务管理和配置管理三方面对 HDF 驱动开发进行分析。

1. 驱动模型介绍

HDF 以组件化的驱动模型作为核心设计思路,为开发者提供更精细化的驱动管理,让驱动开发和部署更加规范。HDF 将一类设备驱动放在同一个主机(Host)里面,开发者也可以将驱动功能分层独立开发和部署,支持一个设备(Device)驱动多个设备节点(Device Node)。HDF 框架结构如图 7-20 所示。

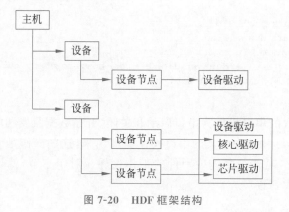

图 7-20　HDF 框架结构

2. 驱动开发步骤

基于 HDF 进行驱动开发主要分为四部分:驱动实现、驱动编译、驱动配置和用户态驱动服务启动配置。详细开发流程如下。

1）驱动实现

示例设备的驱动实现文件 test_sample.c 包含驱动业务代码和驱动入口注册,具体如下。

（1）示例设备的驱动业务代码如代码 7-16 所示。

代码 7-16　示例设备的驱动业务代码

```
# include "hdf_device_desc.h"          //HDF 对驱动开放相关能力接口的头文件
# include "hdf_log.h"                   //HDF 提供的日志接口头文件
//打印日志所包含的标签,如果不定义则用默认定义的 HDF_TAG 标签
# define HDF_LOG_TAG "sample_driver"
//驱动对外提供的服务能力,将相关的服务接口绑定到 HDF
int32_t HdfSampleDriverBind(struct HdfDeviceObject * deviceObject)
{
    HDF_LOGD("Sample driver bind success");
    return 0;
}

//驱动自身业务初始的接口
int32_t HdfSampleDriverInit(struct HdfDeviceObject * deviceObject)
{
    HDF_LOGD("Sample driver Init success");
    return 0;
}
//驱动资源释放的接口
void HdfSampleDriverRelease(struct HdfDeviceObject * deviceObject)
{
    HDF_LOGD("Sample driver release success");
    return;
}
```

驱动业务代码主要包括服务接口绑定到 HDF 的绑定函数、驱动初始化函数和驱动资源释放函数 3 个函数的实现。

（2）驱动入口注册到 HDF。

定义驱动入口的对象,必须为 HdfDriverEntry（在 hdf_device_desc.h 文件中定义）类型的全局变量,如代码 7-17 所示。

代码 7-17　HDF 驱动入口

```
struct HdfDriverEntry g_sampleDriverEntry = {
    .moduleVersion = 1,
    .moduleName = "sample_driver",
    .Bind = HdfSampleDriverBind,
    .Init = HdfSampleDriverInit,
    .Release = HdfSampleDriverRelease,
};
```

调用 HDF_INIT()函数将驱动入口注册到 HDF 中,在加载驱动时 HDF 会先调用绑定

函数,再调用初始化函数加载该驱动,当初始化调用异常时,HDF 会释放驱动资源并退出。

```
HDF_INIT(g_sampleDriverEntry);
```

2）驱动编译

LiteOS-M 系统中的驱动编译涉及 Makefile 和 BUILD.gn 修改。

（1）Makefile 部分：驱动代码的编译必须使用 HDF 提供的 Makefile 模板进行编译。

```
include $ (LITEOSTOPDIR)/../../drivers/adapter/khdf/liteos/lite.mk    ＃导入 HDF 预定义内容
MODULE_NAME : =                                                      ＃生成的结果文件
LOCAL_INCLUDE : =                                                    ＃本驱动的头文件目录
LOCAL_SRCS : =                                                       ＃本驱动的源代码文件
LOCAL_CFLAGS : =                                                     ＃自定义的编译选项
include $ (HDF_DRIVER)         ＃导入模板 Makefile 完成编译
```

编译结果文件链接到内核镜像,添加到 drivers/adapter/khdf/liteos 目录下的 hdf_lite.mk 里面,示例如下。

```
LITEOS_BASELIB += - lxxx      ＃链接生成的静态库
LIB_SUBDIRS    +=             ＃驱动代码 Makefile 的目录
```

（2）BUILD.gn 部分：添加模块到 BUILD.gn 文件,该文件是对整个项目资源进行管理配置,内容可以参考代码 7-18。

代码 7-18　管理配置文件 BUILD.gn

```
import("//build/lite/config/component/lite_component.gni")
import("//drivers/adapter/khdf/liteos/hdf.gni")
module_switch = defined(LOSCFG_DRIVERS_HDF_xxx)
module_name = "xxx"
hdf_driver(module_name) {
    sources = [
        "xxx/xxx/xxx.c",                    ＃模块要编译的源码文件
    ]
    public_configs = [ ":public" ]    ＃使用依赖的头文件配置
}
config("public") {                    ＃定义依赖的头文件配置
    include_dirs = [
        "xxx/xxx/xxx",                      ＃依赖的头文件目录
    ]
}
```

（3）把新增模块的 BUILD.gn 文件所在的目录添加到/drivers/adapter/khdf/liteos/BUILD.gn 里面。

```
group("liteos") {
    public_deps = [ ":$ module_name" ]
```

```
        deps = [
            "xxx/xxx",          ♯新增模块 BUILD.gn 所在的目录
                                ♯目录结构相对于/drivers/adapter/khdf/liteos
        ]
}
```

3）驱动配置

HDF 使用 HCS(HDF Configuration Source)作为配置描述源代码,内容以 Key-Value 为主要形式。它实现了配置代码与驱动代码解耦,便于开发者进行配置管理。

驱动配置包含两部分:HDF 定义的驱动设备描述(必选)和驱动的私有配置信息。

HDF 加载驱动所需要的信息来源于 HDF 框架定义的驱动设备描述,因此基于 HDF 开发的驱动必须要在 HDF 定义的 device_info.hcs 配置文件中添加对应的设备描述,驱动的设备描述 HCS 文件示例如代码 7-19 所示。

代码 7-19　HCS 文件示例

```
root {
    device_info {
        match_attr = "hdf_manager";
        //host 模板,继承该模板的节点(如下 sample_host)如果使用模板中的默认值,则节点字段
        //可以省略
        template host {
            hostName = "";
            priority = 100;
            template device {
                template deviceNode {
                    policy = 0;
                    priority = 100;
                    preload = 0;
                    permission = 0664;
                    moduleName = "";
                    serviceName = "";
                    deviceMatchAttr = "";
                }
            }
        }
        sample_host :: host{
            hostName = "host0";      //host 名称,host 节点是用来存放某一类驱动的容器
            priority = 100;          //host 启动优先级(0-200),值越大优先级越低
                                     //建议默认为 100,优先级相同则不保证 host 的加载顺序
            device_sample :: device {      //sample 设备节点
                device0 :: deviceNode {      //sample 驱动的 DeviceNode 节点
                    policy = 1;              //policy 字段是驱动服务发布的策略
                    priority = 100;
                    preload = 0;             //驱动按需加载字段
                    permission = 0664;       //驱动创建设备节点权限
```

```
                    moduleName = "sample_driver";       //驱动名称,和 moduleName 值一致
                    serviceName = "sample_service";      //驱动对外发布服务的名称,必须唯一
                    deviceMatchAttr = "sample_config"; //驱动私有数据匹配的关键字,必须和驱
                                                         //动私有数据配置表中的 match_attr 值相等
                }
            }
        }
    }
}
```

配置信息定义之后,需要将该配置文件添加到板级配置入口文件 hdf.hcs(可以通过 OpenHarmony 驱动子系统在 DevEco 集成驱动开发套件工具一键式配置,具体使用方法参考 6.4.3 节中驱动开发套件中的介绍),示例如下。

```
# include "device_info/device_info.hcs"
# include "sample/sample_config.hcs"//用户私有配置
```

4）用户态驱动服务启动配置

用户态需要把驱动服务配置到 drivers/adapter/uhdf2/host/hdf_devhostmusl.cfg 文件中,具体如下。

```
{
    "name" : "sample_host", //驱动服务进程名称,和 device_info.hcs 文件中配置的 hostName
                            //对应
    "dynamic" : true, //动态加载,目前驱动服务只支持动态加载,即由 hdf_devmgr 在初始化时调
                      //用 init 模块接口启动
    "path" : ["/vendor/bin/hdf_devhost"],               //hdf_devhost 所在的目录
    "uid" : "sample_host",                              //进程的用户 ID
    "gid" : ["sample_host"],                            //进程的组 ID
    "caps" : ["DAC_OVERRIDE", "DAC_READ_SEARCH"]        //进程的能力配置
}
```

进程的用户 ID 在文件 base/startup/init_lite/services/etc/passwd 中配置,进程的组 ID 在文件 base/startup/init_lite/services/etc/group 中配置。

7.5.4　HDF 驱动服务管理

驱动服务是 HDF 驱动设备对外提供能力的对象,由 HDF 统一管理。驱动服务管理主要包含驱动服务的发布和获取。HDF 定义了驱动对外发布服务的策略,由配置文件中的 policy 字段控制。policy 字段的取值范围以及含义如代码 7-20 所示。

代码 7-20　驱动服务发布策略

```
typedef enum {
    /* 驱动不提供服务 */
    SERVICE_POLICY_NONE = 0,
    /* 驱动对内核态发布服务 */
    SERVICE_POLICY_PUBLIC = 1,
```

```
    /* 驱动对内核态和用户态都发布服务 */
    SERVICE_POLICY_CAPACITY = 2,
    /* 驱动服务不对外发布服务,但可以被订阅 */
    SERVICE_POLICY_FRIENDLY = 3,
    /* 驱动私有服务不对外发布服务,也不能被订阅 */
    SERVICE_POLICY_PRIVATE = 4,
    /* 错误的服务策略 */
    SERVICE_POLICY_INVALID
} ServicePolicy;
```

当驱动以接口的形式对外提供能力时,可以使用 HDF 的驱动服务管理能力。针对驱动服务管理功能,HDF 开放了以下接口函数供开发者调用,如表 7-3 所示。

表 7-3 HDF 驱动服务管理函数

函　　数	描　　述
int32_t (＊Bind)(struct HdfDeviceObject ＊deviceObject);	将服务接口绑定到 HDF 中
const struct HdfObject ＊DevSvcManagerClntGetService (const char ＊svcName);	获取驱动的服务
int HdfDeviceSubscribeService(struct HdfDeviceObject ＊deviceObject,const char ＊serviceName,struct SubscriberCallback callback);	订阅驱动的服务

驱动服务管理的开发包括驱动服务的编写、绑定、获取或订阅,详细步骤如下。

1. 驱动服务编写

驱动服务接口文件如代码 7-21 所示,开发者需要负责实现接口中定义的函数。

代码 7-21　驱动服务接口文件

```
struct ISampleDriverService {
    struct IDeviceIoService ioService;    //服务结构的首个成员必须是 IDeviceIoService 类型的成员
    int32_t (＊ServiceA)(void);           //驱动的第 1 个服务接口
    int32_t (＊ServiceB)(uint32_t inputCode);  //驱动的第 2 个服务接口,有多个可以依次累加
};

//驱动服务接口的实现
int32_t SampleDriverServiceA(void)
{
    //驱动开发者实现业务逻辑
    return 0;
}

int32_t SampleDriverServiceB(uint32_t inputCode)
{
    //驱动开发者实现业务逻辑
```

```
        return 0;
    }
```

2. 驱动服务绑定

驱动服务绑定到 HDF 中,实现 HdfDriverEntry 中的绑定函数,如代码 7-22 所示。

代码 7-22　驱动服务绑定

```
int32_t SampleDriverBind(struct HdfDeviceObject * deviceObject)
{
    //deviceObject 为 HDF 给每个驱动创建的设备对象,用来保存设备相关的私有数据和服务
    //接口
    if (deviceObject == NULL) {
        HDF_LOGE("Sample device object is null!");
        return - 1;
    }
    static struct ISampleDriverService sampleDriverA = {
        .ServiceA = SampleDriverServiceA,
        .ServiceB = SampleDriverServiceB,
    };
    deviceObject - > service = &sampleDriverA.ioService;
    return 0;
}
```

3. 驱动服务获取

驱动服务的获取有两种方式:通过 HDF 接口直接获取和通过 HDF 提供的订阅机制获取。

1) 通过 HDF 接口直接获取

当明确驱动已经加载完成时,可以通过 HDF 提供的能力接口直接获取驱动服务,如代码 7-23 所示。

代码 7-23　通过 HDF 接口直接获取服务

```
const struct ISampleDriverService * sampleService =
(const struct ISampleDriverService * )DevSvcManagerClntGetService ("sample_driver");
if (sampleService == NULL) {
    return - 1;
}
sampleService - > ServiceA();
sampleService - > ServiceB(5);
```

2) 通过 HDF 提供的订阅机制获取

当内核态对驱动(同一个 Host)加载的时机不感知时,可以通过 HDF 提供的订阅机制订阅该驱动,当该驱动加载完成时,HDF 会将被订阅的驱动服务发布给订阅者,通过这个回调函数给订阅者使用。实现方式如代码 7-24 所示。

代码 7-24　通过 HDF 订阅机制获取服务

```
//deviceObject 为订阅者的私有数据,service 为被订阅的服务对象
int32_t TestDriverSubCallBack(struct HdfDeviceObject * deviceObject, const struct HdfObject
* service)
{
    const struct ISampleDriverService * sampleService =
        (const struct ISampleDriverService * )service;
    if (sampleService == NULL) {
        return - 1;
    }
    sampleService - > ServiceA();
    sampleService - > ServiceB(5);
}
//订阅过程的实现
int32_t TestDriverInit(struct HdfDeviceObject * deviceObject)
{
    if (deviceObject == NULL) {
        HDF_LOGE("Test driver init failed, deviceObject is null!");
        return - 1;
    }
    struct SubscriberCallback callBack;
    callBack.deviceObject = deviceObject;
    callBack.OnServiceConnected = TestDriverSubCallBack;
    int32_t ret = HdfDeviceSubscribeService(deviceObject, "sample_driver", callBack);
    if (ret != 0) {
        HDF_LOGE("Test driver subscribe sample driver failed!");
    }
    return ret;
}
```

7.5.5　HDF 配置管理

HDF 配置产生器(HDF Configuration Generator,HC-GEN)是 HCS 配置转换工具,可以将 HDF 配置文件转换为软件可读取的文件格式。

(1) 在弱性能环境中,转换为配置树源代码或配置树宏定义,驱动可直接调用 C 代码或宏式 API 获取配置。

(2) 在高性能环境中,转换为 **HCB**(HDF Configuration Binary)二进制文件,驱动可使用 HDF 框架提供的配置解析接口获取配置。

图 7-21 所示为使用 HC-GEN 工具生成 HCB 文件的典型应用场景。

HCS 经过 HC-GEN 编译生成 HCB 文件,HDF 驱动框架中的 HCS 解析器模块会从 HCB 文件中重建配置树,HDF 驱动模块使用 HCS 解析器提供的配置读取接口获取配置内容。

HCS 描述文件的基本语法如下。

1. 关键字

HCS 配置语法保留了关键字,如表 7-4 所示。

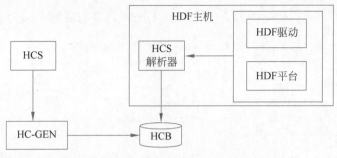

图 7-21 使用 HC-GEN 工具生成 HCB 文件

表 7-4 HCS 配置语法关键字

关 键 字	说 明
root	配置根节点
include	引用其他 HCS 配置文件
delete	删除节点或属性,只能用于操作 include 导入的配置树
template	定义模板节点
match_attr	用于标记节点的匹配查找属性,解析配置时可以使用该属性的值查找到对应节点

2. 基础结构

HCS 主要分为属性(Attribute)和节点(Node)两种结构。

1) 属性

属性即最小的配置单元,是一个独立的配置项,语法如下。

```
attribute_name = value;
```

attribute_name 是字母、数字、下画线的组合且必须以字母或下画线开头,字母区分大小写。

value 的可用格式为:数字常量,支持二进制、八进制、十进制、十六进制数;字符串,内容使用双引号引用或节点引用。

属性配置必须以分号结束且必须属于一个节点。

2) 节点

节点是一组属性的集合,语法如下。

```
node_name {
    module = "sample";
    ...
}
```

node_name 为节点名称,也是字母、数字、下画线的组合。

大括号后无须添加分号结束符。

root 为保留关键字,用于声明配置表的根节点。每个配置表必须以 root 节点开始。

root 节点中必须包含 module 属性,其值应该为一个字符串,用于表征该配置所属模块。

节点中可以增加 match_attr 属性,其值为一个全局唯一的字符串。在解析配置时可以调用查找接口以该属性的值查找到包含该属性的节点。

3. 预处理

include 关键字用于导入其他 HCS 文件。语法示例如下。

```
# include "foo.hcs"
# include "../bar.hcs"
```

（1）文件名必须使用双引号括起，不在同一目录使用相对路径引用。被导入文件也必须是合法的 HCS 文件。

（2）多个 include，如果存在相同的节点，后者覆盖前者，其余的节点依次展开。

4. 配置生成

HC-GEN 是配置生成的工具，可以对 HCS 配置语法进行检查并把 HCS 源文件转换为 HCB 二进制文件。

7.5.6 HDF 开发实例

下面基于 HDF，给出一个 UART 串口驱动的完整样例，包含配置文件的添加、驱动代码的实现以及用户态程序和驱动交互的流程。整个过程可以和 7.5.1 节传统模式下的驱动开发进行对比。目前 LiteOS-A 和标准系统支持 HDF 驱动开发，本节以 LiteOS-A 系统驱动开发为例，介绍 HDF 下 UART 串口驱动开发实例。

在 HDF 框架中，UART 的接口适配模式采用独立服务模式。在这种模式下，每个适配层设备对象会独立发布一个设备服务处理外部访问，核心层的 HDF 设备管理器收到接口层 API 的访问请求之后，通过提取该请求的参数，达到调用实际设备对象的相应内部方法的目的。因此，通过 HDF 调用硬件驱动的过程可以分为接口层、核心层和适配层的交互，如图 7-22 所示。独立服务模式可以直接借助 HDF 设备管理器的服务管理能力，但需要为每个设备单独配置设备节点，增加内存占用。

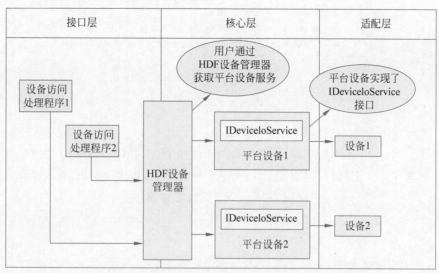

图 7-22 HDF 3 层交互模式

1. 添加配置

在 HDF 框架的配置文件（如 vendor/hisilicon/xxx/hdf_config/device_info. hcs）中添加 deviceNode 信息，并在 uart_config. hcs 文件中配置器件属性。deviceNode 信息与驱动入口注册相关，器件属性值与核心层 UartHost 成员的默认值或限制范围有密切关系，如代码 7-25 所示。

代码 7-25   设备驱动配置描述

```
root {
    device_info {
        platform :: host {
            hostName = "platform_host";
            priority = 50;
            device_gpio :: device {
                device1 :: deviceNode {
                    policy = 2;
                    priority = 10;
                    permission = 0660;
                    moduleName = "GPIO_SAMPLE";
                    serviceName = "GPIO_SAMPLE";
                    deviceMatchAttr = "sample_gpio";
                }
            }
            device_uart :: device {
                device5 :: deviceNode {
                    policy = 2;
                    priority = 10;
                    permission = 0660;
                    moduleName = "UART_SAMPLE";
                    serviceName = "HDF_PLATFORM_UART_5";
                    deviceMatchAttr = "sample_uart_5";
                }
            }
        }
    }
}
```

代码 7-25 中有两个平台设备，分别是 GPIO 口和 UART 口。对于 UART5 串口，该设备还有一个器件属性信息，代码在 uart_config. hcs 文件中，如代码 7-26 所示。

代码 7-26   串口驱动配置描述

```
root {
    platform {
        uart_sample {
            num = 5;
```

```
            base = 0x120a0000;              //UART 基础寄存器地址
            irqNum = 38;
            baudrate = 115200;
            uartClk = 24000000;              //时钟频率为 24MHZ
            wlen = 0x60;                     //8 位宽
            parity = 0;
            stopBit = 0;
            match_attr = "sample_uart_5";
        }
    }
}
```

代码 7-26 配置了 UART 端口配置寄存器基地址、中断号、波特率、时钟等关键信息，要注意最后一个 match_attr 属性必须要和 device_info.hcs 文件中保持一致。

2. 编写驱动代码

基于 HDF 编写的串口驱动代码很长，因此将整个代码分割讲解。

1）实例化 HDF 驱动入口

驱动入口必须为 HdfDriverEntry（在 hdf_device_desc.h 文件中定义）类型的全局变量，且 moduleName 要和 device_info.hcs 文件中保持一致。HDF 会将所有加载的驱动的 HdfDriverEntry 对象首地址汇总，形成一个类似数组的段地址空间，方便上层调用，如代码 7-27 所示。

代码 7-27　HDF 驱动入口实例化

```
/* HdfDriverEntry 方法定义 */
static int32_t SampleUartDriverBind(struct HdfDeviceObject * device);
static int32_t SampleUartDriverInit(struct HdfDeviceObject * device);
static void SampleUartDriverRelease(struct HdfDeviceObject * device);

/* HdfDriverEntry 定义 */
struct HdfDriverEntry g_sampleUartDriverEntry = {
    .moduleVersion = 1,
    .moduleName = "UART_SAMPLE",
    .Bind = SampleUartDriverBind,
    .Init = SampleUartDriverInit,
    .Release = SampleUartDriverRelease,
};

//调用 HDF_INIT()函数将驱动入口注册到 HDF 中
HDF_INIT(g_sampleUartDriverEntry);
```

2）实例化 UartHost 成员 UartHostMethod

以核心层 UartHost 对象的初始化为核心，包括厂商自定义结构体（传递参数和数据）、实例化 UartHost 成员 UartHostMethod，让用户可以通过接口调用驱动底层函数。

UartHostMethod 内包含的函数如代码 7-28 所示，主要是串口初始化、写入及传输速率设置等函数，驱动开发者负责实现它们。

代码 7-28　UartHostMethod 内函数的实例化

```c
/* UartHostMethod 方法定义 */
static int32_t SampleUartHostInit(struct UartHost * host);
static int32_t SampleUartHostDeinit(struct UartHost * host);
static int32_t SampleUartHostWrite(struct UartHost * host, uint8_t * data, uint32_t size);
static int32_t SampleUartHostSetBaud(struct UartHost * host, uint32_t baudRate);
static int32_t SampleUartHostGetBaud(struct UartHost * host, uint32_t * baudRate);

/* UartHostMethod 定义 */
struct UartHostMethod g_sampleUartHostMethod = {
    .Init = SampleUartHostInit,
    .Deinit = SampleUartHostDeinit,
    .Read = NULL,
    .Write = SampleUartHostWrite,
    .SetBaud = SampleUartHostSetBaud,
    .GetBaud = SampleUartHostGetBaud,
    .SetAttribute = NULL,
    .GetAttribute = NULL,
    .SetTransMode = NULL,
};

/* UartHostMethod 实现 */
static int32_t SampleUartHostInit(struct UartHost * host)
{
    …
}

static int32_t SampleUartHostDeinit(struct UartHost * host)
{
    …
}

static int32_t SampleUartHostWrite(struct UartHost * host, uint8_t * data, uint32_t size)
{
    uint32_t idx;
    struct UartRegisterMap * regMap = NULL;
    struct UartDevice * device = NULL;
    HDF_LOGD("% s: Enter", __ func __);
    …

    device = (struct UartDevice * )host -> priv;
    if (device == NULL) {
        HDF_LOGW("% s: device is NULL", __ func __);
        return HDF_ERR_INVALID_PARAM;
    }
    regMap = (struct UartRegisterMap * )device -> resource.physBase;
```

```
        for (idx = 0; idx < size; idx++) {
            UartPl011Write(regMap, data[idx]);
        }
        return HDF_SUCCESS;
}

static int32_t SampleUartHostSetBaud(struct UartHost * host, uint32_t baudRate)
{
        struct UartDevice * device = NULL;
        struct UartRegisterMap * regMap = NULL;
        UartPl011Error err;
        …
        device = (struct UartDevice * )host -> priv;
        …
        regMap = (struct UartRegisterMap * )device -> resource.physBase;
        …
        err = UartPl011SetBaudrate(regMap, device -> uartClk, baudRate);
        …
        return err;
}

static int32_t SampleUartHostGetBaud(struct UartHost * host, uint32_t * baudRate)
{
        struct UartDevice * device = NULL;
        HDF_LOGD(" % s: Enter", __ func __ );
        …
        device = (struct UartDevice * )host -> priv;
        …
        * baudRate = device -> baudrate;
        return HDF_SUCCESS;
}
```

3）实现串口驱动初始化函数

　　整个代码的核心是定义串口驱动入口结构 g_sampleUartDriverEntry，该结构属于 HdfDriverEntry 类型，定义了 HDF 框架中最关键的 3 个函数，用于绑定、初始化和释放资源。而其中初始化函数 SampleUartDriverInit()非常重要，它定义了串口驱动核心业务代码和 HDF 驱动服务管理等功能，如代码 7-29 所示。

代码 7-29　串口驱动初始化函数

```
static int InitUartDevice(struct UartDevice * device)
{
        UartPl011Error err;
        struct UartResource * resource = &device -> resource;
        struct UartRegisterMap * regMap = (struct UartRegisterMap * )resource -> physBase;
        …
        / * 刷新系统时间 * /
```

```
    device->uartClk = resource->uartClk;
    uart_clk_cfg(0, true);
    /*清除并重启寄存器*/
    UartPl011ResetRegisters(regMap);
    /*设置设备波特率*/
    err = UartPl011SetBaudrate(regMap, resource->uartClk, resource->baudrate);
    …
    /*设置设备数据格式*/
    UartPl011SetDataFormat(regMap, resource->wlen, resource->parity, resource->
stopBit);
    /*允许FIFO队列*/
    UartPl011EnableFifo(regMap);
    UartPl011Enable(regMap);
    BufferFifoInit(&device->rxFifo, g_fifoBuffer, UART_RX_FIFO_SIZE);
    device->state = UART_DEVICE_INITIALIZED;
    return HDF_SUCCESS;
}

static int32_t SampleUartDriverInit(struct HdfDeviceObject * device)
{
    int32_t ret;
    struct UartHost * host = NULL;
    …
    host = UartHostFromDevice(device);
    …
    ret = AttachUartDevice(host, device);
    …
    host->method = &g_sampleUartHostMethod;
    return ret;
}

static void SampleUartDriverRelease(struct HdfDeviceObject * device)
{
    struct UartHost * host = NULL;
    …
    host = UartHostFromDevice(device);
    …
    if (host->priv != NULL) {
        DetachUartDevice(host);
    }
    UartHostDestroy(host);
}
```

其中,串口驱动核心业务代码是通过AttachUartDevice()函数调用InitUartDevice()函数完成串口设置初始化,然后加载核心业务驱动程序,该函数最后调用代码7-30实现驱动的注册。

代码7-30 串口驱动注册

```
if (add) {
    if (register_driver(devName, &g_uartSampleDevFops, HDF_UART_FS_MODE, host)) {
```

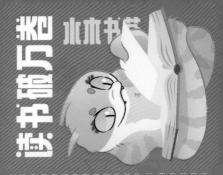

May all your wishes come true

下笔如有神

如果知识是通向未来的大门，
我们愿意为你打造一把打开这扇门的钥匙！

https://www.shuimushuhui.com/

图书详情 / 配套资源 / 课程视频 / 会议资讯 / 图书出版

清华大学出版社
TSINGHUA UNIVERSITY PRESS

May all your wishes
come true

```
        HDF_LOGE("%s: gen /dev/uartdev-%d fail!", __func__, host->num);
        OsalMemFree(devName);
        return;
    }
} else {
    if (unregister_driver(devName)) {
        HDF_LOGE("%s: remove /dev/uartdev-%d fail!", __func__, host->num);
        OsalMemFree(devName);
        return;
    }
}
```

注册的驱动业务代码定义在 g_uartSampleDevFops 结构中，该结构类型为 file_operations_vfs，也就是 Linux 中的虚拟文件系统操作（Virtual File System，VFS），如代码 7-31 所示。

代码 7-31　虚拟文件系统操作

```
const struct file_operations_vfs g_uartSampleDevFops = {
    .open  = UartSampleDevOpen,
    .close = UartSampleRelease,
    .read  = UartSampleRead,
    .write = UartSampleWrite,
    .ioctl = UartSampleDevIoctl,
};
```

代码 7-31 中的 g_uartSampleDevFops 结构对设备的 open、close、read、write、ioctl 这 5 个操作函数与通用的 Linux 驱动开发中的设备操作函数是一致的。

4）实现串口驱动绑定函数

在 HDF 驱动框架中，对驱动服务的处理体现在 UartHost 类型的 host 变量中，UartHost 是核心层控制器结构体，uart_config.hcs 文件中的数值会被 HDF 读入，通过 DeviceResourceIface 初始化结构体成员，一些重要数值也会传递给核心层对象，如设备号 num 等。UartHost 结构声明如代码 7-32 所示。

代码 7-32　UartHost 结构

```
struct UartHost {
    struct IDeviceIoService service;
    struct HdfDeviceObject *device;
    uint32_t num;
    OsalAtomic atom;
    void *priv;
    struct UartHostMethod *method;
};
```

UartHost 结构中的第 1 个变量就是对驱动服务变量的声明。其结构的初始化主要体现在 SampleUartDriverBind() 函数。SampleUartDriverBind() 函数的核心功能如代码 7-33 所示。

代码 7-33　串口驱动绑定函数

```
static int32_t SampleUartDriverBind(struct HdfDeviceObject * device)
{
    struct UartHost * uartHost = NULL;
    …
    uartHost = UartHostCreate(device);
    …
    uartHost -> service.Dispatch = SampleDispatch;
    return HDF_SUCCESS;
}

struct UartHost * UartHostCreate(struct HdfDeviceObject * device)
{
    struct UartHost * host = NULL;
    if (device == NULL) {
        HDF_LOGE("% s: invalid parameter", __ func __);
        return NULL;
    }
    host = (struct UartHost * )OsalMemCalloc(sizeof( * host));
    if (host == NULL) {
        HDF_LOGE("% s: OsalMemCalloc error", __ func __);
        return NULL;
    }
    host -> device = device;
    device -> service = &(host -> service);
    host -> device -> service -> Dispatch = UartIoDispatch;
    OsalAtomicSet(&host -> atom, 0);
    host -> priv = NULL;
    host -> method = NULL;
    return host;
}
```

代码 7-33 使得 HdfDeviceObject 与 UartHost 可以相互转化,同时为 service 成员的 Dispatch 方法赋值(该功能可以实现对不同的串口服务请求,执行不同的命令),进行原子量 初始化或原子量设置。

3. 驱动代码测试

基于 HDF 编写的驱动功能交互测试代码如代码 7-34 所示,核心是使用用户态程序调 用驱动服务。这部分代码可以放在 drivers/adapter/uhdf 目录下编译,与该代码对应的 BUILD.gn 文件位于 drivers/framework/sample/platform/uart/dev 目录下。

代码 7-34　HDF 驱动测试

```
# include < fcntl.h>
# include < sys/stat.h>
# include < sys/ioctl.h>
# include < unistd.h>
# include "hdf_log.h"
# include "hdf_sbuf.h"
```

```
#include "hdf_io_service_if.h"

static struct HdfIoService * g_testService = NULL;
static struct HdfSBuf * g_msg = NULL;
static struct HdfSBuf * g_reply = NULL;

void HdfTestOpenService(void)
{
    g_testService = HdfIoServiceBind(HDF_TEST_SERVICE_NAME);
    g_msg = HdfSBufObtainDefaultSize();
    if (g_msg == NULL) {
        printf("fail to obtain sbuf data\n\r");
        return HDF_FAILURE;;
    }
    g_reply = HdfSBufObtainDefaultSize();
    if (g_reply == NULL) {
        printf("fail to obtain sbuf reply\n\r");
        HdfSBufRecycle(g_msg);
        return HDF_FAILURE;;
    }
}


void HdfTestCloseService(void)
{
    if (g_msg != NULL) {
        HdfSBufRecycle(g_msg);
        g_msg = NULL;
    };
    if (g_reply != NULL) {
        HdfSBufRecycle(g_reply);
        g_reply = NULL;
    };
    if (g_testService != NULL) {
        HdfIoServiceRecycle(g_testService);
        g_testService = NULL;
    };
}

int HdfTestSendMsgToService(struct HdfTestMsg * msg)
{
    int ret;
    struct HdfTestMsg * testReply = NULL;
    unsigned int len;
    if (!HdfSbufWriteBuffer(g_msg, msg, sizeof( * msg))) {
        printf("HdfTestSendMsgToService g_msg write failed\n\r");
    }
    ret = g_testService -> dispatcher -> Dispatch(&g_testService -> object, 0, g_msg, g_
reply);
    if (ret != HDF_SUCCESS) {
        printf("HdfTestSendMsgToService fail to send service call\n\r");
        return ret;
```

```
    }
    if (!HdfSbufReadBuffer(g_reply, (const void **)&testReply, &len)) {
        printf("HdfTestSendMsgToService g_reply read failed\n\r");
    }
    if (testReply == NULL) {
        printf("HdfTestSendMsgToService testReply is null\n\r");
        ret = -1;
    } else {
        ret = testReply->result;
    }
    HdfSbufFlush(g_msg);
    HdfSbufFlush(g_reply);
    return ret;
}

int main()
{
    char * sendData = "default event info";
    HdfTestOpenService();
    if (HdfTestSendMsgToService (sendData)) {
        printf ("fail to send event");
        return HDF_FAILURE;
    }
    HdfTestCloseService();
    return HDF_SUCCESS;
}
```

上述代码通过调用 HDF 下的 UART 驱动,实现了 UART 口的数据收发功能。

7.5.7　HDF 驱动移植

驱动主要包含两部分:平台(Platform)驱动和设备(Device)驱动。平台驱动主要包括通常在 SoC 内的 GPIO、I2C、SPI 等;设备驱动则主要包含通常在 SoC 外的设备,如 LCD、传感器、WLAN 等,如图 7-23 所示,本节主要介绍平台驱动移植。

HDF 驱动被设计为可以跨 OS 使用的驱动程序,HDF 驱动框架会为驱动达成这个目标提供有力的支撑。开发 HDF 驱动时,请尽可能只使用 HDF 驱动框架提供的接口。用户需要在源代码目录/device/vendor_name/soc_name/drivers 下创建平台驱动。驱动目录如图 7-24 所示。

HDF 为所有平台驱动都创建了驱动模型,移植平台驱动的主要工作是向模型注入实例。可以在源代码目录/drivers/framework/support/platform/include 下找到这些模型的定义。

本节以 GPIO 为例,讲解如何移植平台驱动,移植过程如下。

1. 创建 GPIO 驱动

在源代码目录/device/vendor_name/soc_name/drivers/gpio 下创建 soc_name_gpio.c 文件,内容模板如代码 7-35 所示。

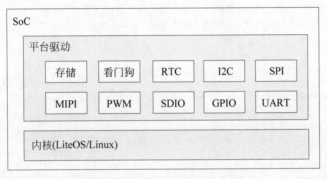

图 7-23 OpenHarmony 驱动分类

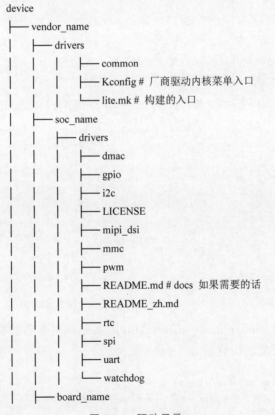

图 7-24 驱动目录

代码 7-35 HDF 下的 GPIO 驱动模板

```c
#include "gpio_core.h"
//定义 GPIO 结构体
struct SocNameGpioCntlr {
    struct GpioCntlr cntlr; //HDF GPIO 驱动框架需要的结构体
    int myData; //当前驱动自身需要的数据
};
//绑定方法在 HDF 驱动中主要用户对外发布服务,直接返回成功即可
static int32_t GpioBind(struct HdfDeviceObject * device)
{
    (void)device;
    return HDF_SUCCESS;
}
//初始化方法是驱动初始化的入口,需要在初始化方法中完成模型实例的注册
static int32_t GpioInit(struct HdfDeviceObject * device)
{
    SocNameGpioCntlr * impl = CreateGpio();          //创建代码
    ret = GpioCntlrAdd(&impl->cntlr);                //注册 GPIO 模型实例
    if (ret != HDF_SUCCESS) {
        HDF_LOGE("%s: err add controller:%d", __func__, ret);
        return ret;
    }
    return HDF_SUCCESS;
}

//释放方法会在驱动卸载时被调用,这里主要完成资源回收
static void GpioRelease(struct HdfDeviceObject * device)
{
    //GpioCntlrFromDevice 方法能从抽象的设备对象中获得初始化方法注册进去的模型实例
    struct GpioCntlr * cntlr = GpioCntlrFromDevice(device);
    //资源释放...
}

struct HdfDriverEntry g_gpioDriverEntry = {
    .moduleVersion = 1,
    .Bind = GpioBind,
    .Init = GpioInit,
    .Release = GpioRelease,
    .moduleName = "SOC_NAME_gpio_driver",
};
HDF_INIT(g_gpioDriverEntry);                          //注册一个 GPIO 的驱动入口
```

2. 创建厂商驱动构建入口

如前所述,device/vendor_name/drivers/lite.mk 是厂商驱动的构建的入口。厂商需要从这个入口开始,进行驱动构建。

```makefile
#device/vendor_name/drivers/lite.mk 文件
SOC_VENDOR_NAME := $(subst $/",, $(LOSCFG_DEVICE_COMPANY))
SOC_NAME := $(subst $/",, $(LOSCFG_PLATFORM))
```

```
BOARD_NAME := $(subst $/",,$(LOSCFG_PRODUCT_NAME))
# 指定 SoC 进行构建
LIB_SUBDIRS += $(LITEOSTOPDIR)/../../device/$(SOC_VENDOR_NAME)/$(SOC_NAME)/drivers/
```

3. 创建 SoC 驱动构建入口

lite.mk 文件中也定义了芯片 SoC 驱动构建的入口。

```
# device/vendor_name/soc_name/drivers/lite.mk 文件
SOC_DRIVER_ROOT := $(LITEOSTOPDIR)/../../device/$(SOC_VENDOR_NAME)/$(SOC_NAME)/
drivers/
# 判断是否打开了 GPIO 的内核编译开关
ifeq ($(LOSCFG_DRIVERS_HDF_PLATFORM_GPIO), y)
    # 构建完成要链接一个名为 hdf_gpio 的对象
    LITEOS_BASELIB += -lhdf_gpio
    # 增加构建目录 gpio
    LIB_SUBDIRS   += $(SOC_DRIVER_ROOT)/gpio
endif
```

4. 创建外设 GPIO 驱动构建入口

对应 GPIO 驱动的 BUILD.gn 文件中的部分内容如下,其中定义了一些编译参数。

```
include $(LITEOSTOPDIR)/config.mk
include $(LITEOSTOPDIR)/../../drivers/adapter/khdf/liteos/lite.mk

# 指定输出对象的名称,注意要与 SoC 驱动构建入口中 LITEOS_BASELIB 保持一致
MODULE_NAME := hdf_gpio
# 增加 HDF 框架的 INCLUDE
LOCAL_CFLAGS += $(HDF_INCLUDE)
# 要编译的文件
LOCAL_SRCS += soc_name_gpio.c
# 编译参数
LOCAL_CFLAGS += -fstack-protector-strong -Wextra -Wall -Werror -fsigned-char -fno
-strict-aliasing -fno-common

include $(HDF_DRIVER)
```

5. 配置产品加载驱动

产品的所有设备信息将被定义在源代码文件/vendor/vendor_name/product_name/
config/ device_info/device_info.hcs 中,如下所示,平台驱动会添加到 platform 的 host 中。

```
root {
    ...
    platform :: host {
        device_gpio :: device {
            device0 :: deviceNode {
                policy = 0;
                priority = 10;
                permission = 0644;
```

```
                    moduleName = "SOC_NAME_gpio_driver";
            }
        }
    }
}
```

7.6 OpenHarmony 系统驱动程序调用

本实验通过使用主芯片的 UART,实现串口的自收自发功能。数据从一个设备 UART 的发送引脚(TXD)流向另一个设备 UART 的接收(RXD)引脚。这里以 Hi3861 芯片和 LiteOS-M 系统为基础介绍外设实验的整个过程,本书所有实验均按照这个开发过程来编写。

7.6.1 核心代码开发

由于默认 UART 0 调试串口对应的是 GPIO3 和 GPIO4,一般情况下不修改;与其他设备通信时使用 UART 1 或 UART 2,本实验使用的是 UART1,对应的就是 GPIO0 (UART1 的 TXD)和 GPIO1(UART1 的 RTD),核心代码 uart_control. c 如代码 7-36 所示。

代码 7-36　UART 通信核心代码

第 27 集
微课视频

```
#include < stdio. h>
#include < unistd. h>
#include < string. h>

#include "iot_gpio_ex. h"
#include "ohos_init. h"
#include "cmsis_os2. h"
#include "iot_gpio. h"
#include "iot_uart. h"
#include "hi_uart. h"
#include "iot_watchdog. h"
#include "iot_errno. h"

#define UART_BUFF_SIZE 100
#define U_SLEEP_TIME  100000

void Uart1GpioInit(void)
{
    IoTGpioInit(IOT_IO_NAME_GPIO_0);
    //设置 GPIO0 的引脚复用关系为 UART1_TXD
    IoSetFunc(IOT_IO_NAME_GPIO_0, IOT_IO_FUNC_GPIO_0_UART1_TXD);
    IoTGpioInit(IOT_IO_NAME_GPIO_1);
    //设置 GPIO1 的引脚复用关系为 UART1_RXD
    IoSetFunc(IOT_IO_NAME_GPIO_1, IOT_IO_FUNC_GPIO_1_UART1_RXD);
```

```
}

void Uart1Config(void)
{
    uint32_t ret;
    /* 初始化 UART 配置,波特率为 9600,数据位为 8,停止位为 1,奇偶校验为 NONE */
    IotUartAttribute uart_attr = {
        .baudRate = 9600,
        .dataBits = 8,
        .stopBits = 1,
        .parity = 0,
    };
    ret = IoTUartInit(HI_UART_IDX_1, &uart_attr);
    if (ret != IOT_SUCCESS) {
        printf("Init Uart1 Failed Error No : %d\n", ret);
        return;
    }
}

static void UartTask(void)
{
    const char * data = "Hello OpenHarmony !!!\n";
    uint32_t count = 0;
    uint32_t len = 0;
    unsigned char uartReadBuff[UART_BUFF_SIZE] = {0};

    //对 UART1 的一些初始化
    Uart1GpioInit();
    //对 UART1 参数的一些配置
    Uart1Config();

    while (1) {
        //通过 UART1 发送数据
        IoTUartWrite(HI_UART_IDX_1, (unsigned char * )data, strlen(data));
        //通过 UART1 接收数据
        len = IoTUartRead(HI_UART_IDX_1, uartReadBuff, UART_BUFF_SIZE);
        if (len > 0) {
            //把接收到的数据打印出来
            printf("Uart Read Data is: [ %d ] %s \r\n", count, uartReadBuff);
        }
        usleep(U_SLEEP_TIME);
        count++;
    }
}

void UartExampleEntry(void)
{
    osThreadAttr_t attr;
    IoTWatchDogDisable();
    attr.name = "UartTask";
    attr.attr_bits = 0U;
    attr.cb_mem = NULL;
```

```
    attr.cb_size = 0U;
    attr.stack_mem = NULL;
    attr.stack_size = 5 * 1024; //任务栈大小为5*1024
    attr.priority = osPriorityNormal;
    if (osThreadNew((osThreadFunc_t)UartTask, NULL, &attr) == NULL) {
        printf("[UartTask] Failed to create UartTask!\n");
    }
}
APP_FEATURE_INIT(UartExampleEntry);
```

在代码 7-35 中,首先使用 Uart1GpioInit()函数对 UART1 口使用的 GPIO0 和 GPIO1 引脚进行初始化,分别进行数据的发收;接着使用 Uart1Config()函数对 UART1 串口的数据收发率、停止位等进行配置;最后进入循环,通过 IoTUartWrite()函数向 UART1 发送字符串数据"Hello OpenHarmony !!! \n",同时也从 UART1 口接收数据并输出到串口。

在 hi3861_hdu_iot_application/src/applications/sample/wifi-iot/app/目录下新建 uart_demo 目录,并将上述代码 uart_control.c 放在该目录中。

7.6.2 项目内配置文件 BUILD.gn 编写

在 uart_demo 目录下新建 BUILD.gn 文件,该文件也可以从模板文件中修改,如代码 7-37 所示。

代码 7-37 项目内配置文件 BUILD.gn

```
static_library("uart_control") {
  sources = [
    "hal_iot_gpio_ex.c",
    " uart_control.c ",
  ]

  include_dirs = [
    "./",
    "//utils/native/lite/include",
    "//kernel/liteos_m/kal/cmsis",
    "//base/iot_hardware/peripheral/interfaces/kits",
    "//device/soc/hisilicon/hi3861v100/sdk_liteos/include/base",
  ]
}
```

代码 7-37 第 1 行表示源代码编译后生成的静态库文件名叫 uart_control,第 2 行 sources 字段说明项目的源代码包含 hal_iot_gpio_ex.c 和 uart_control.c 两个文件,hal_iot_gpio_ex.c 文件包含 GPIO 端口初始化等函数。include_dirs 目录尤其重要,该目录声明了 .c 文件中使用到的.h 头文件所在路径。不同 SDK 下这些头文件路径会不同,因此需要有针对性地修改。

7.6.3 项目外配置文件 BUILD.gn 编写

在 applications/sample/wifi-iot/app/目录下新建 BUILD.gn 文件,该文件可以直接在

模板上进行修改。在该文件的 features 字段中添加 uart_demo：uart_control。注意，uart_demo 指的是需要编译的工程目录，uart_control 指的是 applications/sample/wifi-iot/app/uart_demo/BUILD. gn 文件中的静态库，名称为 uart_control。如代码 7-38 所示。

代码 7-38　项目外配置文件 BUILD. gn

```
import("//build/lite/config/component/lite_component.gni")

lite_component("app") {
  features = [ "uart_demo:uart_control",]
}
```

7.6.4　项目编译运行

单击 DevEco Device Tool 的 Upload 按钮，等待提示（Connecting，please reset device…），手动进行开发板复位（按下开发板的 RESET 键），将程序烧录到开发板中，如图 7-25 所示。

图 7-25　嵌入式软件在 DevEco Device Tool 中编译

软件烧录成功后，打开串口工具，按下开发板的 RESET 键复位开发板，可以看到串口打印出写入 UART1 的数据，说明使用主芯片的 UART 实现串口的自收自发功能的实验成功。串口打印信息如图 7-26 所示。

```
[18:10:48.853]收←◆Uart Read Data is: [ 17 ] Hello OpenHarmony !!!

[18:10:48.953]收←◆Uart Read Data is: [ 18 ] Hello OpenHarmony !!!

[18:10:49.055]收←◆Uart Read Data is: [ 19 ] Hello OpenHarmony !!!

[18:10:49.153]收←◆Uart Read Data is: [ 20 ] Hello OpenHarmony !!!

[18:10:49.253]收←◆Uart Read Data is: [ 21 ] Hello OpenHarmony !!!

[18:10:49.353]收←◆Uart Read Data is: [ 22 ] Hello OpenHarmony !!!

[18:10:49.453]收←◆Uart Read Data is: [ 23 ] Hello OpenHarmony !!!

[18:10:49.553]收←◆Uart Read Data is: [ 24 ] Hello OpenHarmony !!!
```

图 7-26　外设串口实验结果

第8章

典型物联网技术、协议及应用

物联网(IoT,Internet of Things)即"万物相连的互联网",是互联网基础上的延伸和扩展的网络,将各种信息传感设备与互联网结合起来而形成的一个巨大网络,通过这一网络可以进行信息交换、传递和通信,以实现对物体的智能化识别、定位、跟踪、监控和管理。

嵌入式系统的第四发展阶段就是具备网络接入的嵌入式系统,各种不同功能的嵌入式系统通过互联网连接在一起,极大方便了人们的生活。具备物联网功能的智能嵌入式设备正成为信息社会的枢纽设施,如智能手机、智能汽车和智慧家电等。

华为公司 OpenHarmony 操作系统正是以万物互联作为发展目标,希望成为使能千行百业的技术底座。结合海思 Hi3861 Wi-Fi IoT 芯片,搭载 OpenHarmony 系统的嵌入式设备,可以快速通过各种物联网协议进行通信,实现不同场景的嵌入式应用。

第28集
微课视频

8.1　物联网技术概述

物联网通过不同类型的网络将各种感知设备采集到的数据整合到一起进行处理分析,因此不仅包括嵌入式技术,也包括网络传输和数据挖掘等技术。本节主要对物联网的体系架构及特性、关键技术、典型应用和技术发展进行一定讨论和分析。

8.1.1　物联网体系架构及特性

物联网典型体系架构分为 3 层,自下而上分别是感知层、网络层和应用层,如图 8-1 所示。

感知层实现物联网全面感知能力,关键在于具备更精确、更全面的感知能力,并解决低功耗、小型化和低成本问题。

网络层以广泛覆盖的通信网络作为基础设施,采用多种通信方式,形成系统感知的网络,是物联网中标准化程度最高、产业化能力最强的部分,关键在于为物联网应用特征进行优化改造。

应用层提供丰富的应用,将物联网技术与行业信息化需求相结合,实现广泛智能化的应用解决方案,关键在于行业融合、信息资源的开发利用、低成本高质量的解决方案、信息安全的保障及有效商业模式的开发。

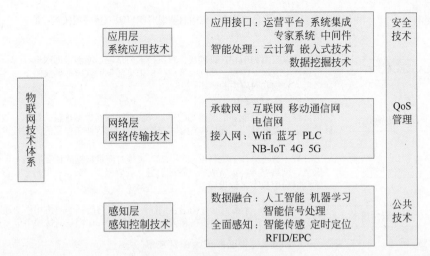

图 8-1　物联网典型体系架构

总结目前对物联网概念的表述，可以将其核心要素归纳为"感知、传输、智能、控制"8个字。也就是说，物联网的主要特征表现在以下几方面。

（1）全面感知。物联网的智能物件具有感知、通信与计算能力。在物联网上部署的信息感知设备（包括射频识别 CRFID、传感器、二维码等智能感知设施），不仅数量巨大，类型繁多，而且可随时随地感知、获取物件的信息。每个信息感知设备都是一个信息源，不同类别的感知设备所捕获的信息内容和信息格式不同。例如，传感器获得的数据具有及时性，按一定的频率周期性地采集环境信息，不断地更新数据。

（2）可靠传输。可靠传输是指把信息感知设施采集的信息利用各种有线网络、无线网络与互联网，实时而准确地传递出去。例如，在物联网上的传感器定时采集的信息需要通过网络传输，在传输过程中，为了保障数据的正确和及时，必须采用各种异构网络和协议，通过各种信息网络与互联网的融合，才能将物件的信息实时准确地传输到目的地。

（3）智能处理。在物联网中，智能处理是指利用数据融合及处理、云计算、模式识别、大数据等计算技术，对海量的分布式数据信息进行分析、融合和处理，向用户提供信息服务。

8.1.2　物联网关键技术

针对图 8-1 展示的物联网技术架构，与之对应的有 5 项关键技术，如图 8-2 所示，包括感知技术、嵌入式系统技术、通信传输技术、云技术和安全技术。其中，感知技术、嵌入式系统技术对应感知层；通信传输技术和安全技术对应网络层；云技术对应应用层。当然，这 5 项技术与对应架构之间的关系不是固定的，如安全技术可以用于通信层的安全，也可以保障感知层的安全。

网络传输技术是指能够汇聚不同嵌入式系统传递过来的感知数据，并实现物联网数据传输的技术，包括移动通信网、互联网、无线网络、卫星通信、短距离无线通信等。

感知技术	用于物联网底层感知信息的技术，包括射频识别（RFID）、传感器技术，是实现物联网全面感知的核心能力
嵌入式系统技术	嵌入式系统是以应用为中心，以现代计算机技术为基础，能够根据用户功能、可靠性、成本、体积、功耗、环境等需求灵活裁剪软硬件模块的专用计算机，是物联网应用的底座
通信传输技术	通信传输技术是指能够汇聚感知数据，并实现物联网数据传输的技术，包括移动通信、互联网等，通信传输技术是物联网中起到纽带作用的关键技术
云技术	云计算平台可以作为物联网的"大脑"，实现对海量数据的计算服务、存储服务、网络服务、灾备服务、管理服务、安全服务、数据库服务等，提供物联网应用数字基础设施
安全技术	物联网作为一个多网的异构融合网络，存在着与传感器网络和移动通同样的安全问题，此外还有如设备和人身安全等问题，在物联网技术中至关重要

图 8-2　物联网五大关键技术

（1）移动通信网（Mobile Communication Network）。移动通信是移动体之间的通信或移动体与固定体之间的通信。移动通信系统由两部分组成：空间系统和地面系统（卫星移动无线电台、天线、关口站、基站）。若要与某移动台通信，移动交换局通过各基台向全网发出呼叫，被叫台收到后发出应答信号，移动交换局收到应答后分配一个信道给该移动台并从此话路信道中传输信令使其振铃。

（2）互联网（Internet），即广域网、局域网及单机按照一定的通信协议组成的国际计算机网络。互联网是指将两台计算机或两台以上的计算机终端、客户端、服务端通过计算机信息技术的手段互相联系起来的结果，人们可以与远在千里之外的朋友相互发送邮件、共同完成一项工作、共同娱乐等。

（3）无线网络（Wireless Network）。物联网中，物品与人的无障碍交流，必然离不开高速、可进行大批量数据传输的无线网络。无线网络既包括允许用户建立远距离无线连接的全球语音和数据网络，也包括为近距离无线连接进行优化的红外线技术及射频技术，与有线网络的用途十分类似，最大的不同在于传输媒介，利用无线电技术取代网线，可以和有线网络互为备份。

（4）卫星通信（Satellite Communication）。简单地说，卫星通信就是地球上（包括地面和低层大气中）的无线电通信站间利用卫星作为中继而进行的通信。卫星通信系统由卫星和地球站两部分组成。卫星通信的特点：通信范围大；只要在卫星发射的电波所覆盖的范围内，从任何两点之间都可进行通信；不易受陆地灾害的影响（可靠性高）；只要设置地球站电路即可开通（开通电路迅速）；同时可在多处接收，能经济地实现广播、多址通信（多址特点）；电路设置非常灵活，可随时分散过于集中的话务量；同一信道可用于不同方向或不同区间（多址连接）。

（5）短距离无线通信（Short Distance Wireless Communication）。短距离无线通信泛指在较小的区域内（数百米）提供无线通信的技术，目前常见的技术大致有 IEEE 802.11 系列无线局域网、蓝牙、NFC（近场通信）技术和红外传输技术。

物联网的发展离不开云计算技术的支持,物联网中的嵌入式终端通常计算和存储能力有限,云计算平台可以作为物联网的"大脑",实现对海量数据的存储、计算。云计算是分布式计算技术的一种,其最基本的概念,是通过网络将庞大的计算处理程序自动分拆成无数个较小的子程序,再交由多部服务器所组成的庞大系统经搜寻、计算分析之后将处理结果回传给用户。

8.1.3 物联网典型应用

先进的物联网技术使得各种智能嵌入式设备可以方便协同交互,数据实现统一管理,各种类型的物联网设备正在千行百业中发挥着重要作用,如图 8-3 所示。

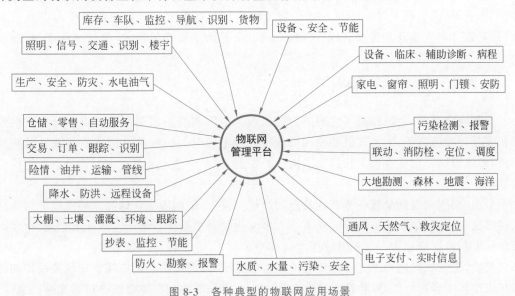

图 8-3　各种典型的物联网应用场景

物联网主要应用场景如下。

（1）智能家居。将各种家庭设备(如音/视频设备、照明系统、窗帘控制、空调控制、安防系统、数字影院系统、网络家电等)通过电信宽带、固话和 5G 无线网络连接起来,实现对家庭设备的远程操控。

（2）智能医疗。智能医疗系统借助实用的家庭医疗传感设备,对家中病人或老人的生理指标进行监测,并将生成的生理指标数据通过电信网络或 5G 无线网络传输到护理人或有关医疗单位。

（3）智能城市。智能城市是指充分借助物联网、传感网,涉及智能楼宇、智能家居、路网监控、智能医院等诸多领域,充分发挥信息通信技术(ICT)产业发达、RFID 相关技术领先、电信业务及信息化基础设施优良等优势构建城市发展的智慧环境,形成基于海量信息和智能过滤处理的新的生活、产业发展、社会管理等模式,面向未来构建全新的城市形态。

（4）智能环保。智能环保系统通过对实环境的自动监测,实现实时、连续的监测和远程监控,及时掌握水体、大气、土壤的状况,预警预报重大污染事件。智能环保是物联网的一个重要应用领域,物联网自动、智能的特点非常适合环境信息的监测。

(5)智能工业。工业是物联网应用的重要领域,具有环境感知能力的各类终端、基于泛在技术的计算模式、移动通信等不断融入工业生产的各个环节,可大幅提高制造效率,改善产品质量,降低产品成本和资源消耗,将传统工业提升到智能工业的新阶段。

(6)智能农业。智能农业是指在相对可控的环境条件下,采用工业化生产,实现集约高效可持续发展的现代超前农业生产方式,是农业先进设施与露地相配套、具有高度的技术规范和高效益的集约化规模经营的生产方式。

(7)智能物流。智能物流构造了集信息展现、电子商务、物流配载、仓储管理、金融质押、园区安保、海关保税等功能于一体的物流综合信息服务平台。信息服务平台以功能集成、效能综合为主要开发理念,以电子商务、网上交易为主要交易形式,建设高标准、高品位的综合信息服务平台。

8.1.4　物联网技术的发展

物联网概念的问世,打破了之前的传统思维。中国政府一系列的重要讲话、研讨、报告和相关政策措施表明,大力发展物联网产业将成为中国今后一项具有国家战略意义的重要决策,各级政府部门将会大力扶持物联网产业发展,物联网注定要催化中国乃至世界生产力的变革。

目前,物联网发展呈现一些新的特点与趋势。首先,中国成为全球物联网发展最为活跃的国家之一。近年来,我国主导完成了200多项物联网基础重点运用国际标准立项,物联网国际标准制定话语权进一步提升。产业规模稳步增长,竞争优势不断增强。

其次,工业物联网将率先实现规模应用。研究认为,我国物联网应用正从政策扶持期逐步步入市场主导期。工业、物流、安防、交通、电力、家居等应用服务市场已初具规模,工业物联网将率先实现规模应用。

再次,物联网平台竞争时代到来。2015年以来,物联网设备与服务集成商、电信运营商、互联网企业、IT企业、平台企业等依托传统优势,竞相布局物联网系统或平台,集聚优势资源提供系统化、综合性的物联网解决方案,打造开源生态圈。物联网市场竞争已从产品竞争转向平台竞争、生态圈竞争,市场格局由碎片化走向聚合。

最后,一些示范城市以技术创新、应用创新培育经济新动能的转型模式日趋成熟。这些城市秉承物联网创新示范的国家使命,强化创新驱动,促进"产用协同",培育发展动能,着力攻克核心技术,科学布局智慧应用,推动物联网和实体经济深度融合,在国内率先建成相对完善的物联网创新生态、产业集群与智慧城市架构体系。

研究表明,我国当前物联网技术应用与产业体系日趋完善,但仍存在一些短板与问题,如高端传感器等核心技术研发实力偏弱、全产业链协同性不足、物联网技术与传统产业融合有待加强、跨领域共性标准缺失、大数据分析应用滞后、终端与网络仍存安全风险等。现阶段物联网有希望成为加快转变经济发展方式的突破口。如果我国能够在物联网、云计算等方面加快发展,将带来以信息化为标志的新一次战略机遇——通过信息化带动工业、农业、医疗、安全等基础产业发生翻天覆地的变化。

8.2 物联网通信技术 Wi-Fi 概述

目前物联网通信技术主要包括 Wi-Fi、蓝牙、窄带物联网(Narrow Band-Internet of Things,NB-IoT)、4G/5G 和电力线载波通信物联网(Power Line Communication-Internet of Things,PLC-IoT)技术等。其中,蓝牙主要用于近距离小数据的传输;NB-IoT 聚焦于低功耗广覆盖(Low Power Wide Area,LPWA)物联网市场;PLC-IoT 广泛应用于智能电网和工业控制。只有 Wi-Fi 是与消费电子领域紧密相关的,本章仅介绍基于 Wi-Fi 通信的物联网技术。

8.2.1 WLAN 和 Wi-Fi

无线局域网(WLAN)是计算机网络和无线通信技术相结合的产物,是有线网络的无线化延伸。它以无线多址信道作为传输媒介,利用电磁波完成数据交互,实现传统有线局域网的功能。WLAN 的优点是高带宽和低成本,一经问世立刻得到广泛的采用。各种无线通信技术的对比如图 8-4 所示。

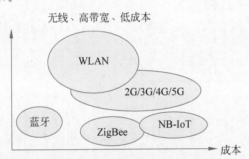

图 8-4 各种无线通信技术的对比

Wi-Fi 全称为 Wireless Fidelity(无线高保真),是 Wi-Fi 联盟制造商的商标,常作为产品进行品牌认证时使用,后来人们逐渐习惯用 Wi-Fi 称呼 IEEE 802.11 标准技术。

8.2.2 WLAN 发展历史与趋势

Wi-Fi 技术已演进到第 6 代——IEEE 802.11ax,也称为 Wi-Fi 6,特点是大带宽、高并发、低时延、低功耗。IEEE 802.11ad 引入 60GHz 频段,提升短距带宽;IEEE 802.11ac 演进到 IEEE 802.11ax,吞吐量提升到 10Gbps,如图 8-5 所示。从历史看,每代的 Wi-Fi 芯片预计在标准发布 3 年内出货量超过前一代。2019 年 9 月 16 日 Wi-Fi 联盟启动 Wi-Fi 6 认证计划,到如今已经进入大规模商用阶段。

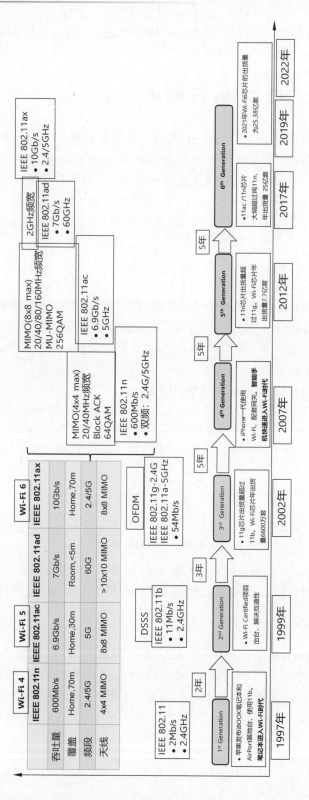

图 8-5　Wi-Fi 技术的发展

8.2.3 Wi-Fi 射频及信道

Wi-Fi 使用了 ISM 无线频段,频率范围是 900MHz(工业:902~928MHz)、2.4GHz(科学:2.4~2.4835GHz)和 5GHz(医疗:5.150~5.350GHz 和 5.725~5.850GHz),使用最多的是 2.4GHz 和 5GHz,如图 8-6 所示。

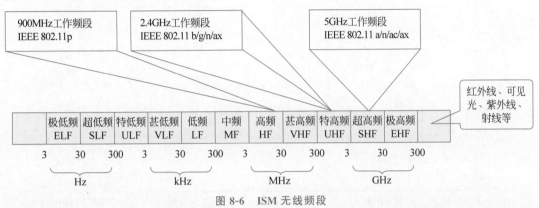

图 8-6　ISM 无线频段

2.4GHz 频段和 5GHz 频段的对比如表 8-1 所示。2.4GHz 频段传输得远,5GHz 频段网速更稳定。

表 8-1　2.4G 频段和 5G 频段对比

频 段	优 点	缺 点
2.4GHz	衰减较小,传播距离更远	频宽较窄,家电、无线设备大多使用 2.4GHz 频段,无线环境更加拥挤,干扰较大
5GHz	频宽较宽,无线环境比较干净,干扰少,网速稳定,更高的无线速率	衰减较大,覆盖距离一般比 2.4GHz 信号短

2.4GHz 频段支持 IEEE 802.11b/g/n/ax,一共有 14 个信道,编号为 1~13 的信道被中国使用。5GHz 频段支持 IEEE 802.11a/n/ac/ax,编号为 36~64 和 149~165 的信道被中国使用,如图 8-7 所示。

8.2.4 Wi-Fi 组网与配网

无线 Mesh 网络(Wireless Mesh Network,WMN)是一种新型动态自组织自配置的无线网络,网络中的节点能够自动地建立 Ad Hoc 结构(P2P)并维持 Mesh 连通性。它将 WLAN 的应用范围从"热点"扩展到"热区",扩大了 WLAN 的作用范围,并减少了对有线网络的依赖。

在传统的无线局域网(WLAN)中,每个客户端(Station,STA)均通过一条与接入点(Access Point,AP)相连的无线链路访问网络,形成一个局部的基础服务集(Basic Service Set,BSS),如图 8-8 所示。从拓扑结构上看,WLAN 是典型的点对多点(Point to Multiple Points,P2MP)网络,而且采取单跳方式。

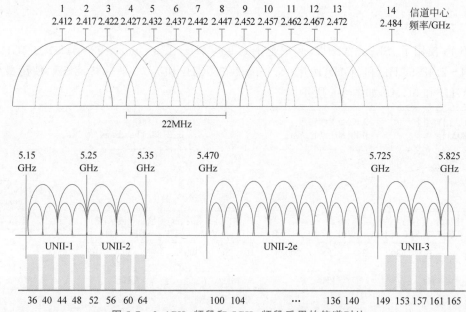

图 8-7　2.4GHz 频段和 5GHz 频段采用的信道对比

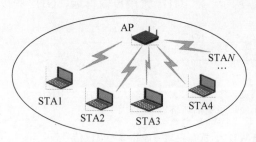

图 8-8　传统 WLAN 组网模式

在海思 Mesh 组网模式（最大支持 256 节点）中，只有一个 Mesh 边界路由器（Mesh Border Router，MBR）Leader；而其他 MBR 都直连 AP；MBR 总数最多 8 个（包括 Leader）。一个 MBR 最多下挂 6 个 Mesh 网关（Mesh Gate，MG），MG 上连 MBR，下挂 STA，一个 MG 最多下挂 5 个 STA，如图 8-9 所示。

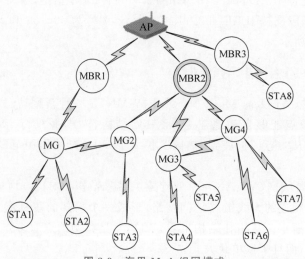

图 8-9　海思 Mesh 组网模式

Wi-Fi 设备首先需要加入网络中组成一个局域网,才能进行数据通信,加入网络的过程称为配网。IoT 设备由于大都没有显示屏和物理键盘,配网成为一大痛点,当前业界有多种配网方式,如表 8-2 所示。

表 8-2 典型 Wi-Fi 配网方式

配网方式	方 法	优 势	局 限 性
无感配网	采用 NAN 协议或私有协议,近距离接触传输 SSID 和密码	二步配网,成功率高,配网快	支持鸿蒙配网特性的手机
SoftAP	设备启动为 SoftAP 模式,手机作为 STA 连接 SoftAP,通过 Socket 将 SSID 和密码发送给设备	6 步配网,当前最常见配网方式	需要手动连接智能设备 Wi-Fi 网络;手动输入要连入连接的 Wi-Fi 网络的 SSID 和密码;iPhone 需要到设置界面连接 SoftAP,操作复杂
SmartConfig	设备进入混杂模式接收空中的包,手机通过一组广播/组播包将 SSID 和密码进行编码,设备接收到后解码获得 SSID 和密码	操作简单,直接用手机配网	配网速度慢,且成功率低
二维码	手机将 SSID 和密码编码到二维码中,设备通过摄像头拍摄二维码并解码获得 SSID 和密码	操作简单	设备需要有摄像头
声波配网	手机将 SSID 和密码编码通过声波发送,设备采集声波信号获取 SSID 和密码	手机 App 就可以操作,实现简单	设备需要能采集声波信号
NFC 配网	近距离靠近,通过 NFC 将 SSID 和密码发送给设备	靠近就可以配网,操作非常简单	设备需要支持 NFC,成本较高
蓝牙配网	通过蓝牙信号发送 SSID 和密码给设备	手机 App 就可以操作,实现简单	设备需要支持蓝牙

8.2.5 Wi-Fi 通信实验

本实验主要测试 Hi3861 芯片开启 AP 热点功能,用手机连接该 AP;当然,也可以设置该开发板作为 STA,连接 AP。主要步骤如下。

1. 配置 AP 热点

首先配置 AP 的名称、密码和安全类型等信息,代码如下。

```
//设置 AP 的配置参数
strcpy(config.ssid, "HiSpark - AP"); //AP :HiSpark - AP
strcpy(config.preSharedKey, "12345678"); //Password:12345678
config.securityType = WIFI_SEC_TYPE_PSK;
```

```
config.band = HOTSPOT_BAND_TYPE_2G;
config.channelNum = 7;          //通道 7
```

2. 打开 AP 热点

通过代码读取 AP 基本设置、使能 AP 热点、配置 AP 网络地址等，如代码 8-1 所示。

代码 8-1　根据配置打开 AP

```c
int StartHotspot(const HotspotConfig * config)
{
    WifiErrorCode errCode = WIFI_SUCCESS;
    errCode = RegisterWifiEvent(&g_defaultWifiEventListener);
    printf("RegisterWifiEvent: % d\r\n", errCode);
    errCode = SetHotspotConfig(config);
    printf("SetHotspotConfig: % d\r\n", errCode);

    g_hotspotStarted = 0;
    errCode = EnableHotspot();
    printf("EnableHotspot: % d\r\n", errCode);

    while (!g_hotspotStarted) {
        osDelay(10); /* 10 = 100ms */
    }
    printf("g_hotspotStarted = % d.\r\n", g_hotspotStarted);

    g_iface = netifapi_netif_find("ap1");
    if (g_iface) {
        ip4_addr_t ipaddr;
        ip4_addr_t gateway;
        ip4_addr_t netmask;

        IP4_ADDR(&ipaddr, 192, 168, 1, 1);              //输入 IP
        IP4_ADDR(&gateway, 192, 168, 1, 1);             //输入网关
        IP4_ADDR(&netmask, 255, 255, 255, 0);           //输入子网掩码
        err_t ret = netifapi_netif_set_addr(g_iface, &ipaddr, &netmask, &gateway);
        printf("netifapi_netif_set_addr: % d\r\n", ret);
        ret = netifapi_dhcps_start(g_iface, 0, 0);
        printf("netifapi_dhcp_start: % d\r\n", ret);
    }
    return errCode;
}
```

上述代码实现注册 Wi-Fi 事件、读取 AP 配置、使能热点等。这些功能是通过调用 wifi_lite/interfaces/wifiservice 下的 Wi-Fi 相关服务函数来实现的。休眠 100ms 后，接着进行该 AP 的 IP 地址、网关和掩码的设置；最后启动 DHCP 服务给接入 AP 的设备分配 IP 地址。

3. AP 热点运行结果

下载代码到小车开发板，运行后的结果显示在终端监视器上，如图 8-10 所示。

从图 8-10 可以看到，小车开发板已经作为 AP 启动，成功注册了 Wi-Fi 事件，使能并启动了 AP。接着启动 1min 倒计时。然后立刻使用手机连接名为 HiSpark-AP 的 AP 热点，

输入密码 12345678 后,小车输出的信息如图 8-11 所示。

```
starting AP ...
RegisterWifiEvent: 0
SetHotspotConfig: 0
OnHotspotStateChanged: 1.
EnableHotspot: 0
g_hotspotStarted = 1.
StartHotspot: 0
After 59 seconds Ap will turn off!
After 58 seconds Ap will turn off!
After 57 seconds Ap will turn off!
```

图 8-10　AP 热点启动

```
After 8 seconds Ap will turn off!
+NOTICE:STA CONNECTED
 PrintStationInfo: mac=12:9E:E6:C0:1A:91, reason=0.
+OnHotspotStaJoin: active stations = 1.
After 7 seconds Ap will turn off!
After 6 seconds Ap will turn off!
After 5 seconds Ap will turn off!
After 4 seconds Ap will turn off!
After 3 seconds Ap will turn off!
After 2 seconds Ap will turn off!
After 1 seconds Ap will turn off!
After 0 seconds Ap will turn off!
stop AP ...
UnRegisterWifiEvent: 0
+NOTICE:STA DISCONNECTED
EnableHotspot: 0
```

图 8-11　手机连接 AP 热点

从图 8-11 可以看到,有一个 STA 连接上来了,显示了该 STA 的 MAC 地址,活动的
STA 有一个。

8.3　物联网通信协议概述

通用计算机通常采用 **TCP/IP** 连接互联网,但由于组成物联网的各种传感器和嵌入式
设备硬件能力较弱,TCP/IP 对它们来说太过于庞大。因此,对于低功耗物联网场景,需要
对原有 TCP/IP 进行精简后使用;此外,应用层的协议也需要进行一定简化。目前主流的
物联网通信协议架构如图 8-12 所示。

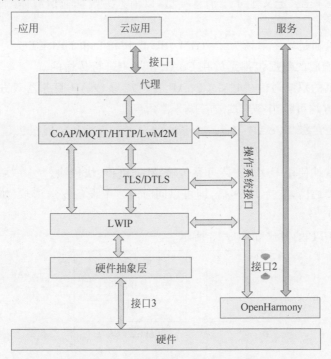

图 8-12　主流物联网通信协议架构

图 8-12 中 5 个通信协议的特性如下。

(1) **CoAP** 采用异步通信机制，默认运行在 **UDP** 上，适用于低功耗的物联场景，基本上是一个多(设备)对一(服务器)的协议。

(2) **MQTT** 采用异步通信机制，使用 TCP 长连接，功耗相比 CoAP 要高，支持多对多(服务器对服务器、设备对服务器、设备对 App)的协议。

(3) **HTTP** 是一个简单的请求-响应协议，它通常运行在 TCP 之上，协议比较复杂，开销较大，不太适合资源受限的传感器网络。

(4) 轻量级机器到机器协议(Lightweight Machine to Machine，**LwM2M**)定义了一个以资源为基本单位的模型，使用 CoAP 完成消息和数据传递，通常用于 NB-IoT 场景。

(5) **LwIP** 是资源有限的小型平台使用的 TCP/IP 协议栈。

8.4 CoAP 及其应用

通常物联网设备都是资源限制型的，而 HTTP 较为复杂，开销较大，针对此类特殊场景，CoAP 借鉴了 HTTP 机制并简化了协议包格式，简洁地实现了物联网设备之间的通信。

8.4.1 CoAP 的设计需求

CoAP 的主要特点如下。

(1) 基于消息模型，定义了 4 个消息类型，以消息为数据通信载体，通过交换网络消息实现设备间数据通信。

(2) 设备端可通过 4 个请求方法(GET、PUT、POST 和 DELETE)对服务器端资源进行操作。请求与响应的数据包都是放在 CoAP 消息中进行传输的。

(3) 基于消息的双向通信(M2M)，CoAP 客户端与 CoAP 服务器双方都可以独立向对方发送请求。双方均可担当客户端或者服务器角色。

(4) 协议包轻量级。CoAP 包含一个紧凑的二进制报头和扩展报头，它只有短短的 4 字节的基本报头。

(5) 传输层默认使用 **UDP**，支持可靠传输、数据重传、块传输。

(6) 非长连接通信，支持 IP 多播，即可以同时向多个设备发送请求(如 CoAP 客户端搜索 CoAP 服务器)。

CoAP 与 HTTP 的对比如图 8-13 所示。

图 8-13　CoAP 与 HTTP 的对比

可以看到,CoAP 逻辑上分为两层。

(1) 事务层:处理节点间的信息交换,同时也提供对多播和拥塞控制的支持。

(2) 请求/响应层:用于传输对资源进行操作的请求和响应信息。

8.4.2　CoAP 结构及示例

一个 CoAP 数据包由固定 4 字节的头部、变长的 Token(0~8 字节)、0 或多个 TLV 格式的 Options、可选的 Payload 构成,如图 8-14 所示。

0 1	2 3	4 5 6 7	8 9 0 1 2 3 4 5	6 7 8 9 0 1 2 3 4 5 6 7 8 9 0 1
Ver	T	TKL	Code	Message Id
Token(可选)				
Options(可选)				
0xFF		Payload(可选)		

图 8-14　CoAP 数据包结构

1. 头部字段定义

(1) Ver:2 位,版本编号,指示 CoAP 的版本号。默认取值为 01。

(2) T:2 位,报文类型,有 4 种不同形式的报文。

① CON(00):需要被确认的请求,如果 CON 请求被发送,那么对方必须作出响应。

② NON(01):不需要被确认的请求,如果 NON 请求被发送,那么对方不必作出响应。

③ ACK(10):应答消息,表示确认一个 CON 类型的消息已经收到。

④ RST(11):复位消息,当接收者接收的消息包含一个错误,接收者解析消息或不再关心发送者发送的内容时,那么将发送复位消息。

(3) TKL:4 位,Token 长度。

(4) Code:1 字节,功能码/响应码。分成前 3 位(取值范围为 0~7)和后 5 位(取值范围为 0~31),前后部分通过".".分隔。0. XX 表示正常请求,2. XX 表示正常处理响应,4. XX 一般表示请求有问题,5. XX 一般表示服务器有问题。

(5) Message ID:2 字节,报文编号,用于重复消息检测、匹配消息类型等。每个 CoAP 报文都有一个 ID,在一次会话中 ID 总是保持不变。但是,在这个会话结束之后,该 ID 会被回收利用。

2. 请求响应报文示例

CoAP 客户端通过 GET 方法从服务器端获得温度传感器数据的示例,如图 8-15 所示。

(1) CoAP 请求采用 CON 报文,服务器接收到 CON 报文必须返回一个 ACK 报文。

(2) CoAP 请求采用 0.01 GET 方法,若操作成功 CoAP 服务器返回 2.05 Content,相当于 HTTP 200 OK。

（3）请求和响应的 Message ID 必须完全相同，此处为 0x7d34。

（4）请求响应中的 Token 域为空。

（5）CoAP 请求中包含 Options，类型为 Uri-Path，Options Value 的值为字符串形式的“temperature”。

（6）响应中 Payload 包含温度数据，使用字符串形式描述，具体值为“22.3 C”。

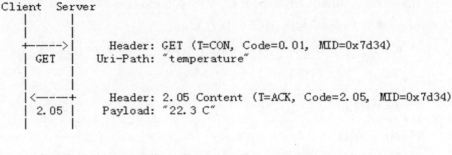

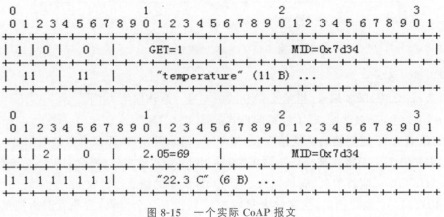

图 8-15　一个实际 CoAP 报文

8.4.3　CoAP 应用示例

本实验实现建立在 CoAP 上的客户端与服务端之间的相互通信，实验环境如图 8-16 所示。具体实验步骤如下。

1. 配置路由器 AP

两块开发板要通过路由器进行连接，因此要配置外网的 SSID 和密码以及设备 ID 和设备密码。配置文件为 coap_demo/applications/sample/wifi/iot/app/coap_demo/iot_config.h。

```
#define CONFIG_AP_SSID "xxxx"        //WI-FI SSID
#define CONFIG_AP_PWD  "xxxxxxx"     //WI-FI PWD
```

2. 编写 CoAP 服务器端代码

在 coap_demo/applications/sample/wifi-iot/app/coap_demo 目录下新建 coap_service.c 文

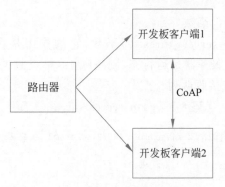

图 8-16 CoAP 客户端与服务器互联方式

件。coap_service. c 文件主要包含 hello_handler()、coap_server_thread()、coap_server_start()函数。hello_handler()函数主要实现服务端 GET 数据；coap_server_thread()函数主要实现开启一个监听线程；coap_server_start()函数实现服务器的启动。具体代码实现如下。

1) hello_handler()函数

代码 8-2 展示了 CoAP 服务器 hello_handler()函数，主要功能是对客户端发过来的 hello 请求消息进行响应。代码首先设置了响应的数据 response_data，接着设置了响应给客户端的响应代码 2.05，将这些一起打包形成发送给客户端的 CoAP 响应报文，最后解析来自客户的 CoAP 请求报文后打印在终端上。

代码 8-2   hello_handler()函数

```
static void hello_handler(coap_context_t * ctx, struct coap_resource_t * resource,coap_
session_t * session, coap_pdu_t * request, coap_binary_t * token,coap_string_t * query,coap_
pdu_t * response)
{
    unsigned char buf[3];
    /* 响应数据 */
    const char * response_data = "Hello world! CoAP";
    size_t len = 0;
    unsigned char * data = NULL;
    (void)ctx;
    (void)resource;
    (void)session;
    (void)token;
    (void)query;
    response -> code = COAP_RESPONSE_CODE(205);
    coap_add_option(response,COAP_OPTION_CONTENT_TYPE,coap_encode_var_safe(buf,3,COAP_
MEDIATYPE_TEXT_PLAIN), buf) ;
    coap_add_data(response,strlen(response_data),(unsigned char * )response_data);
    if (coap_get_data(request,&len,&data))
    {
        printf("[ % s][ % d]len : % d,data : % . * s\n",__ FUNCTION __,__ LINE __, len,len,
data);
    }
}
```

2） coap_server_thread() 函数

代码 8-3 展示了 coap_server_thread() 函数，它的作用是在新开服务器线程时检查 CoAP 服务器的状态，如果服务器是运行态，则睡眠 1s，检查数据并通知客户端；如果服务器上下文非空，则清空所有接收队列。

代码 8-3　coap_server_thread() 函数

```
void coap_server_thread(UINT32 uwParam1,UINT32 uwParam2 ,UINT32 uwParam3,UINT32 uwParam4)
{
    coap_context_t * ctx;
    (void)uwParam2;
    (void)uwParam3;
    (void)uwParam4;
    printf("[ % s][ % d] thread running\n",__ FUNCTION __,__ LINE __);
    ctx = (coap_context_t * )uwParam1;
    while (serv_running == 1)
    {
        //printf("coap_server sleep 1s\n");
        hi_sleep(1008);
        coap_check_notify_lwip(ctx);
    }
    if (serv_ctx != NULL){
        coap_free_context_lwip(serv_ctx);
        serv_ctx = NULL;
    }
    printf("[ % s][ % d] thread exit\n",__ FUNCTION __,__ LINE __);
    return;
}
```

3） coap_server_start() 函数

代码 8-4 所示的 coap_server_start() 函数的主要作用是注册对 GET 方式的包含 hello 资源的 CoAP 请求的处理方法，然后创建 CoAP 服务器任务并启动。

代码 8-4　coap_server_start() 函数

```
int coap_server_start()
{
    TSK_INIT_PARAM_S stappTask;
    UINT32 ret;
    coap_address_t serv_addr;
    struct coap_resource_t * hello_resource;
    if(serv_running == 1){
        return 0;
    }
    serv_running = 1;
    /* 准备 CoAP 服务器套接字 */
    coap_address_init(&serv_addr);
    # if TEST_IPV4
        //ip_addr_set_any(false, &(serv_addr.addr));
    # else
```

```
            ip_addr_set_any(true, &(serv_addr.addr));
    #endif
    serv_addr.port = COAP_DEFAULT_PORT;
    serv_ctx = coap_new_context_lwip(&serv_addr);
    if (!serv_ctx) {
        return -1;
    }
    /* 初始化字符串资源 */
    hello_resource = coap_resource_init(coap_make_str_const("hello"), 0);
    coap_register_handler(hello_resource, COAP_REQUEST_GET, hello_handler);
    coap_add_resource(serv_ctx, hello_resource);
    /* 创建一个线程 */
    stappTask.pfnTaskEntry = (TSK_ENTRY_FUNC)coap_server_thread;
    stappTask.uwStackSize = 10 * LOSCFG_BASE_CORE_TSK_DEFAULT_STACK_SIZE;
    stappTask.pcName = "coap_test_task";
    stappTask.usTaskPrio = 11;
    stappTask.uwResved = LOS_TASK_STATUS_DETACHED;
    stappTask.auwArgs[0] = (UINT32)serv_ctx;
    printf("task create coap_server threadin");
    ret = LOS_TaskCreate(&coap_test_taskid, &stappTask);
    if (0 != ret ){
        dprintf("coap_server_thread create failed ! n");
        return -1;
    }
    return 0;
}
```

4）开启服务端

coap _ demo/applications/sample/wifi-iot/app/coap _ demo/iot _ sta. c 文件中 WifiStaReadyWait()函数调用 coap_server_start()函数,服务端具体调用如代码 8-5 所示。

代码 8-5 开启服务端

```
void WifiStaReadyWait(void)
{
    ip4_addr_t ipAddr;
    ip4_addr_t ipAny;
    IP4_ADDR(&ipAny, 0, 0, 0, 0);
    IP4_ADDR(&ipAddr, 0, 0, 0, 0);
    netId = wifi_start_sta();
    IOT_LOG_DEBUG("Wi-Fi sta dhcp done");
    coap_server_start();
    return;
}
```

3. 编写 CoAP 客户端代码

在 coap_client. c 文件中编写 message_handler()、coap_client_start()、coap_client_ send_msg()、coap_client_send()等函数。coap_client_start()函数实现开启客户端;coap_ client_send_msg()和 coap_client_send()函数实现数据的发送,同时 coap_client_send()函

数调用 coap_client_send_msg()函数时需要传入服务端 IP 地址；message_handler()函数主要实现接收到服务端的应答请求后，发送数据。具体代码实现步骤如下。

1）message_handler()函数

代码 8-6 展示了客户端的 message_handler()函数，其功能和 CoAP 服务器中的 message_handler()函数类似，都是对收到的数据进行处理。首先对收到的服务器响应码进行判断，如果是以 2 开头，则将收到的数据进行解包放到 data 中，并打印到终端。

代码 8-6 message_handler()函数

```
static void message_handler(struct coap_context_t * ctx,coap_session_t * session,coap_pdu_t
 * sent,coap_pdu_t * received ,const coap_tid_t id)
{
    unsigned char * data;
    size_t data_len;
    (void)ctx;
    (void)session;
    (void)sent;
    (void)received;
    (void)id;
    if (COAP_RESPONSE_CLASS(received -> code) == 2){
        if (coap_get_data(received,&data_len,&data)) {
            printf("Received: %. * s\n", data_len,data);
        }
    }
}
```

2）coap_client_start()函数

代码 8-7 展示了 coap_client_start()函数。该函数设定了 CoAP 客户端 IP 和端口号，并启动 CoAP 客户端。成功启动的话，还要注册 message_handler()函数。

代码 8-7 coap_client_start()函数

```
int coap_client_start(int argc, char * argv[])
{
    coap_address_t src_addr;
    (void)argc;
    (void)argv;
    if (cli_ctx != NULL)
    {
        return 0;
    }
    / * 准备 CoAP 套接字 * /
    coap_address_init(&src_addr);
    # if TEST_IPV4
    ip_addr_set_any(false,&(src_addr.addr));
    # else
    ip_addr_set_any(true,&(src_addr.addr));
    # endif
    src_addr.port = 23456;
    cli_ctx = coap_new_context_lwip(&src_addr);
```

```
    if ( !cli_ctx){
        return −1;
        coap_register_response_handler(cli_ctx,message_handler);
        return 0;
    }
}
```

3) **coap_client_send_msg()函数**

代码 8-8 展示了客户端消息发送函数 coap_client_send_msg()。该函数将函数参数作为目标 CoAP 服务器的 IP 地址；接着定义目标服务器的端口号；创建客户机和服务器之间的会话(定义使用 UDP 等)；准备 CoAP 请求报文,包括请求类型、消息 id、请求码、请求数据等；在会话上发送请求。

代码 8-8　coap_client_send_msg()函数

```
int coap_client_send_msg(char * dst)
{
    coap_address_t dst_addr,listen_addr;
    static coap_uri_t uri;
    coap_pdu_t * request;
    coap_session_t * session = NULL;
    char server_uri[ 128] = {0};
    u8_t temp_token[DHCP_COAP_TOKEN_LEN] = {0};
    unsigned char get_method = COAP_REQUEST_GET;
    / * 目标端口 */
    coap_address_init(&dst_addr);
    printf("[ % s][ % d]server : % s\n",__ FUNCTION __,__ LINE __, dst);
    # if TEST_IPV4
    if (!ipaddr_aton(dst,&(dst_addr.addr)))){
        printf ( "invalid ip4 addr\n");
        return −1;
    }
    # else
    if ( !ip6addr_aton(dst,&(dst_addr.addr.u_addr.ip6)))){
        printf( "invalid ip6 addr\n");
        return −1;
    }
    IP_SET_TYPE_VAL(dst_addr.addr,IPADDR_TYPE_V6);
    # endif
    dst_addr.port = COAP_DEFAULT_PORT;
    session = coap_session_get_by_peer(cli_ctx,&dst_addr,0);
    if (session == NULL)
        coap_address_init(&listen_addr);
    # if TEST_IPV4
    ip_addr_set_any(false,&(listen_addr.addr));
    # else
    ip_addr_set_any (true,&(listen _addr .addr));
    # endif
    listen_addr.port = 23456;
```

```
session = coap_new_client_session(cli_ctx,&listen_addr,&dst_addr, COAP_PROTO_UDP);
if (session == NULL){
    printf("[%s][%d] new client session failed\n",__FUNCTION__,__LINE__);
    return -1;
    session->sock.pcb = cli_ctx->endpoint->sock.pcb;
    session->sock.pcb = cli_ctx->endpoint;
    SESSIONS_ADD(cli_ctx->endpoint->sessions,session);
}
/* 准备请求 */
strcpy( server_uri, "/hello");
coap_split_uri((unsigned char *)server_uri, strlen(server_uri),&uri);
request = coap_new_pdu( session);
if (request == NULL) {
    printf("[%s][%d] get pdu failed\n",__FUNCTION__,__LINE__);
    return -1;
}
request->type = COAP_MESSAGE_CON;
request->tid = coap_new_message_id(session);
(void)coap_new_token(request->tid,temp_token,DHCP_COAP_TOKEN_LEN);
if (coap_add_token(request,DHCP_COAP_TOKEN_LEN,temp_token) == 0)
{
    printf("[%s][%d] add token failed\n",__FUNCTION__,__LINE__);
}
request->code = get_method;
coap_add_option(request,COAP_OPTION_URI_PATH,uri.path.length,uri.path.s);
char request_data[64] = {0};
(void)snprintf_s(request_data, sizeof(request_data), sizeof(request_data)-1,"%s",
"Hello coap");
coap_add_data(request, 4 + strlen((const char *)(request_data + 4)),(unsigned char *)
request_data);
coap_send_lwip(session,request);
return 0;
}
```

4. CoAP 通信示例运行

准备两块小车开发板作为 CoAP 客户端与服务器,分别下载 CoAP 客户端和 CoAP 服务器端代码。首先运行 CoAP 服务器,让服务器连接路由器后动态获得 IP 地址 172.20.10.12。然后把这个服务器 IP 填到客户端配置文件中。接着运行 CoAP 客户端,运行结果如图 8-17 所示。

```
clients <1> :
        mac_idx mac         addr            state   lease   tries   rto
        0       18ef3a577baa    172.20.10.13    10      0       1       4
netifapi_netif_common: 0
[DEBUG][WifiStaReadyWait] wifi sta dhcp done
[coap_client_send_msg][89]server : 172.20.10.12
scheduling for 2688 ticks
Received: Hello world! CoAP
```

图 8-17 CoAP 客户端运行结果

从图 8-17 可以看到,CoAP 客户端成功启动并连接路由器,获得了 IP 地址 172.20.10.13,然后向服务器发送消息。服务器收到消息后也向客户端返回消息"Hello world! CoAP",客户机端到并显示到串口上。

图 8-18 所示为服务器端串口监控到的内容,可以看到 CoAP 服务器端收到客户端请求后新开一个监听线程,收到客户端发送来的"Hello coap"消息并显示。

```
clients <1>:
        mac_idx mac          addr           state  lease  tries  rto
        0       18ef3a577aca 172.20.10.12   8      0      2      1
netifapi_netif_common: 0
[DEBUG][WifiStaReadyWait] wifi sta dhcp done
task create coap_server threadin[coap_server_thread][41] thread running

[17:02:30.064]收←◆[hello_handler][31]len : 10,data : Hello coap
```

图 8-18 CoAP 服务器运行结果

8.5 MQTT 协议及其应用

MQTT 协议是一种基于发布/订阅(Publish/Subscribe)模式的轻量级通信协议,是一个应用层协议,构建于 TCP/IP 上。MQTT 的最大优点在于可以以极少的代码和有限的带宽,为连接远程设备提供实时可靠的消息服务。作为一种低开销、低带宽占用的即时通信协议,MQTT 协议在物联网、小型设备、移动应用等方面有较广泛的应用。基于 MQTT 协议的物联网服务器平台可以提供海量设备的接入和管理功能,配合 IoT 芯片作为客户端同时使用,可以快速构筑物联网应用。

第 30 集
微课视频

8.5.1 MQTT 协议的设计需求

MQTT 协议是为工作在低带宽、不可靠网络的远程传感器和控制设备之间的通信而设计的协议,具有如下五大特性。

(1) 使用发布/订阅的消息模式,提供一对多的消息分发和应用间的解耦。

(2) 消息传输不需要知道负载内容。

(3) 提供 3 种等级的服务质量。

① 最多一次:尽操作环境所能提供的最大努力分发消息,消息可能会丢失。

② 至少一次:保证消息可达,但可能重复。

③ 只有一次:保证消息只到达一次。

(4) 很小的传输消耗和协议数据交换,最大限度减少网络流量。

(5) 异常连接断开时能通知相关各方。

MQTT 协议整体架构如图 8-19 所示。

可以看出,MQTT 协议保障了消息的发布者与订阅者是分离的,两个手机客户端为消息发送者,应用侧的开发板设备为消息订阅者。具体操作流程如下。

(1) 订阅者连接到代理。它可以订阅代理中的任何消息"主题"。

(2) 发布者通过将消息和主题发送给代理,发布某个主题范围内的消息。

(3) 代理然后将消息转发给所有订阅该主题的订阅者。

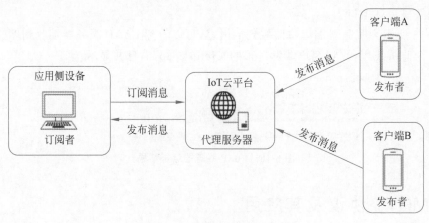

图 8-19　MQTT 协议整体架构

8.5.2　MQTT 控制报文结构及示例

MQTT 协议中,一个数据报文包括固定头(Fixed Header)、可变头(Variable Header)和有效载荷(Payload)3 部分,如表 8-3 所示。

表 8-3　MQTT 控制报文结构

报 文 分 段	说　　明
Fixed Header	固定头,所有控制报文都包含
Variable Header	可变头,部分控制报文包含
Payload	有效载荷,部分控制报文包含

其中,固定头长度为 2~5 字节,所有报文都会包含固定头。固定头的格式如图 8-20 所示,各字节的意义如下。

(1) Byte 1:控制报文类型和标志字段,控制报文类型使用字节高 4 位,可代表 16 种不同消息类型。

(2) Byte 2:剩余长度字段,至少 1 字节,最多 4 字节;采用 Big-Endian 模式存储。

Bit	7	6	5	4	3	2	1	0
Byte 1	控制报文类型				标志位			
Byte 2…	剩余长度							

图 8-20　MQTT 固定头格式

1. 控制报文类型

MQTT 协议共包含 16 种控制报文类型,其中 0 和 15 属于保留类型,可用的 14 种类型如表 8-4 所示。

表8-4 MQTT控制报文类型

名　　称	值	报文流动方向	描　　述
CONNECT	1	C → S	客户端(C)请求连接服务端(S)
CONNACK	2	C ← S	连接报文确认
PUBLISH	3	C ↔ S	发布消息
PUBACK	4	C ↔ S	消息收到确认(QoS=1)
PUBREC	5	C ↔ S	发布收到(QoS=2,第1步)
PUBREL	6	C ↔ S	发布释放(QoS=2,第2步)
PUBCOMP	7	C ↔ S	发布完成(QoS=2,第3步)
SUBSCRIBE	8	C → S	客户端订阅请求
SUBACK	9	C ← S	订阅请求报文确认
UNSUBSCRIBE	10	C → S	客户端取消订阅请求
UNSUBACK	11	C ← S	取消订阅报文确认
PINGREQ	12	C → S	心跳请求
PINGRESP	13	C ← S	心跳响应
DISCONNECT	14	C → S	客户端断开连接

2. 标志位

PUBLISH控制报文4位标志位字段意义如图8-21所示。除PUBLISH控制报文外,其余类型报文标志位为保留。

控制报文	Bit3	Bit2	Bit1	Bit0
PUBLISH	DUP	QoS		RETAIN

图8-21　PUBLISH控制报文标志位

PUBLISH控制报文标志位字段意义如下。

(1) DUP:控制报文的重复分发标志,若为0,表示PUBLISH报文第1次发送;否则为重复发送。

(2) QoS:服务质量等级,目前定义了3种。

(3) RETAIN:控制报文消息是否保留。若为1,服务端应该存储该主题的应用消息以及QoS,以便分发给后续匹配上的订阅者。

3. 剩余长度

剩余长度字段代表当前报文剩余部分的字节数,包括可变报头和负载数据,最小1字节,最大4字节。它采取一种变长度编码方式,因此允许应用发送最大256MB大小的控制报文。

4. 有效载荷

部分MQTT控制报文在报文的最后部分包含一个有效载荷。对于PUBLISH报文,有效载荷就是应用消息。表8-5列出了需要有效载荷的控制报文类型。

表 8-5　拥有负载的控制报文类型

控制报文类型	有 效 负 载
CONNECT	需要
PUBLISH	可选
SUBSCRIBE	需要
SUBACK	需要
UNSUBSCRIBE	需要

客户端到服务器端的网络连接建立后,客户端发送给服务器端的第 1 个报文必须是 CONNECT 报文。在一个网络连接上,客户端只能发送一次 CONNECT 报文。 CONNECT 控制报文结构如表 8-6 所示。

表 8-6　CONNECT 控制报文结构

位　　置	说　　　明	Bit7	Bit6	Bit5	Bit4	Bit3	Bit2	Bit1	Bit0
固定报头	固定	MQTT 报文类型(1-CONNECT)				Reserved(保留位)			
	报头	剩余长度值(可能多字节)							
可变报头	协议名字长度	协议名字长度高位							
		协议名字长度低位							
	协议名字	协议名字(可能多字节)							
	协议级别	对于 3.1.1 版协议,协议级别字段的值是 4(0x04)							
	连接标志	User Name Flag	Password Flag	Will Retain	Will QoS	Will Flag	Clean Session	Reserved	
	保持连接时间	保持连接(Keep Alive)MSB							
		保持连接(Keep Alive)LSB							
有效载荷	客户端标识符	客户端标识符(ClientId)必须存在而且必须是 CONNECT 报文有效载荷的第 1 个字段							
	遗嘱主题	如果遗嘱标志被设置为 1,有效载荷的下一个字段是遗嘱主题(Will Topic)							
	遗嘱消息内容	如果遗嘱标志被设置为 1,有效载荷的下一个字段是遗嘱消息							
	用户名	如果用户名(User Name)标志被设置为 1,有效载荷的下一个字段就是它							
	密码	如果密码(Password)标志被设置为 1,有效载荷的下一个字段就是它							

随机抓取一个 CONNECT 控制报文,其内容如图 8-22 所示。

8.5.3　MQTT 协议应用示例

本实验主要实现 HiSpark T1 智能小车开发板客户端和华为云通过 MQTT 协议进行数据交互。具体内容为小车通过 Wi-Fi 与华为云建立连接,按键 S3 控制小车红色 LED 的亮灭,并实时上报亮灭数据,华为云下发指令控制小车红色 LED 亮灭。实验网络环境如图 8-23 所示。

MQTT 协议通信实验具体步骤如下。

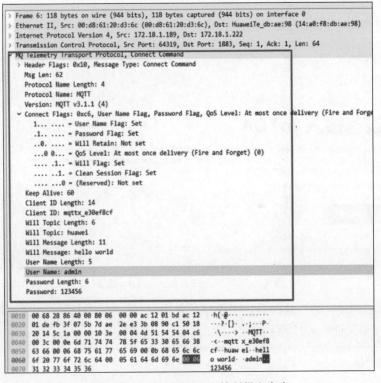

图 8-22 一个 CONNECT 控制报文内容

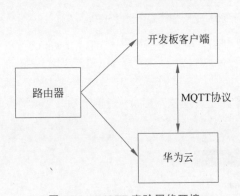

图 8-23 MQTT 实验网络环境

1. 配置华为云信息

首先需要登录华为云 IoT 物联网交互控制页面,地址为 https://www.huaweicloud.com/product/iothub.html,后续步骤如下。

(1) 进入设备接入 IoTDA 页面,如图 8-24 所示。

(2) 单击"免费试用"按钮,进入用户登录页面。如果是第 1 次使用,请实名注册。然后选择标准版"开通免费单元"(如果以前有开通基础版也可以继续使用),在控制台选择"北京四",然后单击"产品"按钮。

图 8-24　华为云设备接入 IoTDA 页面

（3）选择"创建产品"，选择自定义类型。弹出"创建产品"对话框，根据提示完善信息，单击"确定"按钮，如图 8-25 所示。

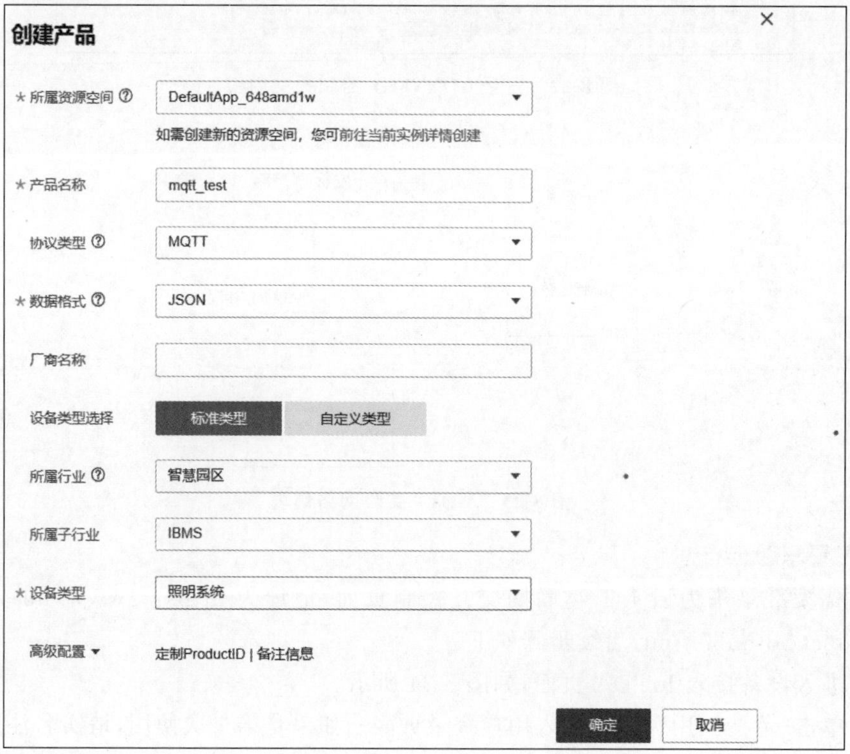

图 8-25　"创建产品"对话框

图 8-25 中所属资源空间是自动生成的,协议类型选择 MQTT,数据格式选择 JSON,其他内容根据用户所需自行定义。

(4)产品创建成功后,可以看到产品信息,单击"查看"按钮,查看产品详细信息。单击"自定义模型"按钮创建用户自己的模型,如图 8-26 所示。

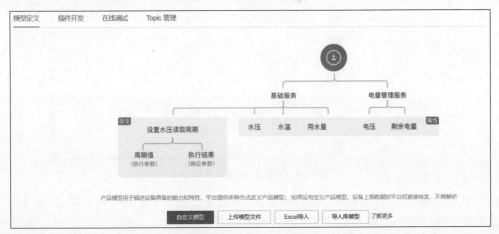

图 8-26 自定义产品模型

(5)在创建自定义模型页面中单击"添加服务"按钮,根据提示完善信息,单击"确定"按钮,服务列表更新,如图 8-27 所示。

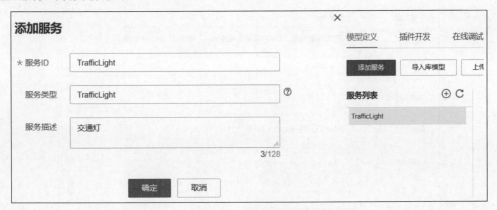

图 8-27 添加服务

(6)添加服务成功后,单击"新增属性"按钮为服务添加属性,如属性名称 ControlModule,数据类型为 string,访问权限为可读,可写,长度为 255,单击"确定"按钮;然后单击"添加命令"按钮为服务添加命令,如命令名称 ControlModule,单击"新增输入参数"按钮,设置参数名称为 TrafficLight,数据类型为 string,长度为 255。最后界面如图 8-28 所示。

(7)模型定义完成后,选择左边栏中的"设备"→"所有设备";然后再单击右上角"注册设备"按钮,根据弹窗提示完善信息;单击"确定"按钮,完成设备注册,如图 8-29 所示。

图 8-28　为服务添加属性和命令

只需要输入设备标识码,标识码可以随便输入,只要自己名下没有同名设备即可,设备 ID 会自动根据设备标识码生成。

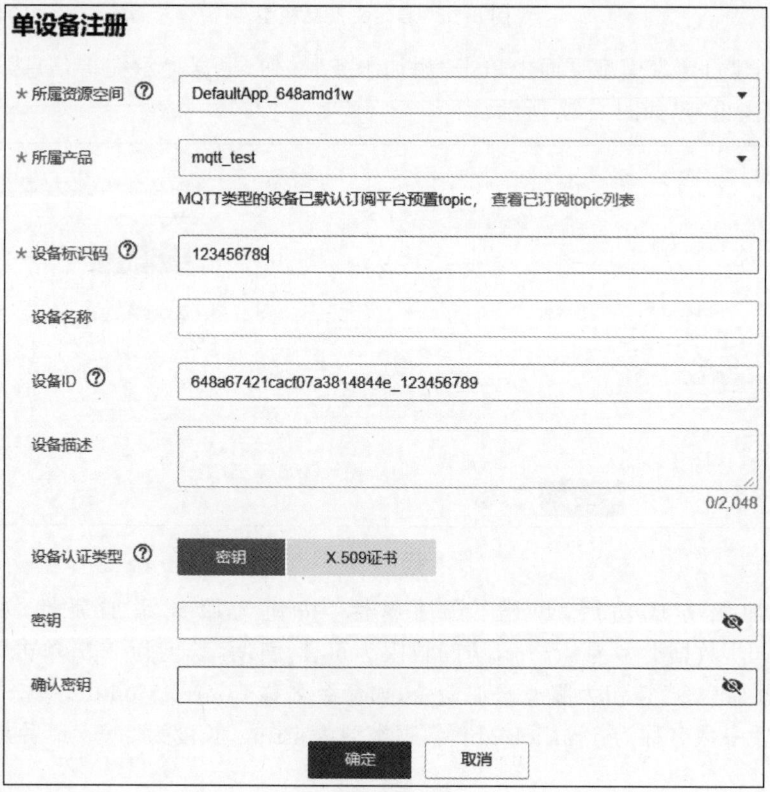

图 8-29　设备注册

（8）设备注册成功后，可以看到设备未激活（这是因为设备已经在云端注册，但是实物还没有连接云端），单击"查看"按钮，查看设备信息，如图 8-30 所示。

图 8-30　设备列表

（9）复制查看到的设备信息中的设备 ID 和密码，进入 https：//iot-tool. obs-website. cn-north-4. myhuaweicloud. com/页面，将复制后信息输入 DeviceId 和 DeviceSecret 文本框，单击 Generate 按钮生成 ClientId、Username、Password，如图 8-31 所示。

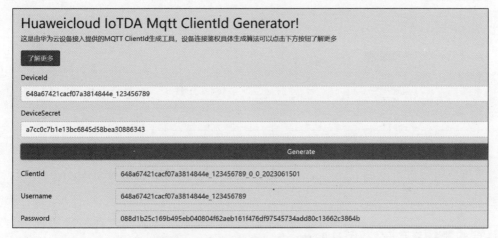

图 8-31　设备 ID、用户名及密码生成

2. 设置 MQTT 开发板客户端

在 app 目录下新建 oc_demo 目录，作为 MQTT 协议项目的名称。接着将服务器和开发板的一些配置信息配置上来。

（1）在该目录下的 iot_config. h 文件中输入设备 ID、密码和客户端 ID 信息。

```
//< Configure the iot platform
/* Please modify the device id and pwd for your own */
#define CONFIG_DEVICE_ID "648a67421cacf07a3814844e_123456789" //设备 ID
#define CONFIG_DEVICE_PWD "088d1b25c169b495eb040804f62aeb161f43xxx" //设备密码
#define CONFIG_CLIENTID "648a67421cacf07a3814844e_123456789_xx" //生成 ClientId
```

（2）在 iot_config. h 文件中继续配置 AP 的名称和密码。

```
/* Please modify the ssid and pwd for the own */
#define CONFIG_AP_SSID "ZXGANG"        //Wi-Fi SSID
#define CONFIG_AP_PWD "12345678"       //Wi-Fi PWD
```

（3）在 oc_demo 目录下新建 app_demo_iot.c 文件，配置自定义模型参数，下列字段参数与华为云端自定义创建模型属性及服务保持一致（用户自己定义）。

```
/* oc report HiSpark attribute */
#define TRAFFIC_LIGHT_CMD_CONTROL_MODE        "ControlModule"
#define TRAFFIC_LIGHT_RED_ON_PAYLOAD          "RED_LED_ON"
#define TRAFFIC_LIGHT_RED_OFF_PAYLOAD         "RED_LED_OFF"
```

（4）在华为云界面单击"总览"选项，可以看到平台接入地址，如图 8-32 所示。复制设备接入 MQTT 接入地址 3c2ea7186a.st1.iotda-device.cn-north-4.myhuaweicloud.com。

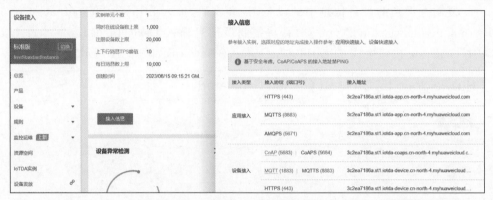

图 8-32　MQTT 服务器地址

将该字段写到 oc_demo/iot_main.c 文件的 CN_IOT_SERVER 字段中。

```
#define CN_IOT_SERVER   "3c2ea7186a.st1.iotda-device.cn-north-4.myhuaweicloud.com"
```

3. 开发 MQTT 开发板客户端

MQTT 客户端核心函数如代码 8-9 所示。

代码 8-9　MQTT 客户端核心函数

```
static void DemoEntry(void)
{
    ConnectToHotspot();
    RedLedInit();
    CJsonInit();
    IoTMain();
    IoTSetMsgCallback(DemoMsgRcvCallBack);
    TaskMsleep(30000); //30000 = 3s 连接华为云
    //主动上报
    while (1) {
        TaskMsleep(TASK_SLEEP_1000MS);
        //将数据上报到 IoT 平台
        IotPublishSample();
    }
}
```

首先让开发板连接 AP 热点，然后对开发板上的 LED 进行初始化，如代码 8-10 所示。

代码 8-10 LED 初始化

```
void RedLedInit(void)
{
    IoTGpioInit(IOT_IO_NAME_GPIO_9);
    //设置 GPIO9 的引脚复用关系为 GPIO
    IoSetFunc(IOT_IO_NAME_GPIO_9, IOT_IO_FUNC_GPIO_9_GPIO);
    //GPIO 方向设置为输出
    IoTGpioSetDir(IOT_IO_NAME_GPIO_9, IOT_GPIO_DIR_OUT);
}
```

CJsonInit()函数的主要功能是解析 JSON 格式的数据，采用 C 语言实现，这里不展开分析。IoTMain()函数则是最主要的 MQTT 交互函数，其核心功能为 MainEntryProcess()函数，如代码 8-11 所示。

代码 8-11 MainEntryProcess()函数

```
static void MainEntryProcess(void)
{
    int subQos[CN_TOPIC_SUBSCRIBE_NUM] = {1};
    char * clientID = NULL;
    char * userID = NULL;
    char * userPwd = NULL;

    MQTTClient client = NULL;
    MQTTClient_connectOptions conn_opts = MQTTClient_connectOptions_initializer;
    //设置客户端 ID、用户 ID 和用户密码
    clientID = CONFIG_CLIENTID;
    userID = CONFIG_DEVICE_ID;
    userPwd = CONFIG_DEVICE_PWD;
    conn_opts.keepAliveInterval = CN_KEEPALIVE_TIME;
    conn_opts.cleansession = CN_CLEANSESSION;
    conn_opts.username = userID;
    conn_opts.password = userPwd;
    conn_opts.MQTTVersion = MQTTVERSION_3_1_1;
    //等待 Wi-Fi 连接成功
    printf("IOTSERVER: % s\r\n", CN_IOT_SERVER);
    MqttProcess(client, clientID, userPwd, conn_opts, subQos);
}
```

代码 8-11 中定义了开发板作为 MQTT 客户端 MQTTClient 向华为云服务器发送 MQTT 报文的过程。代码中定义了 MQTT 包头中的多数控制信息，包括 QoS、保持活跃的间隔、MQTT 版本等，最后调用 MqttProcess()函数。该函数主要内容如代码 8-12 所示。

代码 8-12 MqttProcess()函数

```
void MqttProcess(MQTTClient client, char * clientID, char * userPwd, MQTTClient_connectOptions
connOpts, int subQos[])
{
```

```
    int rc = MQTTClient_create(&client, CN_IOT_SERVER, clientID, MQTTCLIENT_PERSISTENCE_
NONE, NULL);
    if (rc != MQTTCLIENT_SUCCESS) {
        printf("Create Client failed,Please check the parameters -- % d\r\n", rc);
        if (userPwd != NULL) {
            hi_free(0, userPwd);
            return;
        }
    }
    rc = MQTTClient_setCallbacks(client, NULL, ConnLostCallBack, MsgRcvCallBack, NULL);
    if (rc != MQTTCLIENT_SUCCESS) {
        printf("Set the callback failed,Please check the callback paras\r\n");
        MQTTClient_destroy(&client);
        return;
    }
    rc = MQTTClient_connect(client, &connOpts);
    if (rc != MQTTCLIENT_SUCCESS) {
        printf("Connect IoT server failed,please check the network and parameters: % d\r\n",
rc);
        MQTTClient_destroy(&client);
        return;
    }
    printf("Connect success\r\n");
    rc = MQTTClient_subscribeMany(client, CN_TOPIC_SUBSCRIBE_NUM, (char * const * )g_
defaultSubscribeTopic,(int * )&subQos[0]);
    if (rc != MQTTCLIENT_SUCCESS) {
        printf("Subscribe the default topic failed,Please check the parameters\r\n");
        MQTTClient_destroy(&client);
        return;
    }
    printf("Subscribe success\r\n");
    while (MQTTClient_isConnected(client)) {
        ProcessQueueMsg(client);
        int ret = ProcessQueueMsg(client);
        if (ret == HI_ERR_SUCCESS) {
            return;
        }
        MQTTClient_yield();
    }
    MQTTClient_disconnect(client, CONFIG_COMMAND_TIMEOUT);
    return;
}
```

代码 8-12 首先创建了 MQTT 客户端,接着设置了连接断开回调函数和收到服务端消息的回调函数;然后连接服务器端,并对自己感兴趣的服务端消息进行订阅;最后在 MQTT 连接保持期间,不停处理来自服务器消息队列中的消息。

4. MQTT 协议示例运行结果

将代码下载到小车开发板后,按下 RST 按键,代码开始在开发板上运行。首先是开发板连接到路由器获得 IP 地址,如图 8-33 所示。路由器 IP 为 192.168.137.1,小车 IP 为

192.168.137.76。

```
[15:51:23.728]收←◆EnableWifi: 0
AddDeviceConfig: 0

[15:51:24.159]收←◆ConnectTo(1): 0

[15:51:24.934]收←◆+NOTICE:SCANFINISH

[15:51:25.971]收←◆+NOTICE:CONNECTED
OnWifiConnectionChanged 62, state = 1, info =
bssid: D0:DF:9A:CE:FA:97, rssi: 0, connState: 0, reason: 0, ssid: ZXGANG

[15:51:26.054]收←◆g_connected: 1
netifapi_dhcp_start: 0

[15:51:27.054]收←◆server :
        server_id : 192.168.137.1
        mask : 255.255.255.0, 1
        gw : 192.168.137.1
        T0 : 604800
        T1 : 302400
        T2 : 453600
clients <1> :
        mac_idx mac
[15:51:27.093]收←◆          addr            state   lease   tries   rto
        0       18ef3a577baa    192.168.137.76  10      0       1       4
```

图 8-33　开发板连接上路由器

然后小车向 IoT 服务器发起连接，如图 8-34 所示。

```
netifapi_netif_common: 0
IOTSERVER:3c2ea7186a.st1.iotda-device.cn-north-4.myhuaweicloud.com

[15:51:57.065]收←◆Connect IoT server failed,please
[15:51:57.092]收←◆ check the network and parameters:-1

[15:51:57.365]收←◆The connection lost and we will
[15:51:57.393]收←◆try another connect

[15:51:58.074]收←◆traffic light:control module
SNDMSG:QOS:0 TOPIC:$oc/devices/648a67421cacf07a3814844e_123456789/sys/properties/report PAYLOAD:{"services":
[{"service_id":"TrafficLight","properties":{"ControlModule":"RED_LED_OFF"}}]}

[15:51:59.085]收←◆traffic light:control module
S
[15:51:59.114]收←◆NDMSG:QOS:0 TOPIC:$oc/devices/648a67421cacf07a3814844e_123456789/sys/properties/report PAYLOAD:{"services":
[{"service_id":"TrafficLight","properties":{"ControlModule":"RED_LED_OFF"}}]}
```

图 8-34　小车连接华为云

图 8-34 给出了华为云 IoT 服务器的地址，首次连接失败后，成功连接上 MQTT 服务器，并发送 MQTT 报文。报文内容包括 service_id：ControlModule，以及 TrafficLight：RED_LED_OFF。客户端成功发送消息的输出内容如图 8-35 所示。

```
[15:52:03.475]收←◆Posting connect semaphore for cl
[15:52:03.495]收←◆ient 648a67421cacf07a3814844e_123456789_0_0_2023061501 rc 0
[15:52:03.575]收←◆Connect success

[15:52:03.695]收←◆Subscribe success
ProcessQueueMsg
MSGSEND:SUCCESS
MSGSEND:SUCCESS
MSGSEND:SUCCESS
MSGSEND:SUCCESS
MSGSEND:SUCCESS
MSGSEND:SUCCESS
ProcessQueueMsg
```

图 8-35　小车向华为云发送消息

MQTT 服务器也确实收到小车发过来的消息。华为云 MQTT 服务器收到的消息如图 8-36(a)所示。

同时在华为云端，确实看到了开发板 MQTT 设备已经连接上，状态为在线，如图 8-37 所示。

(a) LED灭   (b) LED亮

图 8-36　MQTT 服务端显示客户端消息

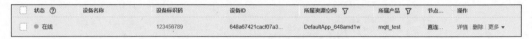

图 8-37　MQTT 客户端在线

当按下小车开发板按钮后，将 LED 从熄灭状态变为点亮状态，此时的客户端发送的消息发生了变化，如图 8-38 所示。

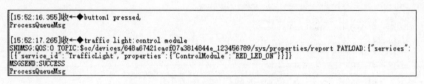

图 8-38　MQTT 客户端发送新消息

第 31 集
微课视频

服务端也确实收到了变化后的消息，如图 8-36(b) 所示。

8.6　LwIP 及其应用

LwIP 是一套用于嵌入式系统的开放源代码 TCP/IP 协议栈，其主要目标是减少资源使用，同时仍然具有全面的 TCP 功能。这使得 LwIP 适用于具有 10KB 左右 RAM 和 40KB 左右 ROM 的嵌入式系统。LwIP 可以在无操作系统和有操作系统的情况下独立运行。

8.6.1　LwIP 的设计需求

LwIP 协议栈架构如图 8-39 所示，主要特点如下。

（1）资源开销低，即轻量化。LwIP 内核有自己的内存管理策略和数据包管理策略，使内核处理数据包的效率很高。另外，LwIP 高度可剪裁，一切不需要的功能都可以通过宏编译选项去掉。

（2）所支持的协议较为完整。几乎支持 TCP/IP 协议栈所有常见的协议，这在嵌入式设备中已经够用。

（3）有 3 种编程接口：RAW API、NETCONN API 和 Socket API。这 3 种 API 的执行效率、易用性、可移植性以及时空间的开销各不相同，用户可以根据实际需要平衡利弊，选择合适的 API 进行网络应用程序的开发。

（4）高度可移植。源代码全部用 C 语言实现，用户可以很方便地实现跨处理器、跨编译器的移植。

（5）应用广泛，相对成熟。LwIP 被广泛用在嵌入式网络设备中，国内一些物联网公司推出的物联网操作系统，其 TCP/IP 核心就是 LwIP。

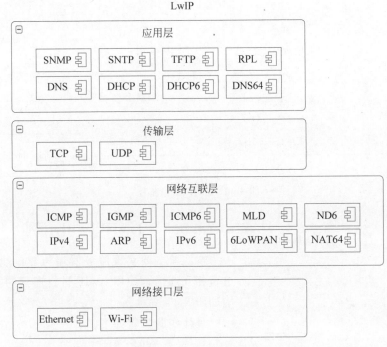

图 8-39　LwIP 协议栈架构

8.6.2　LwIP 的工作机制

LwIP 为了提高网络数据包处理效率，引入了消息机制（或称为邮箱机制），其工作流程如图 8-40 所示。

LwIP 运行原理如下。

（1）有别于无操作系统场景，LwIP 数据包需要依次顺序处理，处理完上一个数据包，才能处理下一个数据包，限制了数据包处理效率。

（2）引入邮箱机制后，网卡驱动或其他数据处理线程，只要构造好 TCPIP_MSG 消息结构体，并将消息投递到系统邮箱后（图 8-40 中的步骤 1～步骤 3），就可以处理下一个数据，不需要再等待。

（3）协议栈内部线程 tcpip_thread 循环从系统邮箱中获取数据（图 8-38 中的步骤 4 和步骤 5），进行数据包处理。

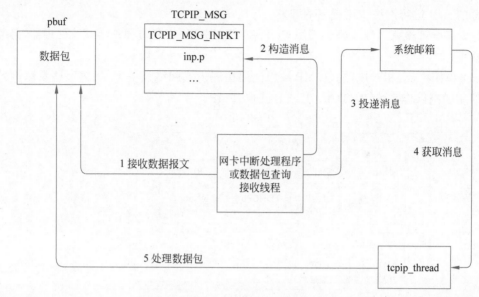

图 8-40　LwIP 工作流程

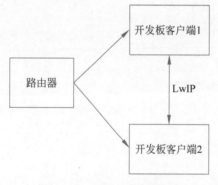

图 8-41　LwIP 实验网络环境

8.6.3　LwIP 应用示例

本实验主要实现服务器端与客户端通过 LwIP 进行相互通信。使用 LwIP 进行通信的实验网络环境如图 8-41 所示。

具体实验步骤如下。

1. 配置 Wi-Fi AP

修改 net_params.h 文件内容，PARAM_HOTSPOT_SSID 设置为网络名称，PARAM_HOTSPOT_PSK 设置为网络密码。

```
# ifndef PARAM_HOTSPOT_SSID
# define PARAM_HOTSPOT_SSID "iOS_Club - 25 - iPhone"      //AP SSID
# endif

# ifndef PARAM_HOTSPOT_PSK
# define PARAM_HOTSPOT_PSK "12345678"                      //AP PSK
# endif
```

2. 编写 LwIP 服务器端代码

首先在 lwip_tcp_demo/applications/sample/wifi-iot/app/lwip_demo 目录下新建 lwip_tcp_server.c 文件。在该文件中创建 TcpServerTest() 函数。该函数需要实现 TCP 服务端。服务端接收来自客户端的连接请求，连接成功后服务端返回一个表示连接通道的 Socket，clientAddr 参数中会携带客户端主机 IP 地址和端口信息；失败则返回 -1。连接建立后，服务器和客户端之间的收发都在 Socket 上进行；之后该 sockfd(Socket 文件描述符)也可以继续接受其他客户端的连接。LwIP 服务器工作过程如图 8-42 所示。

图 8-42　LwIP 服务器工作过程

服务器端首先启动并监听指定端口的客户端请求，如代码 8-13 所示。

代码 8-13　服务器端启动并监听请求

```
void TcpServerTest(unsigned short port)
{
    ssize_t retval = 0;
    int backlog = 1;
    int sockfd = socket(AF_INET, SOCK_STREAM, 0);          //TCP Socket
    int connfd = -1;
    struct sockaddr_in clientAddr = {0};
    socklen_t clientAddrLen = sizeof(clientAddr);
    struct sockaddr_in serverAddr = {0};
    serverAddr.sin_family = AF_INET;
    serverAddr.sin_port = htons(port);        //端口号,从主机字节序转换为网络字节序
    serverAddr.sin_addr.s_addr = htonl(INADDR_ANY);       //允许任意主机接入,0.0.0.0
    retval = bind(sockfd, (struct sockaddr * )&serverAddr, sizeof (serverAddr));   //绑定端口
    if (retval < 0) {
        printf("bind failed, % 1d!\r\n", retval);
        goto do_cleanup;
    }
    printf("bind to port % d success!\r\n", port);
    retval = listen(sockfd, backlog);                      //开始监听
    if (retval < 0) {
        printf("listen failed!\r\n" );
```

```
        goto do_cleanup;}
    printf("listen with % d backlog success!\r\n", backlog);
}
```

UNIX 系统上经典的并发模型是"每个连接一个进程"。服务器端创建子进程处理连接，父进程继续接受其他客户端的连接。在鸿蒙 LiteOS-A 内核上，可以使用 UNIX 的"每个连接一个进程"的并发模型；在 LiteOS-M 内核上，可以使用"每个连接一个线程"的并发模型。

代码 8-14 展示了 LiteOS-M 内核服务器端接受客户端请求后的操作。服务器端首先接收客户端信息，然后通过 Socket 向客户端发送消息，最后关闭连接并关闭服务器。

代码 8-14　服务器端与客户端的交互

```
connfd = accept(sockfd, (struct sockaddr * )&clientAddr, &clientAddrLen);
if (connfd < 0) {
    printf("accept failed, % d, % d\r\n", connfd, errno);
    goto do_cleanup;
}
printf(" accept success, connfd = % d!\r\n", connfd);
printf("client addr info: host = % s, port = % d\r\n", inet_ntoa(clientAddr.sin_addr),
ntohs (clientAddr.sin_port));
//后续收发都在表示连接的 Socket 上进行
retval = recv(connfd, request, sizeof(request), 0);
if (retval < 0) {
    printf("recv request failed, % ld!\r\n", retval);
    goto do_disconnect;
}
printf("recv request{ % s} from client done!\r\n", request);
retval = send(connfd, request, strlen(request), 0);
if (retval < = 0) {
    printf("send response failed, % 1d!\r\n", retval);
    goto do_disconnect;
}
printf("send response{ % s} to client done! \r\n", request);
do_disconnect:
sleep(1);
close(connfd);
sleep(1);
do_cleanup:
printf("do_ cleanup...\r\n");
close(sockfd);
```

3. 编写 LwIP 客户端代码

在子目录 lwip_demo 中新建 lwip_tcp_client. c 文件。在该文件中编写 TcpServerTest ()函数，该函数实现 LwIP 客户端的主要功能。LwIP 客户端工作过程如图 8-43 所示。

客户端首先向服务器端发起连接请求，具体实现如代码 8-15 所示。

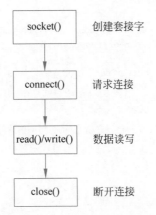

图 8-43　LwIP 客户端工作过程

代码 8-15　客户端发起连接请求

```
static char request[] = "Hello, I am Lwip";
static char response[128] = "";
void TcpClientTest(const char * host, unsigned short port)
{
    ssize_t retval = 0;
    int sockfd = socket(AF_INET, SOCK_STREAM, 0); //TCP Socket
    struct sockaddr_in serverAddr = {0};
    serverAddr.sin_family = AF_INET;              //AF_INET 表示 IPv4 协议
    serverAddr.sin_port = htons(port);            //端口号,从主机字节顺序转换为网络字节顺序
    if (inet_pton(AF_INET, host, &serverAddr.sin_addn)<= 0){
        printf("inet_pton failed!\r\n");
        goto do_cleanup;
    }
    if (connect(sockfd, (struct sockaddr * )&serverAddr, sizeof(serverAddr))< 0){
        printf ("connect failed!\r\n");
        goto do_cleanup;
    }
    printf("connect to server % s success!\r\n", host);
}
```

inet_pton()函数负责将主机 IP 地址从"点分十进制"字符串转换为标准格式（32 位二级制整数）。connect()函数主要实现尝试和目标主机建立连接,连接成功则返回 0,失败则返回－1,连接成功后这个 TCP Socket 描述符 sockfd 就具有了"连接状态"。发送和接收端报文都是 connect()函数指定的服务器主机地址和端口号,如代码 8-16 所示。

代码 8-16　客户端与服务器端的交互

```
retval = send(sockfd, request, sizeof(request), 0);
if (retval < 0){
    printf("send request failed!\r\n");
    goto do_cleanup;
}
```

```
printf("send request{ % s}  % ld to server done!\r\n", request, retval);
retval = recv(sockfd, &response, sizeof(response), 0);
if (retval < = 0){
    printf("send response from server failed or done, % ld!\r\n", retval);
    goto do_cleanup;
}
response[retval] = '\0';
printf("recv response{ % s}  % ld from server done! \r\n", response, retval);
do_cleanup:
printf(" do_cleanup. . .\r\n");
close(sockfd);
```

4. LwIP 通信运行结果

和 CoAP 运行一样，需要准备两块小车开发板，分别作为 LwIP 服务器和客户端。然后分别将服务器端代码和客户端代码下载到两块开发板。首先启动服务器开发板，运行结果如图 8-44 所示，可以看到服务器 IP 为 172.20.10.12，路由器 IP 为 172.20.10.1，开发板成功连接到路由器并获取到地址。

```
RegisterWifiEvent: 0
EnableWifi: 0
AddDeviceConfig: 0
ConnectTo(1): 0
+NOTICE:SCANFINISH
+NOTICE:CONNECTED
OnWifiConnectionChanged 54, state = 1, info =
bssid: E2:73:2E:25:89:86, rssi: 0, connState: 0, reason: 0, ssid: iOS_Club-25-iPhone
g_connected: 1
netifapi_set_hostname: 0
netifapi_dhcp_start: 0
server :
        server_id : 172.20.10.1
        mask : 255.255.255.240, 1
        gw : 172.20.10.1
        T0 : 86400
        T1 : 43200
        T2 : 75600
clients <1> :
        mac_idx mac            addr          state   lease   tries   rto
        0       18ef3a577aca   172.20.10.12   10     1       4
```

图 8-44 LwIP 服务器连接路由器

服务器启动后，休眠 10s 后，立刻开始在 5678 号端口开启监听服务，如图 8-45 所示。

```
netifapi_netif_common: 0
After 9 seconds, I will start TcpServerTest test!
After 8 seconds, I will start TcpServerTest test!
After 7 seconds, I will start TcpServerTest test!
After 6 seconds, I will start TcpServerTest test!
After 5 seconds, I will start TcpServerTest test!
After 4 seconds, I will start TcpServerTest test!
After 3 seconds, I will start TcpServerTest test!
After 2 seconds, I will start TcpServerTest test!
After 1 seconds, I will start TcpServerTest test!
After 0 seconds, I will start TcpServerTest test!
TcpServerTest start
I will listen on :5678
bind to port 5678 success!
```

图 8-45 LwIP 服务器启动监听

服务器收到从客户端传来的"Hello,I am Lwip"数据包,并向客户端发送"Hello,I am Lwip"数据包,如图 8-46 所示。

```
[15:50:23.298]收←◆ accept success, connfd = 1!
client addr info: host = 172.20.10.13, port = 50350
recv request{Hello,I am Lwip} from client done!
send response{Hello,I am Lwip} to client done!

[15:50:25.313]收←◆do_ cleanup...
TcpServerTest done!
disconnect to AP ...
netifapi_dhcp_stop: 0
+NOTICE:DISCONNECTED
OnWifiConnectionChanged 54, state = 0, info =
bssid: E2:0E:5D:3B:E4:AB, rssi: 0, connState: 0, reason: 3, ssid:
Disconnect: 0
UnRegisterWifiEvent: 0
RemoveDevice: 0
DisableWifi: 0
disconnect to AP done!
```

图 8-46　LwIP 服务器收到客户端的消息

客户端连接上路由器后分配的 IP 为 172.20.10.13,接着连接上服务器,并发送数据包到服务器,如图 8-47 所示。

```
          mac_idx mac          addr          state  lease  tries  rto
          0      18ef3a577baa  172.20.10.13  10     0      1      4
netifapi_netif_common: 0
After 9 seconds, I will start TcpClientTest test!
After 8 seconds, I will start TcpClientTest test!
After 7 seconds, I will start TcpClientTest test!
After 6 seconds, I will start TcpClientTest test!
After 5 seconds, I will start TcpClientTest test!
After 4 seconds, I will start TcpClientTest test!
After 3 seconds, I will start TcpClientTest test!
After 2 seconds, I will start TcpClientTest test!
After 1 seconds, I will start TcpClientTest test!
After 0 seconds, I will start TcpClientTest test!
TcpClientTest start
I will connect to 172.20.10.12:5678
connect to server 172.20.10.12 success!
 send request{Hello,I am Lwip} 16 to server done!
connect failed!
do_ cleanup...
```

图 8-47　LwIP 客户端启动并发送数据

客户端发送完数据后就断开与 AP 的连接,如图 8-48 所示。

```
TcpClientTest done!
disconnect to AP ...
netifapi_dhcp_stop: 0
+NOTICE:DISCONNECTED
OnWifiConnectionChanged 54, state = 0, info =
bssid: E2:0E:5D:3B:E4:AB, rssi: 0, connState: 0, reason: 3, ssid:
Disconnect: 0
UnRegisterWifiEvent: 0
RemoveDevice: 0
DisableWifi: 0
disconnect to AP done!
```

图 8-48　LwIP 客户端断开与 AP 的连接

8.7　模组通信协议 AT 实验

为了做 Wi-Fi 联网实验,可以将开发板设置为 softAP,让手机连接上去。可以使用 AT 命令设置 softAP。AT 命令用于 TE(Terminal Equipment,如 PC 等用户终端)和 MT

（Mobile Equipment，如开发板等移动终端）之间控制信息的交互。Wi-Fi 模组一般通过串口发送 AT 命令。

8.7.1 AT 命令定义及分类

图 8-49 所示为 AT 命令在 TE 和 MT 之间的交互流程，用户通过 TE 给 MT 发送 AT 命令，MT 会反馈结果。其中 MT 连接到网络上。

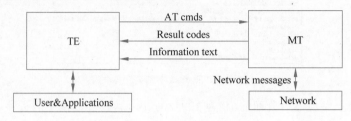

图 8-49 AT 命令交互流程

AT 命令大概有 50 多条，可以将这些命令分为 4 类，如表 8-7 所示，包括测试指令、查询指令、设置指令和执行指令。

表 8-7 AT 命令类型

类　型	格　式	用　途
测试指令	AT＋＜cmd＞＝?	查询设置指令的参数以及取值范围
查询指令	AT＋＜cmd＞?	返回参数的当前值
设置指令	AT＋＜cmd＞＝＜parameter＞,…	设置参数值或执行
执行指令	AT＋＜cmd＞	执行本指令的功能

这 4 类命令又按照功能的不同可分为通用命令、STA 控制命令、softAP 控制命令。

图 8-50 AT 命令实验环境

8.7.2 AT 命令应用示例

本实验目的在于使用串口工具通过 AT 命令控制开发板连接指定 Wi-Fi，并与指定 IP 地址进行连接。实验环境如图 8-50 所示。

1. AT 命令分析

在下载 Hi3861 操作系统固件到小车开发板时，默认已经将 AT 命令一起植入。具体代码在/device/hisilicon/hispark_pegasus/sdk_liteos/app/wifiiot_app/src/app_main.c 文件中，通过系统命令注册函数 hi_at_sys_cmd_register()注册 AT 命令，如代码 8-17 所示。

代码 8-17 系统命令注册函数

```
hi_void hi_at_sys_cmd_register(hi_void)
{
    hi_at_general_cmd_register();
#ifndef CONFIG_FACTORY_TEST_MODE
```

```
    hi_at_sta_cmd_register();
    hi_at_softap_cmd_register();
# endif
    hi_at_hipriv_cmd_register();
# ifndef CONFIG_FACTORY_TEST_MODE
# ifdef LOSCFG_APP_MESH
    hi_at_mesh_cmd_register();
# endif
    hi_at_lowpower_cmd_register();
# endif
    hi_at_general_factory_test_cmd_register();
    hi_at_sta_factory_test_cmd_register();
    hi_at_hipriv_factory_test_cmd_register();
    hi_at_io_cmd_register();
}
```

其中,hi_at_general_cmd_register()函数真正完成 AT 命令的植入,植入是通过一个通用命令数组 g_at_general_func_tbl 来完成,其内容如代码 8-18 所示。

代码 8-18　通用命令数组

```
const at_cmd_func g_at_general_func_tbl[] = {
    {"", 0, HI_NULL, HI_NULL, HI_NULL, (at_call_back_func)at_exe_at_cmd},
# ifndef CONFIG_FACTORY_TEST_MODE
    {" + SYSINFO", 8, HI_NULL, HI_NULL, HI_NULL, (at_call_back_func)at_query_sysinfo_cmd},
    {" + DHCP", 5, HI_NULL, HI_NULL, (at_call_back_func)at_setup_dhcp, HI_NULL},
    {" + DHCPS", 6, HI_NULL, HI_NULL, (at_call_back_func)at_setup_dhcps, HI_NULL},
    {" + NETSTAT", 8, HI_NULL, HI_NULL, HI_NULL, (at_call_back_func)at_netstat},
# ifdef CONFIG_IPERF_SUPPORT
}
```

2. AT 命令运行结果

将 Hi3861 操作系统固件下载到开发板后,在串口监控终端上输入 AT 相关命令,运行结果如下。

首先发送 AT＋STARTSTA 命令,将开发板设置为 Wi-Fi Station,然后发送 AT＋SCAN 命令,扫描周围网络热点,然后用 AT＋SCANRESULT 命令显示扫描结果,运行结果如图 8-51 所示。

```
AT+STARTSTA
OK

AT+SCAN
OK

+NOTICE:SCANFINISH
AT+SCANRESULT
+SCANRESULT:DIRECT-E7-HP Laser 136nw,c2:18:03:aa:45:e7,1,-56,2
+SCANRESULT:P"\xe5\x8a\xa0\xe6\xb2\xb9\xe5\x86\xb2\xe5\x86\xb2\xe5\x86\xb2",3c:cd:57:b8:f0:96,11,-65,3
+SCANRESULT:DIRECT-26-HP M233 LaserJet,5e:fb:3a:66:c9:26,1,-77,2
+SCANRESULT:MERCURY_AED2,c0:61:18:ab:ae:d2,6,-78,3
+SCANRESULT:WHU-WLAN,0e:74:9c:2c:52:32,6,-45,0
+SCANRESULT:CS-GUEST,0a:74:9c:2c:52:32,6,-46,0
+SCANRESULT:CS-WLAN,06:74:9c:2c:52:32,6,-46,0
+SCANRESULT:WHU-WLAN,0e:74:9c:2b:af:5e,1,-52,0
```

图 8-51　AT 网络扫描命令运行结果

　　接着让开发板连接 ZXGANG 的 AP，获得通过 DHCP 分配到的 IP 地址，如图 8-52 所示。

```
AT+CONN="ZXGANG",,3,"12345678"
OK

+NOTICE:SCANFINISH
+NOTICE:CONNECTED
AT+IFCFG
+IFCFG:wlan0,ip=0.0.0.0,netmask=0.0.0.0,gateway=0.0.0.0,ip6=FE80::1AEF:3AFF:FE57:7ACA,HWaddr=18:ef:3a:57:7a:ca,M
+IFCFG:lo,ip=127.0.0.1,netmask=255.0.0.0,gateway=127.0.0.1,ip6=::1,HWaddr=00,MTU=16436,LinkStatus=1,RunStatus=1
OK

AT+DHCP=wlan0,1
OK

AT+CFG
ERROR

AT+IFCFG
+IFCFG:wlan0,ip=192.168.137.100,netmask=255.255.255.0,gateway=192.168.137.1,ip6=FE80::1AEF:3AFF:FE57:7ACA,HWaddr
+IFCFG:lo,ip=127.0.0.1,netmask=255.0.0.0,gateway=127.0.0.1,ip6=::1,HWaddr=00,MTU=16436,LinkStatus=1,RunStatus=1
OK
```

图 8-52　AT 连接 AP 命令运行结果

第 9 章

嵌入式系统安全

计算机安全,ISO 的定义是"为保障数据处理系统的安全运行,防护人员必须采取一系列技术和安全管理保护措施,来保护计算机硬件、软件、数据不因偶然的或恶意的原因而遭到破坏、更改、泄露。"

计算机安全中最重要的是存储数据的安全,其面临的主要威胁包括计算机病毒、非法访问等。从系统安全的角度来看,计算机的芯片和硬件设备也会对系统安全构成威胁。例如CPU,计算机 CPU 内部集成有运行系统的指令集,也会隐藏恶意代码或遭受恶意攻击。

据 Data Bridge Market Research 预测,到 2027 年,嵌入式系统的市场规模将达到 1275亿美元,复合年增长率为 5.70%。嵌入式系统正在为广泛的应用带来创新,如物联网应用、自动驾驶、视觉技术、移动支付、人工智能等。研究表明,随着技术的进步,与之相关的威胁也在不断增加。最近,针对嵌入式设备的攻击事件层出不穷,从被黑客攻击的车辆防盗和控制系统,到安全支付、安全认证以及内容和数据保护等,都有涉及。

现在,企业采用的安全策略以多层保护居多,包括防火墙、身份验证/加密、安全协议和入侵检测/入侵防御系统,这些都是行之有效的安全措施。由于嵌入式系统中几乎没有防火墙,大多数嵌入式设备只能依赖于简单的密码认证和安全协议保证系统的安全。之所以出现这种情况,主要是存在这样的假设:嵌入式设备对黑客来说不是有吸引力的目标,嵌入式设备不易受到攻击,身份验证和加密已经为嵌入式设备提供了充分的保护。现在看来,这种假设已经行不通了,必须采取更加有效的安全措施才能确保嵌入式系统的安全。

9.1 嵌入式系统安全趋势

一个包含硬件和内置软件的设备就是常说的嵌入式系统,这些设备能独立完成一项功能或一组任务,它们中许多存储着重要的信息,有可能还会执行影响人类和环境的关键功能。嵌入式安全包括硬件安全和软件安全(嵌入式操作系统和嵌入式软件)两部分。

嵌入式系统的安全问题很大程度上是因为开发人员在嵌入式应用和设备安全领域面临着多种挑战和复杂的问题。他们必须密切关注日益变化的威胁环境,并满足不断发展的安全标准。同时,复杂的应用可能也需要满足多种标准,而它们可能会令设备的兼容性和灵活性受限。在很多开发场景下,安全功能的级别越高,相应的成本和功耗可能也会越高。

早期,嵌入式设备均为独立运行,攻击手段较单一。随着互联网及物联网的发展,嵌入式设备已成为黑客攻击的主要目标。由于许多由嵌入式设备驱动的小组件和机器在运行中必须连接到互联网,因此网络黑客就有机会窃取未经授权的访问权限,并运行恶意代码,这种攻击通常会蔓延到其他连接的组件甚至破坏整个系统。

9.2 嵌入式系统安全方案

嵌入式设备与标准 PC 不同,它们是专门为执行特定任务而设计的固定功能设备。其中,许多嵌入式产品使用的是专用操作系统,如 VxWorks、MQX 或精简版 Linux。在大多数情况下,这些设备都经过了优化,以最小化处理周期和内存使用,并且没有太多额外的可用处理资源。因此,标准 PC 的安全解决方案无法解决嵌入式设备面临的安全挑战。事实上,鉴于嵌入式系统的特殊性,PC 安全解决方案极少甚至不会在大多数嵌入式设备上运行。

下面逐一分析常见的嵌入式安全挑战、安全策略和安全设计等。

9.2.1 嵌入式领域安全问题

第 32 集
微课视频

嵌入式领域的安全包括硬件安全问题和软件安全问题,这些问题主要都与嵌入式系统的特性有关,如硬件受限、软件系统设计简单等。下面是主要的 7 个安全问题描述。

(1) 第三方组件的使用。许多嵌入式设备需要增加第三方硬件和软件组件才能正常工作,而这些组件通常没有经过严格的安全测试。

(2) 标准化的缺乏。目前,网络保护和物联网行业的标准化程度比较低,安全设备的开发是嵌入式系统安全的主要挑战之一。然而,由于嵌入式系统缺乏统一的网络安全标准,制造商很难对其使用的部件的安全性抱有信心。

(3) 针对嵌入式设备的一些攻击可以被复制。嵌入式系统设备的一个独特之处是它们是由数百到数千种使用同一系统的产品批量生产的。一旦设计和构建,嵌入式设备就可以批量生产,市场上可能有成千上万个相同的设备。如果黑客能够对其中一台设备成功发起攻击,那么这种攻击就可以在所有设备上进行复制。因此,可信的嵌入式安全策略最好结合分层安全功能,以创建更强的防御机制。

(4) 专有嵌入式安全协议不被行业工具认可。大多数行业和企业使用的安全工具与嵌入式系统中使用的不同。例如,企业防火墙和入侵检测系统旨在防范企业特定的威胁,而不是针对行业协议的攻击。这意味着它们的检测系统和防火墙可能无法检测到针对嵌入式系统的特定威胁。

(5) 嵌入式系统的使用超出了预期的安全目标。无论底层软件如何,大多数嵌入式安全措施都是针对特定硬件或软件系统设计和定制的。然而,如果这些设备的使用目标被用户更改,如 iPhone 越狱,则可能会出现严重的安全问题。又或者将设备连接到不安全的互联网资源(如公共的 Wi-Fi 网络),则嵌入式系统极易受到更多的网络攻击。

（6）终端安全能力有限。许多嵌入式系统和物联网设备将直接连接到互联网上，在一个资源受限的环境中实施严格的安全保护将变得非常困难。

（7）长生命周期设备的安全维护。嵌入式设备的生命周期通常很长，很难预见未来10年可能出现的潜在安全威胁。这可以说是嵌入式设备最明显的漏洞之一。与智能手机和可穿戴设备一样，许多嵌入式设备都是要长期使用的，如车辆或商业应用中的嵌入式系统可能会在不更新的情况下使用5年、10年甚至更长时间。据市场反馈，即使在设备提示下，也只有约38%的人会定期更新安全软件。因此，相应的安全策略需要在设计之初就予以充分考虑，并将其集成到系统中，如提供可定制和安全的代码更新，以定期管理修补程序或纠正软件缺陷。

9.2.2　嵌入式领域安全策略

嵌入式系统安全主要围绕终端设备需保护的资产，并针对各种威胁所引起的风险，设计对应的保护措施。其中，芯片是嵌入式系统安全的基础，芯片设计也决定了终端能达到的安全等级。

嵌入式系统主要保护的安全资产如下。

（1）设备身份ID：完整性与唯一性，不被篡改或仿冒。

（2）设备密钥与证书：私密性、完整性与真实性，不被盗用、篡改或仿冒。

（3）设备敏感数据：私密性、完整性，不被盗窃或篡改。

（4）设备软件运行环境：完整性、新鲜度，不被篡改或回滚。

为了保障系统的安全资产，可以从以下4方面进行分析。

（1）评估潜在的威胁和漏洞。具体操作包括分析产品的生命周期，评估开发商（运维安全）、硬件制造商（终端安全）、软件供应商（应用安全）、电信运营商（传输安全）、用户和任何相关方对最终产品安全的影响，确定所有可能的软件和物理攻击点及其发生的可能性，制定有安全要求的技术规范，如图9-1所示。

（2）根据需求设计可靠的软件体系架构。充分利用中间件和虚拟化技术，进行组件划分，还应允许在共享平台上运行多个操作系统。

（3）选择安全的开发工具和组件。为嵌入式系统选择的软件开发平台的安全性至关重要，它必须符合国际或地区安全标准。系统硬件的选择也是如此。

（4）时刻进行安全测试。嵌入式系统中硬件和软件组件的安全测试不应被忽视，要作为必选项独立于系统其他测试功能。

9.2.3　嵌入式领域安全设计

为了保障应用不受安全威胁攻击，保护嵌入式系统数据和产品功能安全成为开发人员主要关注的问题，而且必须在软硬件层面上从设计之初就植入设备当中。合理的安全解决方案应该利用软硬件领域最新的安全技术实施深入而全面的保护，从而提供多层安全防御。嵌入式系统安全设计规范如图9-2所示。

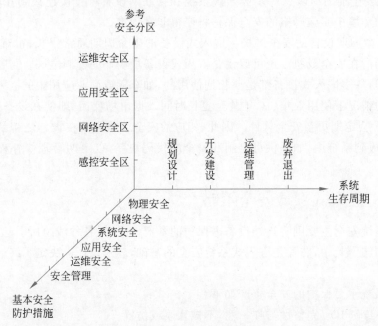

图 9-1 嵌入式系统安全技术规范

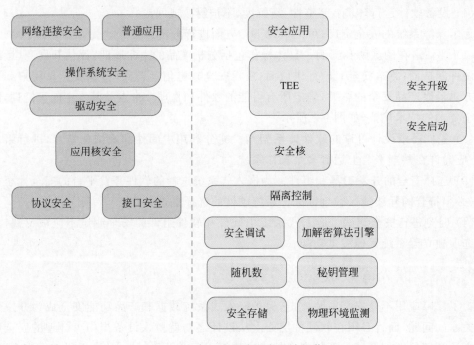

图 9-2 嵌入式系统安全设计规范

图 9-2 提供了嵌入式系统安全设计的思路,主要分为硬件安全和软件安全两大块,又可以从 4 个子方向入手,分别如下。

1. 终端密码安全

(1) 安全密钥管理,旨在确保密钥在明文状态下不可访问。设备应能够安全生成和存储密钥(包括私钥),以实现真正安全的设备唯一标识和配置。

(2) 硬件加速加密、哈希运算和真随机数生成,旨在加速设备上的加密运算。这种硬件支持可节约处理时间和功耗。

2. 终端可信计算

1) 可信执行环境

可信执行环境(Trust Execution Environment,TEE)给安全应用提供一个隔离的安全执行环境,涉及硬件的 CPU、总线、内存、外设和软件的操作系统及驱动,如图 9-3 所示。

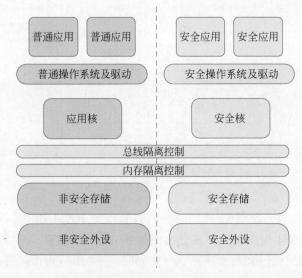

图 9-3 可执行环境结构

其中的关键部件安全核可以是物理上独立的 CPU,也可以是虚拟的 CPU,如 ARM Trustzone 技术、RISC-V TEE 虚拟 CPU。

需要注意的是,安全和非安全是相对概念,不代表实际的安全等级,TEE 的安全防护能力还取决于具体实现,但相对于非安全世界,在软件层的攻击界面会大大缩小,因而相对安全。

2) 内存保护单元

在系统初始化时,将内存按属性划分为多个区域,每个区域制定读、写和执行权限。程序运行时,根据 CPU 发起的操作和地址进行硬件检查,如果操作与该地址区域的属性不匹配,则产生异常。因为系统初始化只有一次,并且有安全保证机制,如果运行的程序恶意篡改内存或非授权访问,则 MPU 可以起到保护作用。

3）Flash 安全在线执行程序

原始程序编译生成后,先使用离线工具转换进行加密,再使用量产烧写工具烧录到外部 Flash 器件。CPU 通过 Flash 控制器直接从外部 Flash 器件读取程序指令,解密后执行,这个过程也在 Hi3861 的引导程序中使用。解密过程使用 L2-Cache 进行解密和性能加速,如图 9-4 所示。

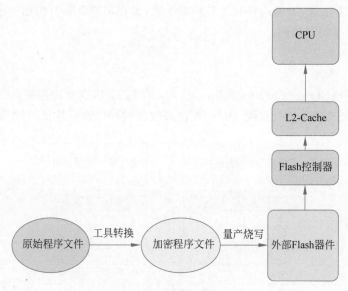

图 9-4　Flash 安全在线执行程序

3. 终端物理环境安全

（1）安全 NVM 存储。提供安全的存储器访问,保护 RAM 和 Flash 的特定区域,防止未经授权的访问,Hi3861 中也采用了该方法存储 Flash 关键信息。独立的存储域可将敏感代码和数据与非安全的代码和数据隔离。与此同时,一次性写入保护存储器可防止代码和数据被篡改或重新编程。

（2）电压、电磁、温度异常检测。部分物联网传感器需要能够检测周围环境的变化,以防止芯片在异常情况下工作异常导致安全风险。通常采用传感器检测技术,针对不同的环境参数,需要设计不同的检测电路。

（3）硬件循环冗余校验（Cyclic Redundancy Check,CRC）检测。芯片启动加载应用程序后,计算 CRC 值,在正常运行过程中,通过定时检查程序的 CRC 值是否变化,可用来保护片内程序的完整性。

4. 终端系统软件安全

在软件方面,有效的安全方案如下。

（1）使用经过验证的应用框架和标准 API。

（2）包含诸多 API 的加密库,提供宏观安全功能、信任根等各种安全功能,并具备识别可信源与可信代码的能力。

（3）提供调试和编程访问保护，从而降低黑客使用调试器和编程接口作为攻击切入点的风险。

（4）原生支持常见的安全通信协议和传输协议，如超文本传输安全协议（Hypertext Transfer Protocol Secure，HTTPS）、传输层安全协议（Transport Layer Security，TLS）和其他特定的云协议。

（5）安全启动。这在第6章 LiteOS 启动分析中已经提到过，具体过程如图9-5所示。

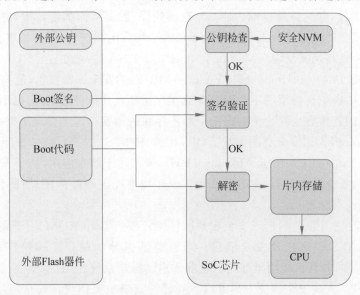

图 9-5　安全启动

① 芯片上电后，CPU 首先从片内 ROM 运行程序，读取外部公钥并和芯片内部 NVM 存储的公钥进行比较。

② 比较一致则使用外部公钥对 Boot 代码的签名进行校验，若签名结果正确，则表明 Boot 代码是合法的并且没有被篡改。

③ Boot 代码也支持加密，校验通过后可以将 Boot 代码解密到片内存储再运行。

④ Boot 代码可以进一步采用类似的方式校验下一级程序，形成完整的启动信任链。

⑤ ROM 代码和安全 NVM 存储的公钥构成了整个芯片的信任根。

（6）安全升级。物联网终端可通过网络远程下载（Over the Air，OTA）升级包。升级包也和 Boot 代码一样采用片内 NVM 根公钥进行校验。校验通过以后进行升级包安装合入，主流物联网终端都支持通过差分方式合入，可节省升级包大小。

（7）安全内存管理。操作系统需要将系统可用的内存资源进行安全管理，避免内存泄漏或出现非授权访问，主要体现在内存的申请、释放、共享内存的保护等。

（8）安全权限管理等。操作系统需要对系统可用的服务、硬件资源和外设接口等进行安全管理，避免出现非授权访问和权限提升。

9.2.4 嵌入式硬件安全实现范例

嵌入式系统中的硬件安全可通过包括密钥管理、加密和硬件功能隔离等措施来实现。目前国内外几家知名硬件 IT 公司采用的方案如下。

(1) Maxim 公司提供的 DeepCover 安全微控制器集成了先进的加密和物理保护机制，以最高安全等级应对侧信道攻击、物理篡改和逆向工程。内部集成的安全 NV-SRAM，一旦检测到篡改事件，即刻擦除存储内容；专有的代码、数据实时加密技术，为外部存储器提供完备保护。复杂的入侵式攻击常常是为了从安全集成电路获取密钥，如果获得密钥，集成电路提供的安全性将彻底崩塌。Maxim 独有的 ChipDNA 嵌入式安全 PUF 技术被其称作是物理不可克隆(Physical Unclonable Function,PUF)的安全加密技术，能有效防御入侵式攻击，原理是这些密钥自始至终不会静态存储在存储器或其他静态空间，也不会离开集成电路的电路边界，因此黑客也就无法盗窃一个并不存在的密钥。

(2) Infineon 嵌入式安全解决方案。OPTIGA TPM SLI 9670 是一款经过质量强化的可信平台模块(Trusted Platform Module,TPM)，专门用于汽车应用，基于采用先进硬件安全技术的防篡改安全微控制器，在防篡改和认证环境中提供硬件信任、加密和解密，以保护 OTA 软件更新或存储密钥。

(3) 苹果 T2 芯片。包括形成安全启动硬件信任根的 Boot ROM、用于高效且安全加密和解密的专用 AES 引擎以及安全隔区。可以验证引导加载程序和操作系统是否已由 Apple 签名并批准，并且仅使用批准的驱动器来启动操作系统。

从上述几种嵌入式安全解决方案可以看到硬件安全主要体现在安全启动、专用的加密和解密的硬件引擎、密钥管理、对系统和数据的签名和加密、可信计算和安全隔区等，目前主要的安全手段也就是这些。华为 Hi3861 安全子系统和苹果 T2 芯片很类似，拥有签名过的 Flash Boot 安全引导系统，有专用的加密和解密的硬件引擎。下面就对 Hi3861 安全子系统进行描述。

第33集
微课视频

9.3 Hi3861 安全子系统

安全子系统(Security Sub System,SSS)是 Hi3861 芯片内部的一个硬件安全子系统模块，包括 **AES**、**HASH**、密钥导出函数(Key Derivation Function,**KDF**)、**PKE**(Public-Key-Engine)、真随机数发生器(True Random Number Generator,**TRNG**)子算法模块，通过 AHB 总线接口连接。SSS 逻辑框图如图 9-6 所示，CPU 通过 AHB 总线可以调用 SSS 中的 AES、HASH、KDF、PKE、TRNG 等算子实现相应功能的运算[①]，并且可以通过对应的时钟开关寄存器控制算子时钟有无，从而达到降低功耗的作用。

图 9-6 中 HPI 是指硬件平台接口(Hardware Platform Interface)。

---

① 参考 Hi3861V100/Hi3861LV100 安全模块使用指南。

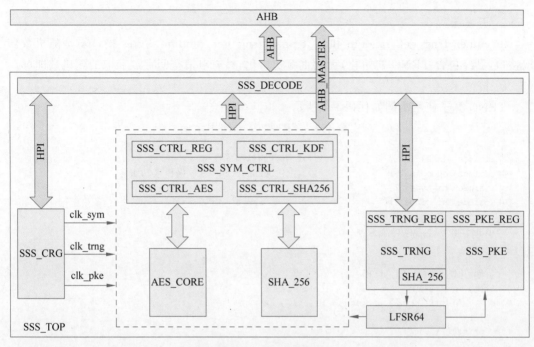

图 9-6 SSS 逻辑框图

9.3.1 安全子系统概述

与硬件安全模块 SSS 对应的软件 **Cipher** 安全模块包括真随机数发生器(TRNG)、哈希算法(HASH)、对称加密算法(AES)和非对称加密算法(RSA)模块。哈希算法保证了数据的完整性;对称加密算法保证了数据本身的保密性;非对称加密算法用于签名和验签,保证了数据传输过程中的安全性。对称加密算法又包括 ECB、CBC、CTR、CCM、XTS 模式,适配不同的密钥长度和加密需求。其中 AES 和 RSA 算法的实现过程较复杂,这里就不展开介绍,仅对 TRNG 和 HASH 进行分析。

9.3.2 TRNG 算子

随机数是许多密码学的基础。通常利用振荡环电路进行采样,得到随机源,其本质是芯片内部的随机噪声。TRNG(真随机数发生器)是一个利用物理方法实现的随机数发生器(本模块随机数的源头),其主要作用是为密钥的生成产生随机数。

1. 开发接口

表 9-1 展示了 Hi3861 芯片支持的 TRNG 算子,其包含两个主要函数。

表 9-1 TRNG 算子接口函数

接口名称	描述
hi_cipher_trng_get_random	TRNG 获取随机数(每次只能获取 4 字节的随机数)
hi_cipher_trng_get_random_bytes	TRNG 获取随机数(每次获取多字节的随机数)

2. 开发流程

hi_cipher_trng_get_random 和 hi_cipher_trng_get_random_bytes 接口均是随机数获取接口,已经包含 TRNG 初始化,无须重新初始化,只需申请空间存放获取的随机数即可。

3. 开发示例

TRNG 算子使用示例如代码 9-1 所示。

代码 9-1　TRNG 算子使用示例

```c
# include < stdio. h>                    //C 语言的标准库文件
# include "ohos_init. h"                 //用于 OpenHarmony 初始化和启动服务
# include "hi_types. h"
# include "hi_cipher. h"

void printfbs(hi_u8 par[], hi_u32 j)
{
    hi_u32 i;
    for (i = 0; i < j; i++)
    {
        printf(" % u,", par[i]);
    }
    printf("\n");
}
void printfws(hi_u32 par[], hi_u32 j)
{
    hi_u32 i;
    for (i = 0; i < j; i++)
    {
        printf(" % u,", par[i]);
    }
    printf("\n");
}
void HelloWorld(void)
{

    hi_s32 ret;
    hi_u32 i;
    hi_u8 trng_bytes[32] = {0}; /* 32 */
    hi_u32 trng_word[16] = {0}; /* 16 */
    ret = hi_cipher_trng_get_random_bytes(trng_bytes, sizeof(trng_bytes));
    if (ret != 0) {
        printf("hi_cipher_trng_get_random_bytes failed. \n");
        i = hi_cipher_init();
        return ret;
    }
    printf("trng_bytes:");
    printfbs(trng_bytes, sizeof(trng_bytes)/4 );
    for (i = 0; i < sizeof(trng_word)/4 ; i++) {
        ret = hi_cipher_trng_get_random(&trng_word[i]);
        if (ret != 0) {
            printf("hi_cipher_trng_get_random failed. \n");
```

```
                (hi_void)hi_cipher_init();
                return ret;
            }
        }
        printf("trng_word:");
        printfws(trng_word, sizeof(trng_word)/8);
        return 0;
}
```

将上述代码下载到小车开发板,运行结果如图 9-7 所示。

```
--- Miniterm on COM3  115200,8,N,1 ---
--- Quit: Ctrl+C | Menu: Ctrl+T | Help: Ctrl+T followed by Ctrl+H ---
ready to OS start
sdk ver:Hi3861V100R001C00SPC025 2020-09-03 18:10:00
formatting spiffs...
FileSystem mount ok.
wifi init success!
hilog will init.

hiview init success.
trng_bytes:186,249,79,172,32,193,224,192,
trng_word:3075268140,1984266714,1467144311,1446711483,1785704187,2397442949,4061268950,1415882513,
```

图 9-7　随机数生成结果

从图 9-7 中可以看到,生成了 8 个无符号字节(8 位)随机数和 8 个无符号字(32 位)随机数,满足要求。

9.3.3　HASH 算子

哈希算法用于检验传输信息是否相同,保证传输数据的完整性。HASH 算子主要用于发送方与接收方对一段数据进行 HASH 计算,对计算结果进行验证实现对收发数据的校验。

1. 开发接口

Hi3861 芯片支持的 HASH 算子包含如表 9-2 所示的 4 个接口函数。

表 9-2　HASH 算子接口函数

接 口 名 称	描　　　述
hi_cipher_hash_start	HASH/HMAC 算法参数配置(HASH/HMAC 计算前调用)
hi_cipher_hash_update	HASH 计算(支持多段计算,HMAC 计算只支持单段计算)
hi_cipher_hash_final	HASH/HMAC 计算结束(输出计算结果)
hi_cipher_hash_sha256	对一段数据进行 HASH 计算并输出 HASH 结果

2. 开发流程

计算并输出一段数据的 HASH 值步骤如下。

(1) 调用 hi_cipher_hash_start 接口,进行 HASH/HMAC 算法参数配置。

(2) 调用 hi_cipher_hash_update 接口,进行 HASH 计算。

(3) 调用 hi_cipher_hash_update 接口,输出计算结果。

3. 开发示例

HASH 算子使用示例如代码 9-2 所示。

代码 9-2　HASH 算子使用示例

```c
# include < stdio. h>                //C 语言的标准库文件
# include "ohos_init. h"             //提供用于 OpenHarmony 初始化和启动服务
# include "hi_types. h"
# include "hi_cipher. h"

void printfbs(hi_u8 par[ ], hi_u32 j)
{
    hi_u32 i;
    for (i = 0; i < j; i++)
    {
        printf(" % u,", par[i]);
    }
    printf("\n");
}


void HelloWorld(void)
{

    hi_s32 ret;
    hi_u8 input[3] = { 0x61, 0x62, 0x63 }; /* abc array size 3 */
    hi_u8 output[32] = { 0 }; /* array size 32 */
    hi_u8 dest[32] = { /* array size 32 */
    0xba, 0x78, 0x16, 0xbf, 0x8f, 0x01, 0xcf, 0xea, 0x41, 0x41, 0x40, 0xde, 0x5d, 0xae, 0x22,
    0x23, 0xb0, 0x03, 0x61, 0xa3, 0x96, 0x17, 0x7a, 0x9c, 0xb4, 0x10, 0xff, 0x61, 0xf2, 0x00,
    0x15, 0xad
    };
    uintptr_t src_addr;
    hi_u32 data_length;
    hi_cipher_hash_atts atts;
    ret = memset_s(&atts, sizeof(atts), 0, sizeof(atts));
    if (ret != HI_ERR_SUCCESS) {
        printf(memset_s, ret);
        return ret;
    }
    atts.sha_type = HI_CIPHER_HASH_TYPE_SHA256;
    data_length = sizeof(input);

    src_addr = (uintptr_t)input;
    printf("input:");
    printfbs(input, sizeof(input));
    //printf("input % s", (hi_u8 * )src_addr);
    ret = (hi_s32)hi_cipher_hash_start(&atts);
    if (ret != HI_ERR_SUCCESS) {
        printf(hi_cipher_hash_start, ret);
        return ret;
    }
```

```
    ret = (hi_s32)hi_cipher_hash_update(src_addr, data_length);
    if (ret != HI_ERR_SUCCESS) {
        printf(hi_cipher_hash_update, ret);
        return ret;
    }
    ret = (hi_s32)hi_cipher_hash_final(output, sizeof(output));
    if (ret != HI_ERR_SUCCESS) {
        printf(hi_cipher_hash_final, ret);
        return ret;
    }
    if (memcmp(dest, output, sizeof(dest)) != 0) {
        printf("Invalid hash result:\n");
        printf("dest", dest, sizeof(dest));
        printf("output", output, sizeof(output));
        return HI_ERR_FAILURE;
    }
    printf("output:");
    printfbs(output, sizeof(output));
    return HI_ERR_SUCCESS;

}
```

运行结果如图 9-8 所示。

```
--- Miniterm on COM3  115200,8,N,1 ---
--- Quit: Ctrl+C | Menu: Ctrl+T | Help: Ctrl+T followed by Ctrl+H ---
ready to OS start
sdk ver:Hi3861V100R001C00SPC025 2020-09-03 18:10:00
formatting spiffs...
FileSystem mount ok.
wifi init success!
hilog will init.


hiview init success.
input:97,98,99,
output:186,120,22,191,143,1,207,234,65,65,64,222,93,174,34,35,176,3,97,163,150,23,122,156,180,16,255,97,242,0,21,173,
```

图 9-8　HASH 算子运行结果

从图 9-8 可以看到,经过芯片硬件哈希算法计算过程速度很快,而且输入 abc 后,得到的 32 个哈希值与 dest 数组内容相同,保障了数据的正确性。

9.4　OpenHarmony 安全子系统

OpenHarmony 安全子系统目前提供给开发者的安全能力主要包含应用可信、权限管理、设备可信,涉及以下 3 个模块。

(1) 应用完整性验证。为了确保应用内容的完整性,系统通过应用签名和 Profile 对应用的来源进行管控,同时对于调试应用,还可通过验签接口验证应用和设备的 UDID 是否匹配,确保应用安装在了正确的设备上。

(2) 应用权限管理。应用权限是管理应用访问系统资源和使用系统能力的一种通用方式,应用需要在配置文件(config. json)中指明此应用在运行过程中可能会需要哪些权限。

(3)设备安全等级管理。设备安全等级管理(DSLM)模块保障了设备的安全性。

9.4.1 应用完整性验证

为了确保应用的完整性和来源可靠,OpenHarmony 需要对应用进行签名和验签。

(1)应用开发阶段。开发者完成开发并生成安装包后,需要开发者对安装包进行签名,以证明安装包发布到设备的过程中没有被篡改。OpenHarmony 的应用完整性校验模块提供了签名工具、签名证书生成规范,以及签名所需的公钥证书等完整的机制,支撑开发者对应用安装包签名。为了方便开源社区开发者,版本中预置了公钥证书和对应的私钥,为开源社区提供离线签名和校验能力;在 OpenHarmony 商用版本中应替换此公钥证书和对应的私钥。

(2)应用安装阶段。OpenHarmony 用户程序框架子系统负责应用的安装。在接收到应用安装包之后,应用程序框架子系统需要解析安装包的签名数据,然后使用应用完整性校验模块的 API 对签名进行验证,只有校验成功之后才允许安装此应用。应用完整性校验模块在校验安装包签名数据时,会使用系统预置的公钥证书进行验签。

9.4.2 应用权限管理

由于 OpenHarmony 允许安装第三方应用,所以需要对第三方应用的敏感权限调用进行管控,具体实现是在开发阶段就需要在应用配置文件(config. json)中指明此应用在运行过程中可能会调用哪些敏感权限,这些权限包括静态权限和动态权限,静态权限表示只需要在安装阶段注册就可以,而动态权限一般表示获取用户的敏感信息,所以需要在运行时让用户确认才可以调用,授权方式包括系统设置应用手动授权等。除了运行时对应用调用敏感权限进行管控外,还需要利用应用签名管控手段确保应用安装包已经被设备厂商进行了确认。

应用权限是软件用来访问系统资源和使用系统能力的一种通行方式。在涉及用户隐私相关功能和数据的场景,如访问个人设备的硬件特性(摄像头、麦克风,以及读写媒体文件等),OpenHarmony 通过应用权限管理组件保护这些数据以及能力。

在系统应用开发过程中,如果应用要使用敏感权限,开发者可以调用应用权限管理组件接口检查待访问权限是否被授权,如果未授权,操作不允许。

9.4.3 设备安全等级管理

OpenHarmony 的分布式技术可以实现不同设备的资源融合,将多个设备虚拟成一个"超级虚拟终端"。在这个"超级虚拟终端"的内部,处理、流转各类用户数据时,需要确保各个节点不因安全能力薄弱,成为整个"超级虚拟终端"的薄弱点,因此引入设备安全等级管理(DSLM)模块解决这类问题。

OpenHarmony 设备安全等级管理(DSLM)模块负责管理各种不同形态和种类的

OpenHarmony 设备的设备安全等级。在各类分布式业务中,当 OpenHarmony 对各类用户数据进行流转或处理时,可以调用本模块提供的接口获取相关目标设备的安全等级,并根据获取到的等级进行相应的处理。

OpenHarmony 设备的安全等级取决于设备的系统安全能力。OpenHarmony 系统安全能力,根植于硬件实现的 3 个可信根:启动、存储、计算。基于基础安全工程能力,重点围绕以下 3 点构建相关的安全技术和能力:设备完整性保护、数据机密性保护和漏洞攻防对抗。

OpenHarmony 系统安全架构如图 9-9 所示。

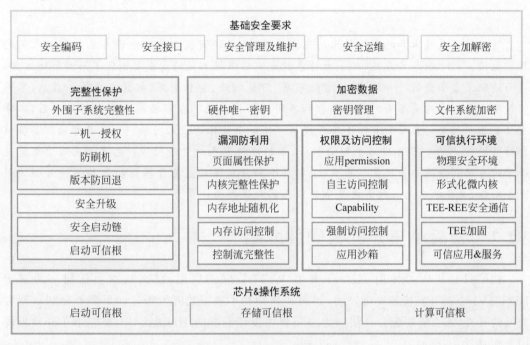

图 9-9 OpenHarmony 系统安全架构

图 9-9 为典型的 OpenHarmony 单设备系统安全架构,在不同种类 OpenHarmony 设备上的实现可能存在差异,取决于设备的威胁分析(风险高低)和设备的软硬件资源。在参考业界权威的安全分级模型基础上,结合 OpenHarmony 实际的业务场景和设备分类,将 OpenHarmony 设备的安全能力划分为 5 个安全等级:SL1~SL5。OpenHarmony 操作系统生态体系中,要求高一级的设备安全能力默认包含低一级的设备安全能力。

第 10 章

嵌入式系统综合实验

随着嵌入式技术和物联网技术的飞速发展,具备联网能力的智能设备已经深入人们的日常生活。对于嵌入式系统,其一大特色就是能够根据不同的需求定制化不同的解决方案,从而适配复杂多变的外部环境,如智能家居、智慧物流、智慧仓库、智慧交通等。当然,不同的解决方案对应的是不同的硬件平台和不同的操作系统。在掌握前面章节的知识后,本章主要基于华为公司自研的智能小车开发板介绍一个特殊的应用场景——自动驾驶。具备该自动驾驶能力的小车可应用于智能家居,如扫地机器人的智能循迹;也可以应用于智慧交通中的自动驾驶汽车等场景。当然,该智慧小车开发板只是具备基础的自动驾驶如循迹避障等功能,真正的自动驾驶需要复杂的传感器和强大的计算力。

第 34 集
微课视频

10.1 智能小车开发板硬件介绍

如果只是想学习使用 Hi3861 开发 Wi-Fi 物联网应用,那么基本上任何一块基于 Hi3861V100 的开发板都是可以的,如润和软件和小熊派的开发板。如果需要做智能驾驶方面的开发,那么需要配合一块华为公司自主设计制造的 HiSpark T1 智能小车开发板使用[①],如图 10-1 所示。

图 10-1　HiSpark T1 智能小车开发板

---

① 参考华为 HiSpark T1 智能小车官方文档(https://gitee.com/HiSpark/hi3861_hdu_iot_application)。

该开发板的核心是 Hi3861V100 芯片,在此之上集成了众多的外设传感器,包括液晶显示屏、陀螺仪、NFC、马达控制、LED、红外传感器、超声波传感器等。

10.2　智能小车的设计需求

由于智能小车开发板具备超声波传感器、马达控制等,因此可以实现一个类似智能驾驶的系统,主要设计需求如下。

(1) 避障功能。通过超声波传感器发射的声波感知周围物的距离,从而进行合理的方向选择。

(2) 循迹功能。通过小车底部红外对管对路面环境进行检测,根据黑白路线标识进行路径跟踪。

(3) 路径规划。通过小车上的 IMU(Inertial Measurement Unit,惯性传感器,是加速度计和陀螺仪传感器的组合)获取小车的方向角,然后控制小车走出一个固定的路线。

(4) 双轮平衡车功能。小车有两个主要后轮,可以在算法(包括直立环、速度环、转向环算法)控制下直立行走。其原理是小车上集成 IMU 传感器,通过传感器获取小车姿态,根据姿态调节电机加速度,从而保障小车平衡,如图 10-2 所示。

图 10-2　HiSpark T1 智能小车双轮平衡车模式

10.3　智能小车实验

本节主要介绍基于 HiSpark T1 智能小车开发板开发的小车避障、循迹和平衡车实验。这些实验都需要安装超声波扩展板,以及安装上电池进行供电。

10.3.1 避障实验

通过舵机转动使超声波模块可以获取左右两边和中间的距离,判断小车前进方向,实现小车避障。本实验实现了通过 S1 按键控制菜单栏,进入对应界面修改小车前进速度、左转/右转速度、舵机转动角度、超声波距离临界值、方向角度,通过 S2、S3 按键增加每个模块对应参数值。在主界面上,通过 S2、S3 按键实现小车开启停止超声波避障。当小车正前方距离障碍物较近时,小车停止,舵机左右转动,获取左右距离,哪边距离大小车往哪边转向,转弯的角度超过 90°。小车避障实验的基本工作原理如图 10-3 所示,会在后续代码中得以体现。

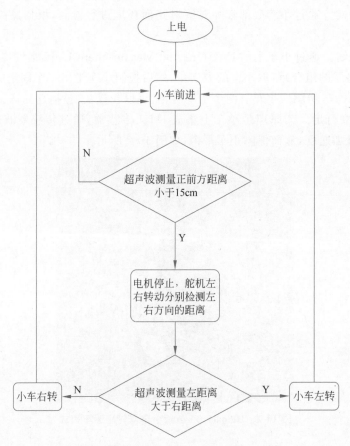

图 10-3　小车避障实验的基本工作原理

具体项目目录结构如图 10-4 所示,代码由若干实现文件组成。

核心文件为 hcsr04.c。gyro.c 文件主要实现通过 IMU 传感器收集小车姿态信息,如偏移角度;hal_iot_gpio_ex.c 文件主要是设置 I/O 端口复用功能;motor_control.c 文件用来设置马达,包括马达电机引脚初始化、控制小车前进/后退,左转/右转;pca9555.c 文件用来初始化并设置 I/O 扩展芯片 pca955,该芯片通过 I2C 总线与主芯片通信;sg92r_control.c 文

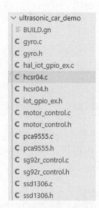

图 10-4 小车避障项目目录结构

件用来控制舵机,包括设置舵机的转角、居中、延迟、左转和右转;ssd1306.c 文件用来控制液晶显示屏 LED 的内容显示。

避障功能主控文件 hcsr04.c 的核心函数如代码 10-1 所示。

代码 10-1 避障功能核心函数

```
void UltrasonicDemoTask(void)
{
    InitPCA9555();
    S92RInit();
    GA12N20Init();
    Hcsr04Init();
    LSM6DS_Init();
    TaskMsleep(100);
    init_ctrl_algo();
    init_oled_mode();
    PCA_RegisterEventProcFunc(ButtonPressProc);
    while (1) {
        if (g_CarStarted) {
            ultrasonic_demo();
        } else {
            car_stop();
        }
    }
}
```

这段代码的执行步骤如下。

1. 初始化 I/O 扩展芯片

先通过 InitPCA9555()函数初始化 I/O 扩展芯片,这是最关键的一步,因为后续的马达、舵机和显示屏等的外设使用,都是通过该扩展芯片进行控制。在该函数中设置了与 I2C 总线交互的波特率,以及使用什么 I/O 端口进行复用。这里使用了 GPIO13 和 GPIO14 端口,作为 I2C I/O 扩展芯片的数据收发接口,如代码 10-2 所示。

代码 10-2　I/O 扩展芯片初始化

```
void InitPCA9555(void)
{
    /* I2C 初始化 */
    printf("init pca95555\n");
    IoTI2cInit(0, IOT_I2C_IDX_BAUDRATE); /* baudrate: 400000 */
    IoTI2cSetBaudrate(0, IOT_I2C_IDX_BAUDRATE);
    IoSetFunc(IOT_IO_NAME_GPIO_13, IOT_IO_FUNC_GPIO_13_I2C0_SDA);
    IoSetFunc(IOT_IO_NAME_GPIO_14, IOT_IO_FUNC_GPIO_14_I2C0_SCL);

    /* 注册 GPIO11 为 INT 引脚 */
    IoTGpioInit(PCA9555_INT_PIN_NAME);
    IoSetFunc(PCA9555_INT_PIN_NAME, PCA9555_INT_PIN_FUNC);
    IoTGpioSetDir(PCA9555_INT_PIN_NAME, IOT_GPIO_DIR_IN);
    IoSetPull(PCA9555_INT_PIN_NAME, IOT_IO_PULL_UP);
    IoTGpioRegisterIsrFunc(PCA9555_INT_PIN_NAME, IOT_INT_TYPE_EDGE, IOT_GPIO_EDGE_FALL_
LEVEL_LOW, ExtIoIntSvr, NULL);
    ssd1306_Init(); //初始化 SSD1306 OLED 模块
    ssd1306_Fill(Black);

    /* IO0_X 全为可选输入 */
    /* 0x60 代表只用编码器,0x7c 代表按键编码器同时使用,0x1c 代表只用按键 */
    PCA_WriteReg(PCA9555_REG_CFG0, 0x1c);

    /* IO1_X 全为输出 */
    PCA_WriteReg(PCA9555_REG_CFG1, 0x00);
    PCA_WriteReg(PCA9555_REG_OUT1, LED_OFF);
}
```

2. 舵机接口初始化

初始化舵机芯片使用的 GPIO 端口,定义复用的 I/O 端口号和 I/O 方向。舵机使用 GPIO2 端口,如代码 10-3 所示。

代码 10-3　舵机接口初始化

```
void S92RInit(void)
{
    //PWM 舵机对应 GPIO2
    //初始化 GPIO2
    IoTGpioInit(IOT_IO_NAME_GPIO_2);
    //设置 GPIO2 的引脚复用关系为 GPIO
    IoSetFunc(IOT_IO_NAME_GPIO_2, IOT_IO_FUNC_GPIO_2_GPIO);
    //设置 GPIO2 的方向为输出
    IoTGpioSetDir(IOT_IO_NAME_GPIO_2, IOT_GPIO_DIR_OUT);
}
```

3. 电机接口初始化

初始化电机芯片使用的 GPIO 端口,根据原理图和说明书定义 I/O 端口复用编号及功能、输入和输出方向等。目前左电机使用的是 GPIO5 和 GPIO6 端口,右电机使用的是

GPIO9 和 GPIO10 端口,如代码 10-4 所示。

代码 10-4　电机接口初始化

```
void GA12N20Init(void)
{
    //左电机 GPIO5,GPIO6 初始化
    IoTGpioInit(IOT_IO_NAME_GPIO_5);
    IoTGpioInit(IOT_IO_NAME_GPIO_6);
    //右电机 GPIO9, GPIO10 初始化
    IoTGpioInit(IOT_IO_NAME_GPIO_9);
    IoTGpioInit(IOT_IO_NAME_GPIO_10);

    //设置 GPIO5 的引脚复用关系为 PWM2 输出
    IoSetFunc(IOT_IO_NAME_GPIO_5, IOT_IO_FUNC_GPIO_5_PWM2_OUT);
    //设置 GPIO6 的引脚复用关系为 PWM3 输出
    IoSetFunc(IOT_IO_NAME_GPIO_6, IOT_IO_FUNC_GPIO_6_PWM3_OUT);
    //设置 GPIO9 的引脚复用关系为 PWM0 输出
    IoSetFunc(IOT_IO_NAME_GPIO_9, IOT_IO_FUNC_GPIO_9_PWM0_OUT);
    //设置 GPIO10 的引脚复用关系为 PWM01 输出
    IoSetFunc(IOT_IO_NAME_GPIO_10, IOT_IO_FUNC_GPIO_10_PWM1_OUT);

    //GPIO5 方向设置为输出
    IoTGpioSetDir(IOT_IO_NAME_GPIO_5, IOT_GPIO_DIR_OUT);
    //GPIO6 方向设置为输出
    IoTGpioSetDir(IOT_IO_NAME_GPIO_6, IOT_GPIO_DIR_OUT);
    //GPIO9 方向设置为输出
    IoTGpioSetDir(IOT_IO_NAME_GPIO_9, IOT_GPIO_DIR_OUT);
    //GPIO10 方向设置为输出
    IoTGpioSetDir(IOT_IO_NAME_GPIO_10, IOT_GPIO_DIR_OUT);
    //初始化 PWM2
    IoTPwmInit(IOT_PWM_PORT_PWM2);
    //初始化 PWM3
    IoTPwmInit(IOT_PWM_PORT_PWM3);
    //初始化 PWM0
    IoTPwmInit(IOT_PWM_PORT_PWM0);
    //初始化 PWM1
    IoTPwmInit(IOT_PWM_PORT_PWM1);
}
```

4. 超声波传感器初始化

设置超声波传感器使用的 I/O 端口功能及方向,包括 GPIO7 和 GPIO8,如代码 10-5 所示。

代码 10-5　超声波传感器初始化

```
void Hcsr04Init(void)
{
    //设置超声波 Echo 为输入模式
    //设置 GPIO8 功能(设置为 GPIO 功能)
    IoSetFunc(IOT_IO_NAME_GPIO_8, IOT_IO_FUNC_GPIO_8_GPIO);
```

```
//设置 GPIO8 为输入方向
IoTGpioSetDir(IOT_IO_NAME_GPIO_8, IOT_GPIO_DIR_IN);

//设置 GPIO7 功能(设置为 GPIO 功能)
IoSetFunc(IOT_IO_NAME_GPIO_7, IOT_IO_FUNC_GPIO_7_GPIO);
//设置 GPIO7 为输出方向
IoTGpioSetDir(IOT_IO_NAME_GPIO_7, IOT_GPIO_DIR_OUT);
}
```

5. IMU 传感器初始化

初始化陀螺仪并设置角速度,初始化加速计并设置加速度量程和持续采样时间,如代码 10-6 所示。

代码 10-6　陀螺仪初始化

```
void LSM6DS_Init(void)
{
    LSM6DS_Write(LSM6DSL_CTRL3_C, 0x34, 2);
    LSM6DS_Write(LSM6DSL_CTRL2_G, 0X4C, 2);
    LSM6DS_Write(LSM6DSL_CTRL10_C, 0x38, 2);
    LSM6DS_Write(LSM6DSL_CTRL1_XL, 0x4F, 2);

    LSM6DS_Write(LSM6DSL_TAP_CFG, 0x10, 2);
    LSM6DS_Write(LSM6DSL_WAKE_UP_DUR, 0x00, 2);
    LSM6DS_Write(LSM6DSL_WAKE_UP_THS, 0x02, 2);
    LSM6DS_Write(LSM6DSL_TAP_THS_6D, 0x40, 2);
    LSM6DS_Write(LSM6DSL_CTRL8_XL, 0x01, 2);
}
```

6. 舵机初始化

舵机初始化过程包括设置车轮前进和转弯速度、舵机转向角度等,如代码 10-7 所示。

代码 10-7　舵机初始化

```
void init_ctrl_algo(void)
{
    (void)memset(car_drive, 0, sizeof(CAR_DRIVE));
    car_drive.LeftForward = 13;          //左轮前进速度
    car_drive.RightForward = 10;         //右轮前进速度
    car_drive.TurnLeft = 30;             //左转弯右轮速度
    car_drive.TurnRight = 30;            //右转弯左轮速度
    car_drive.yaw = YAW;
    car_drive.distance = DISTANCE;
    car_drive.leftangle = 2500;          //舵机左转 90 度
    car_drive.middangle = 1500;          //舵机居中
    car_drive.rightangle = 500;          //舵机右转 90 度
}
```

7. 初始化 OLED 屏显示

该过程负责清除 OLED 显示内容,同时显示基本信息供用户选择,如代码 10-8 所示。

代码 10-8　OLED 显示初始化

```
void init_oled_mode(void)
{
    g_mode = MODE_ON_OFF;
    ssd1306_ClearOLED();
    ssd1306_printf("LF: % d, RF: % d", car_drive.LeftForward, car_drive.RightForward);
    ssd1306_printf("TL: % d, TR: % d", car_drive.TurnRight, car_drive.TurnLeft);
    ssd1306_printf("yaw: % .02f", car_drive.yaw);
    ssd1306_printf("distance: % .2f", car_drive.distance);
}
```

8. I/O 扩展芯片事件注册

这里把按键按下事件注册为 I/O 扩展芯片来处理。

```
PCA_RegisterEventProcFunc(ButtonPressProc);
```

按键按下过程 ButtonPressProc()函数如代码 10-9 所示。函数判断哪个按键被按下，从而执行不同的操作：当 button1 被按下时，就在屏幕上显示不同内容；当 button2 和 button3 被按下时，除了更新显示，也同时设定舵机的不同工作模式。

代码 10-9　按键按下过程

```
void ButtonPressProc(uint8_t ext_io_val)
{
    static uint8_t ext_io_val_d = 0xFF;
    uint8_t diff;
    bool button1_pressed, button2_pressed, button3_pressed;
    diff = ext_io_val ^ext_io_val_d;
    button1_pressed = ((diff & MASK_BUTTON1) && ((ext_io_val & MASK_BUTTON1) == 0)) ? true :
false;
    button2_pressed = ((diff & MASK_BUTTON2) && ((ext_io_val & MASK_BUTTON2) == 0)) ? true :
false;
    button3_pressed = ((diff & MASK_BUTTON3) && ((ext_io_val & MASK_BUTTON3) == 0)) ? true :
false;
    ssd1306_ClearOLED();
    if (button1_pressed) {
        g_mode = (g_mode > = (MODE_END - 1)) ? 0 : (g_mode + 1);
        ButtonDesplay(g_mode);
    } else if (button2_pressed || button3_pressed) {
        ButtonSet(g_mode, button2_pressed);
    }
    ext_io_val_d = ext_io_val;
}
```

处理完按键按下事件后，进入事件循环，根据状态变量决定是否开启超声波避障演示或停止小车。

```
while (1) {
    if (g_CarStarted) {
```

```
        ultrasonic_demo();
    } else {
        car_stop();
    }
}
```

9. 小车避障

如果小车开启了避障功能,这一步是通过按键来设定的。小车调用 ultrasonic_demo()
函数开始避障操作,核心功能如代码 10-10 所示。

代码 10-10　小车避障核心功能

```
/* 超声波避障 */
void ultrasonic_demo(void)
{
    float m_distance = 0.0;
    /* 获取前方物体的距离 */
    m_distance = GetDistance();
    car_where_to_go(m_distance);
    TaskMsleep(20); //20ms 执行一次
}
```

1）测距

通过 GetDistance()函数获取小车与前方物体的距离,决定小车如何绕过障碍物(car_
where_to_go()函数)。GetDistance()函数主要功能如代码 10-11 所示。

代码 10-11　超声波测距

```
float GetDistance(void)
{
    //定义变量
    static unsigned long start_time = 0, time = 0;
    float distance = 0.0;
    IotGpioValue value = IOT_GPIO_VALUE0;
    unsigned int flag = 0;

    //设置 GPIO7 输出高电平
    /* 给 trig 发送至少 10μs 的高电平脉冲,以触发传感器测距 */
    IoTGpioSetOutputVal(IOT_IO_NAME_GPIO_7, IOT_GPIO_VALUE1);
    //20μs 延时函数(设置高电平持续时间)
    hi_udelay(20);
    //设置 GPIO7 输出低电平
    IoTGpioSetOutputVal(IOT_IO_NAME_GPIO_7, IOT_GPIO_VALUE0);
    /* 计算与障碍物之间的距离 */
    while (1) {
        //获取 GPIO8 的输入电平状态
        IoTGpioGetInputVal(IOT_IO_NAME_GPIO_8, &value);
        //判断 GPIO8 的输入电平是否为高电平并且 flag 为 0
        if (value == IOT_GPIO_VALUE1 && flag == 0) {
            //获取系统时间
```

```
            start_time = hi_get_us();
            //将 flag 设置为 1
            flag = 1;
        }
        //判断 GPIO8 的输入电平是否为低电平并且 flag 为 1
        if (value == IOT_GPIO_VALUE0 && flag == 1) {
            //获取高电平持续时间
            time = hi_get_us() - start_time;
            break;
        }
    }
    distance = time * 0.034 / 2;
    return distance;
}
```

上述代码通过控制 GPIO7 端口为高电平触发超声波传感器测距,测量小车在前进过程中的路线上碰到的障碍物离小车的距离。测量完成后再通过设置 GPIO7 端口为低电平关闭超声波测距。

超声波测距实际上是通过超声波传感器接收到从障碍物表面反弹回波的时间实现距离测量的。

2) 决策

测量到距离后,下一步就开始小车避障操作。car_where_to_go()函数根据障碍物的距离判断小车的行走方向:

(1) 距离大于或等于 15cm,则继续前进;

(2) 距离小于 15cm,先停止 0.5s,继续进行测距,再进行判断。

具体内容如代码 10-12 所示。

代码 10-12　决策

```
void car_where_to_go(float distance)
{
    if (distance < car_drive.distance) {
        car_backward(car_drive.LeftForward, car_drive.RightForward);
        TaskMsleep(500); //停止 500ms
        car_stop();
        unsigned int ret = engine_go_where();
        if (ret == CAR_TURN_LEFT) {
            while ((GetYaw() - yaw_data) < car_drive.yaw) {
                Lsm_Get_RawAcc();
                car_left(car_drive.TurnRight);
            }
        } else if (ret == CAR_TURN_RIGHT) {
            while ((yaw_data - GetYaw()) < car_drive.yaw) {
                Lsm_Get_RawAcc();
                car_right(car_drive.TurnLeft);
            }
        }
```

```
    } else {
        car_forward(car_drive.LeftForward, car_drive.RightForward);
    }
    yaw_data = GetYaw();
}
```

小车前进、后退、左转和右转操作是通过调节左右轮对应电机(Motor)的 PWM 值来实现的。当小车与障碍物距离不足 15cm 时,调用 engine_go_where()函数决定小车如何转向来避障。如果发现左边障碍物离小车较远,则返回 CAR_TURN_LEFT,决策程序会控制小车左转;否则右转。

3)转向

决策过程完成后,接下来就是转向操作,该功能由 engine_go_where()函数完成,具体内容如代码 10-13 所示。

代码 10-13　转向

```
unsigned int engine_go_where(void)
{
    unsigned int temp;
    float left_distance = 0.0;
    float right_distance = 0.0;
    /* 舵机往左转动测量左边障碍物的距离 */

    EngineTurnLeft(car_drive.leftangle);
    TaskMsleep(200);              //200ms
    left_distance = GetDistance();
    TaskMsleep(200);              //200ms
    /* 归中 */
    RegressMiddle(car_drive.middangle);
    TaskMsleep(200);              //200ms

    /* 舵机往右转动测量右边障碍物的距离 */
    EngineTurnRight(car_drive.rightangle);
    TaskMsleep(200);              //200ms
    right_distance = GetDistance();
    TaskMsleep(200);              //200ms
    /* 归中 */
    RegressMiddle(car_drive.middangle);

    if (left_distance > right_distance) {
        temp = CAR_TURN_LEFT;
    } else {
        temp = CAR_TURN_RIGHT;
    }
    return temp;
}
```

转向代码通过控制舵机左转(EngineTurnLeft)和右转(EngineTurnRight)测量小车与左边障碍物的距离和右边障碍物的距离,如果发现左边距离大于右边距离,则返回小车应该左转的决定,否则返回小车右转的决定。最后舵机还是会还原归中,因为小车如何运动最后还是由 car_where_to_go() 函数决定的。

10.3.2 循迹实验

可以调节滑动变阻器实现左右寻迹模块每 10ms 采集黑白线条不同的模拟值,将模拟信号转换为数字信号,从而实现小车沿着黑色线条行驶。

本实验使用 Hi3861 原始 I/O 口左右红外管测距,实现了 S1 按键切换菜单栏进入对应界面修改小车前进速度、左转/右转速度;通过 S2、S3 按键增加每个模块对应参数值。在主界面上,通过 S2、S3 按键实现小车开启/停止寻迹。小车左轮在黑线时,小车左大灯亮,右轮转动;小车右轮在黑线时,小车右大灯亮,左轮转动,小车两边都不在黑线时,小车前进。循迹原理如图 10-5 所示。

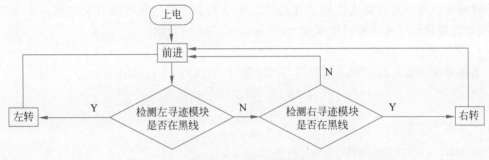

图 10-5　小车循迹原理

小车循迹具体项目目录结构如图 10-6 所示,该代码由若干实现文件组成。

图 10-6　小车循迹具体项目目录结构

核心文件为 trace_module.c。其他文件的功能和避障项目是一样的,主要是对马达、显示屏和 I/O 扩展芯片进行控制。

主控文件 trace_module.c 的核心函数如代码 10-14 所示。

代码 10-14 循迹实验核心函数

```
void TraceExampleTask(void)
{
    int m_left_value;
    int m_right_value;
    InitPCA9555();
    GA12N20Init();
    trace_module_init();
    TaskMsleep(100);
    init_ctrl_algo();
    init_oled_mode();
    PCA_RegisterEventProcFunc(ButtonPressProc);
    …
}
```

代码中的第一步初始化扩展芯片和第二步电机芯片初始化已经在避障实验中分析过了,因此直接从循迹模块初始化函数 trace_module_init()开始。

1. 循迹模块初始化

循迹模块初始化就是定义对应的 GPIO 端口,如代码 10-15 所示。

代码 10-15 循迹模块初始化

```
void trace_module_init(void)
{
    //设置 GPIO7 的引脚复用关系为 GPIO
    IoSetFunc(IOT_IO_NAME_GPIO_7, IOT_IO_FUNC_GPIO_7_GPIO);
    //设置 GPIO7 的引脚方向为输入
    IoTGpioSetDir(IOT_IO_NAME_GPIO_7, IOT_GPIO_DIR_IN);

    //GPIO12 初始化
    //设置 GPIO12 的引脚复用关系为 GPIO
    IoSetFunc(IOT_IO_NAME_GPIO_12, IOT_IO_FUNC_GPIO_12_GPIO);
    //设置 GPIO12 的引脚方向为输入
    IoTGpioSetDir(IOT_IO_NAME_GPIO_12, IOT_GPIO_DIR_IN);
}
```

上述代码定义了 GPIO7 和 GPIO12 端口的功能,并设置了这两个端口的输入输出方向。GPIO7 连接了左循迹模块,GPIO12 连接了右循迹模块。

完成循迹初始化后,接着完成电机初始化,OLED 屏幕初始化和扩展接口初始化后,正式的循迹功能就开始了。

2. 执行循迹

小车循迹的实验必须设置白色地面,同时在白色地面上画上黑线。小车通过左右红外对管捕获路面信息,判断小车是否沿着黑线在行走。

1) 判断小车状态

当确定小车处于启动且循迹状态时,调用 get_do_value()函数获取左右轮 ADC 通道的值,如代码 10-16 所示。

代码 10-16 小车状态判定

```
IotGpioValue get_do_value(IotAdcChannelIndex idx)
{
    unsigned short data = 0;
    int ret = -1;

    for (int i = 0; i < ADC_TEST_LENGTH; i++) {
        ret = AdcRead(idx, &data, IOT_ADC_EQU_MODEL_4, IOT_ADC_CUR_BAIS_DEFAULT, 0xF0);
        if (ret != HI_ERR_SUCCESS) {
            printf("hi_adc_read failed\n");
        }
    }

    if (idx == IOT_ADC_CHANNEL_3) {
        printf("gpio7 m_right_value is %d\n", data);
    } else if (idx == IOT_ADC_CHANNEL_0) {
        printf("gpio12 m_left_value is %d\n", data);
    }

    if (data > car_drive.rightadcdata && idx == IOT_ADC_CHANNEL_3) {
        ret = 0;
    } else if ((data > car_drive.leftadcdata) && idx == IOT_ADC_CHANNEL_0) {
        ret = 1;
    } else if (data < car_drive.rightadcdata && idx == IOT_ADC_CHANNEL_3) {
        ret = 2; //2代表右边在白线的状态
    } else if (data < car_drive.leftadcdata && idx == IOT_ADC_CHANNEL_0) {
        ret = 3; //3代表左边在白线的状态
    }

    return ret;
}
```

该函数的主要功能是通过获取两个 ADC 通道 IOT_ADC_CHANNEL_3 和 IOT_ADC_CHANNEL_0 的值判断小车左轮和右轮是否在白线上。整个小车前进的路线上只有一条黑线,黑线左右均为白色背景。通过左右两个红外数码管获取到的信号,经过 ADC 转换判断左右轮的状态。

读取左右轮 ADC 通道的数据存放在 data 变量中,如果读取的右轮 ADC 通道值小于预设的右轮 ADC 数值,说明右轮在白线上,返回值为 2;如果读取的左轮 ADC 通道值小于预设的左轮 ADC 数值,说明左轮在白线上,返回值为 3。当然,如果读取到值大于预设的 ADC 值,说明该轮在黑线上,返回值为 1(右轮)或 0(左轮)。

2)小车发生循迹动作

在小车循迹主程序中,根据 get_do_value()函数返回值决定小车的动作,分为 4 种情况。

(1)右轮 ADC 返回值为 3,左轮 ADC 返回值为 0:表明小车左轮在白线上,右轮在黑线上,需要右转,同时右侧 LED 亮。

(2)左轮 ADC 返回值为 1,左轮 ADC 返回值为 2:表明小车左右轮所处位置和上面的情况相反。此时控制小车左转,左侧 LED 亮。

(3) 左轮 ADC 返回值为 3,左轮 ADC 返回值为 2:这说明小车两个轮子都在白线,不需要转向,小车继续前行,LED 灯灭。

(4) 不属于上述 3 种情况,说明小车偏离轨迹,停止。

小车前进、左转和右转等操作和避障实验一样,都是通过控制电机的 PWM 值实现的,如代码 10-17 所示。

代码 10-17　小车循迹动作产生

```
while (1) {
    if (g_State == 1 && g_CarStarted) {
        m_right_value = get_do_value(IOT_ADC_CHANNEL_3);      //gpio7 == > ADC3
        m_left_value = get_do_value(IOT_ADC_CHANNEL_0);       //gpio12 == > ADC0
        //左偏,向左转
        if ((m_left_value == 3) && (m_right_value == 0)) {
            car_right(car_drive.TurnLeft);
            RightLed();
        //右偏,向右转
        } else if ((m_left_value == 1) && (m_right_value == 2)) {
            car_left(car_drive.TurnRight);
            LeftLED();
        } else if ((m_left_value == 3) && (m_right_value == 2)) {       //直行
            car_forward(car_drive.LeftForward, car_drive.RightForward);
            LedOff();
        } else {                                                        //脱离轨道
            car_stop();
        }
        g_State = 0;
    } else if (!g_CarStarted) {
        car_stop();
    }
}
```

10.3.3　平衡车实验

平衡车主要是建立在一种被称为"动态稳定"的基本原理上。平衡车的运动控制由微处理器控制,CPU 接收陀螺仪、加速计和其他传感器提供的实时数据,判断车身的角度和加速度,并根据用户的输入控制电机。当检测到小车前倾时,车辆就会向前移动;当检测到后倾时,车辆就会后退。如果想向控制小车向左或向右行驶,可以控制小车转向角,平衡车就会找到合适的平衡点,然后向左或向右转向。

1. 平衡车工作原理

通过直立环、速度环、转向环算法,IMU 测量小车的倾角和倾角速度来控制小车车轮加速度,消除小车倾角实现保持小车两轮平衡直线行驶;增加 y 轴速度积分求转向角,实现平衡车转弯。

(1) 直立环。控制电机的加速度和小车倾角成正比,可以让小车保持平衡,就是小车向倾斜的方向运动,倾斜角越大,小车运动越快。

（2）速度环。小车前倾,直立环使小车加速前进,让小车保持平衡,然后对速度进行闭环控制,将小车速度环目标设置为 0,小车就可以长期稳定平衡。

（3）转向环。给予两个电机差速,即左轮最终赋值减去转向输入值,右轮最终赋值加上转向输入值,两值大小相同,符号相反。

平衡车的主要工作原理如图 10-7 所示。图中 LSM6 是指陀螺仪芯片,如果陀螺仪芯片正常,则使用陀螺仪测量小车姿态；如果小车没有倒下,则测量轮子转速,通过调节左右轮转速达到转向的目的。

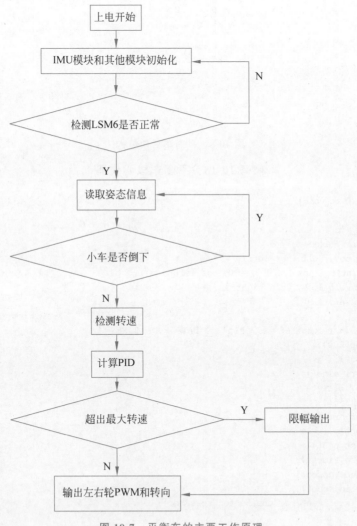

图 10-7 平衡车的主要工作原理

2. 平衡车核心代码

整个平衡车代码目录结构如图 10-8 所示。从目录结构可以看到,基本的代码和小车避障等项目也类似,包括扩展外设芯片初始化、液晶屏初始化等,也包含部分特定器件的设置。平衡车核心代码为 main.c,主要内容如代码 10-18 所示。

图 10-8　平衡车目录结构

代码 10-18　平衡车核心代码

```
void BalanceTask(void)
{
    int pwm_mid;
    float bias, exec;
    int16_t pos_right, pos_left;
    static int16_t pos_right_d = 0, pos_left_d = 0;
    int16_t velo_left, velo_right;
    int16_t velo = 0;

    printf("last compile: % s, % s\n", __ DATE __, __ TIME __);
    hi_sleep(200);
    InitGyro();
    init_ctrl_algo();
    ssd1306_Init();
    InitPCA9555();
    init_car_drive();
    car_stop();
    init_test_pin();
    init_gyro_timer();
    init_wheel_codec();
    print_oled_mode();
    PCA_RegisterEventProcFunc(ButtonPressProc);

    while (1) {
        usleep(1);
        if (g_TimerFlag == 1) {
```

```
        g_TimerFlag = 0;
        /* get pitch feedback */
        Lsm_Get_RawAcc();
        /* call ctrl algorithm */
        get_wheel_cnt(&pos_left, &pos_right);
        velo_left = pos_left - pos_left_d;
        velo_right = pos_right - pos_right_d;
        pos_left_d = pos_left;
        pos_right_d = pos_right;
        velo = velo_left + velo_right;
        bias = ctrl_pid_algo(g_target_velo, velo, &ctrl_pid_velocity2);
        float pitch = GetPitchValue();
        exec = ctrl_pid_algo(g_target_angle + bias, pitch, &ctrl_pid_stand2);
        pwm_mid = (int)(exec);
        append_debug_point(velo_left);
        append_debug_point(velo_right);
        append_debug_point((int16_t)(bias * 100));
        append_debug_point((int16_t)((g_target_angle + bias - pitch) * 100));
        append_debug_point(pwm_mid);
        car_state(pwm_mid);
    }
  }
}
```

3. 罗经初始化

为了测量小车姿态,首先需要初始化罗经,也就是陀螺仪 LSM6。InitGyro()函数内容如代码 10-19 所示。

代码 10-19 罗经初始化

```
void InitGyro(void)
{
    uint32_t ret;

    IoTI2cInit(0, IOT_I2C_IDX_BAUDRATE);
    IoTI2cSetBaudrate(0, IOT_I2C_IDX_BAUDRATE);
    IoSetFunc(IOT_IO_NAME_GPIO_13, IOT_IO_FUNC_GPIO_13_I2C0_SDA);
    IoSetFunc(IOT_IO_NAME_GPIO_14, IOT_IO_FUNC_GPIO_14_I2C0_SCL);

    ret = LSM6DS_WriteRead(LSM6DSL_WHO_AM_I, 1, 1);
    printf("who am i: %X\n", ret);

    LSM6DS_Init();
}
```

陀螺仪 LSM6 连接在 GPIO13 和 GPIO14 端口上,通过 I2C 总线将小车姿态数据传输到 CPU。上述代码设定了 I2C 数据传输的速率等。陀螺仪可以收集小车的空间姿态,如翻滚和俯仰角度等。核心代码中还通过 init_gyro_time()函数定义了一个罗经计时器。

4. 小车姿态控制参数配置

前面已经谈到,通过控制直立环和速度环实现小车平衡和转向的功能,配置参数如代码

10-20 所示。

代码 10-20　小车姿态控制参数初始化

```
void init_ctrl_algo(void)
{
    /* 直立环 */
    memset(&ctrl_pid_stand, 0, sizeof(CTRL_PID_STRUCT));
    ctrl_pid_stand.type = CTRL_PID_TYPE_MASK_K | CTRL_PID_TYPE_MASK_D;
    ctrl_pid_stand.kp = DEFAULT_STAND_KP;
    ctrl_pid_stand.kd = DEFAULT_STAND_KD;
    ctrl_pid_stand.limit_err = 45;      //限制错误
    ctrl_pid_stand.limit_exec = 99;     //限制执行

    /* 速度环 */
    memset(&ctrl_pid_velocity, 0, sizeof(CTRL_PID_STRUCT));
    ctrl_pid_velocity.type = CTRL_PID_TYPE_MASK_K | CTRL_PID_TYPE_MASK_I;
    ctrl_pid_velocity.kp = DEFAULT_VELO_KP;
    ctrl_pid_velocity.ki = DEFAULT_VELO_KI;
    /* 实测 100 减速比的电机,全速跑, 100Hz 间隔测到的 velocity 为 27~28 */
    ctrl_pid_velocity.limit_err = 60;   //限制错误
    ctrl_pid_velocity.limit_sum = 1000;//极限总和
    ctrl_pid_velocity.limit_exec = 45;  //限制执行
}
```

从代码 10-20 中可以看到,直立环和速度环主要是设置 PID 控制器在小车直立和运动时的 kp(比例)、kd(微分)参数默认值等。这个函数定义在 ctrl_algo.c 文件中。

5. 小车驱动参数配置

init_car_drive()函数负责小车驱动参数的初始化,也就是左右轮前进/后退是通过什么端口的控制信号实现的,内容如代码 10-21 所示。

代码 10-21　小车驱动参数初始化

```
void init_car_drive(void)
{
    IoSetFunc(DRIVE_LEFT_FORWARD_PIN_NAME, DRIVE_LEFT_FORWARD_PWM_FUNC);
    IoTGpioSetDir(DRIVE_LEFT_FORWARD_PIN_NAME, IOT_GPIO_DIR_OUT);
    IoTPwmInit(DRIVE_LEFT_FORWARD_PWM);

    IoSetFunc(DRIVE_LEFT_BACKWARD_PIN_NAME, DRIVE_LEFT_BACKWARD_PWM_FUNC);
    IoTGpioSetDir(DRIVE_LEFT_BACKWARD_PIN_NAME, IOT_GPIO_DIR_OUT);
    IoTPwmInit(DRIVE_LEFT_BACKWARD_PWM);

    IoSetFunc(DRIVE_RIGHT_FORWARD_PIN_NAME, DRIVE_RIGHT_FORWARD_PWM_FUNC);
    IoTGpioSetDir(DRIVE_RIGHT_FORWARD_PIN_NAME, IOT_GPIO_DIR_OUT);
    IoTPwmInit(DRIVE_RIGHT_FORWARD_PWM);
    IoSetFunc(DRIVE_RIGHT_BACKWARD_PIN_NAME, DRIVE_RIGHT_BACKWARD_PWM_FUNC);
    IoTGpioSetDir(DRIVE_RIGHT_BACKWARD_PIN_NAME, IOT_GPIO_DIR_OUT);
    IoTPwmInit(DRIVE_RIGHT_BACKWARD_PWM);
}
```

代码 10-21 定义了 GPIO 端口的功能和方向,这个函数定义在 robot_I9110s.c 文件中。

6. 小车车轮编码初始化

init_wheel_code()函数负责车轮编码初始化,内容如代码 10-22 所示。这个函数定义在 wheel_codec.c 文件中。

代码 10-22　车轮编码初始化

```
void init_wheel_codec(void)
{
    memset_s(&g_wheel_left, sizeof(g_wheel_left), 0, sizeof(g_wheel_left));
    memset_s(&g_wheel_right, sizeof(g_wheel_right), 0, sizeof(g_wheel_right));
    g_wheel_left.pin_name_a = WHEEL_LEFT_CA_PIN_NAME;
    g_wheel_left.pin_name_b = WHEEL_LEFT_CB_PIN_NAME;
    g_wheel_right.pin_name_a = WHEEL_RIGHT_CA_PIN_NAME;
    g_wheel_right.pin_name_b = WHEEL_RIGHT_CB_PIN_NAME;

    INIT_GPIO_IN(WHEEL_LEFT_CA_PIN_NAME, WHEEL_LEFT_CA_PIN_FUNC);
    INIT_GPIO_IN(WHEEL_LEFT_CB_PIN_NAME, WHEEL_LEFT_CB_PIN_FUNC);
    INIT_GPIO_IN(WHEEL_RIGHT_CA_PIN_NAME, WHEEL_RIGHT_CA_PIN_FUNC);
    INIT_GPIO_IN(WHEEL_RIGHT_CB_PIN_NAME, WHEEL_RIGHT_CB_PIN_FUNC);

    IoTGpioRegisterIsrFunc(WHEEL_LEFT_CA_PIN_NAME, IOT_INT_TYPE_EDGE,
    IOT_GPIO_INT_EDGE_RISE, wheel_codec_svr, (char * )(&g_wheel_left));
    IoTGpioRegisterIsrFunc(WHEEL_RIGHT_CA_PIN_NAME, IOT_INT_TYPE_EDGE, IOT_GPIO_INT_EDGE_
RISE, wheel_codec_svr, (char * )(&g_wheel_right));

    printf("init_wheel_codec\n");
}
```

代码 10-22 在设置了小车左右轮控制结构 g_wheel_left 和 g_wheel_right 的相关 GPIO 端口后,调用 IoTGpioRegisterIsrFunc()函数注册了 GPIO 端口的中断服务程序。

7. 平衡车工作控制

在完成上述传感器和控制器的初始化后,平衡车开始工作。首先调用 Lsm_Get_RawAcc()函数获取小车姿态数据,如代码 10-23 所示。

代码 10-23　获取小车姿态数据

```
void Lsm_Get_RawAcc(void)
{
    uint8_t buf[12] = {0};
    int16_t acc_x = 0, acc_y = 0, acc_z = 0;
    float acc_x_conv = 0, acc_y_conv = 0, acc_z_conv = 0;
    int16_t ang_rate_x = 0, ang_rate_y = 0, ang_rate_z = 0;
    float ang_rate_x_conv = 0, ang_rate_y_conv = 0, ang_rate_z_conv = 0;
    //开启读取数据
    if ((LSM6DS_WriteRead(LSM6DSL_STATUS_REG, 1, 1) & 0x03) != 0) {
        if (IOT_SUCCESS != LSM6DS_ReadCont(LSM6DSL_OUTX_L_G, buf, 12)) {
            printf("i2c read error!\n");
```

```
        } else {
            ang_rate_x = (buf[1] << 8) + buf[0];
            ang_rate_y = (buf[3] << 8) + buf[2];
            ang_rate_z = (buf[5] << 8) + buf[4];
            acc_x = (buf[7] << 8) + buf[6];
            acc_y = (buf[9] << 8) + buf[8];
            acc_z = (buf[11] << 8) + buf[10];

            ang_rate_x_conv = PAI / 180.0 * ang_rate_x / 14.29;
            ang_rate_y_conv = PAI / 180.0 * ang_rate_y / 14.29;
            ang_rate_z_conv = PAI / 180.0 * ang_rate_z / 14.29;
            acc_x_conv = acc_x / 4098.36;
            acc_y_conv = acc_y / 4098.36;
            acc_z_conv = acc_z / 4098.36;
            IMU_Attitude_cal(ang_rate_x_conv, ang_rate_y_conv, ang_rate_z_conv, acc_x_
conv, acc_y_conv, acc_z_conv);
            IMU_YAW_CAL(ang_rate_z_conv);
        }
    }
}
```

代码 10-23 得到的是小车在 x、y、z 3 个方向的加速度和角速度,最后进行姿态计算。根据得到的小车姿态,调用 ctrl_pid_algo() 函数计算当前速度和目标速度之间的差距,然后调用速度环算法进行调整,bias 是根据速度环算法得到的速度调整量。ctrl_pid_algo() 函数如代码 10-24 所示。

代码 10-24 调整小车速度及角度

```
float ctrl_pid_algo(float target, float feedback, CTRL_PID_STRUCT * param)
{
    float err;
    float exec;
    float ret;
    err = target - feedback;
    ret = LIMIT_ABS(err, param -> limit_err);
    err = ret;
    exec = err * param -> kp;
    if (param -> type | CTRL_PID_TYPE_MASK_I) {
        param -> err_sum += err;
        ret = LIMIT_ABS(param -> err_sum, LIM_ERR_SUM);
        param -> err_sum = ret;
        exec += param -> ki * param -> err_sum;
    }
    if (param -> type | CTRL_PID_TYPE_MASK_D) {
        exec += param -> kd * (err - param -> err_last);
        param -> err_last = err;
    }
    ret = LIMIT_ABS(exec, param -> limit_exec);
    exec = ret;
    return exec;
}
```

将速度调整量 bias 加到目标角度值上，一起作为目标，然后再次调用 ctrl_pid_algo() 函数，使用直立环算法进行调整，得到小车俯仰角(pitch,y 轴)上的调整量 exec。最后调用 car_state() 函数，将调整量 exec 取整后的值 pwm_mid 作为参数，驱动小车运动，如代码 10-25 所示。

代码 10-25　驱动小车运动

```
void car_state(int pwm)
{
    int pwm_mid = pwm;
    if (g_car_started) {
        if ((pwm_mid > - DEAD_ZONE) && (pwm_mid < DEAD_ZONE)) {
            car_stop();
        } else {
            car_drive(pwm_mid);
        }
    } else {
        car_stop();
    }
}
```

car_drive() 函数中，小车的运动就是通过调节左右轮的转速完成的。

参 考 文 献

[1] 桑楠.嵌入式系统原理及应用开发技术[M].2版.北京：高等教育出版社,2008.

[2] SIMON D E.嵌入式系统软件教程[M].陈向群,等译.北京：机械工业出版社,2005.